ÜBERTRAGUNGS-TECHNIK

VON

DIPL.-ING. RUDOLF WINZHEIMER

TELEGRAPHENDIREKTOR IM REICHSPOSTZENTRALAMT

(TELEGRAPHENTECHNISCHES REICHSAMT

ABTEILUNG MÜNCHEN)

MIT 207 ABBILDUNGEN

MÜNCHEN UND BERLIN 1929
VERLAG VON R. OLDENBOURG

DRUCK VON OSCAR BRANDSTETTER IN LEIPZIG.

Vorwort.

Die elektrische Übertragungstechnik ist in den letzten Jahren zu einer technischen und wirtschaftlichen Bedeutung gelangt, welche jener der Starkstromtechnik wohl kaum nachsteht. Durch Einführung des Unterhaltungsrundfunkes fanden die spezifisch technischen Grundlagen der drahtlos-elektrischen Übertragung akustischer Vorgänge Eingang in das technische Denken weiter Volkskreise. Jene Energieumsetzungen, welche dem elektrischen Übertragungsvorgang auf Leitungen zugrunde liegen, haben die Bedeutung auch dieses Zweiges der Technik um so mehr gehoben, als es sich um die wirtschaftliche Ausnützung von Anlagen ganz beträchtlichen finanziellen Aufwandes handelt. Beide Übertragungsvorgänge sind mit Ausnahme des Energieträgers auf den gleichen Gesetzen der Energieumformung aufgebaut. Aus diesem Grunde werden diese Grundlagen für beide Übertragungsarten gleichmäßig behandelt; die für die drahtlosen Übertragungseinrichtungen spezifischen Vorgänge werden in einem besonderen Abschnitt zusammen mit den Vereinigungen von drahtgebundenen und drahtlosen Übertragungsvorgängen besprochen.

Den Anstoß zur Entstehung des Buches gab die Notwendigkeit der Schaffung von schriftlichen Unterlagen für den Unterricht über Übertragungstechnik an der Städt. Höheren Technischen Lehranstalt München. Aus dem Gesichtspunkt der Lehrtätigkeit innerhalb eines Studienprogrammes, das wie wohl bei allen höheren elektrotechnischen Schulen in der Hauptsache die Grundlagen der Starkstromtechnik zu berücksichtigen hat, ist die Stoffanordnung und Stoffbehandlung zu verstehen, welche sich zum Ziel setzt, die der Übertragungstechnik besonderen Vorgänge auf den Grundbetrachtungen der Starkstromtechnik aufzubauen, bzw. diese mit jenen soweit möglich in Vergleich zu setzen. Insbesonders gilt dies von dem Begriff Frequenzabhängigkeit, der an sich der Wechselstromtechnik im allgemeinen Sinn ihrem Wesen nach ferne steht.

Andererseits mußte aus vorstehenden Gründen auf die Besprechung ausgesprochen übertragungstechnischer Behandlungsweisen physikalischer Vorgänge verzichtet werden; es wurde in der Hauptsache das Ziel verfolgt, auf das physikalische Verständnis übertragungstechnischer Vorgänge, auch an Hand durchgeführter Beispiele, einzuwirken und auf zukünftige Entwicklungsmöglichkeiten hinzuweisen, um damit Anhaltspunkte für den nutzbringenden Gebrauch der vorhandenen Spezialliteratur zu geben.

Notwendig erschien außerdem eine Verbindung zwischen den rein elektrischen Vorgängen und den Grundlagen musikalischer Betrachtung herzustellen; ein Vorgang, der für die ästhetische Wertung von elektrischen Übertragungen nicht ohne Bedeutung sein dürfte.

Für die Herstellung des Buches erfuhr ich von den Firmen Siemens & Halske A.G., Berlin, Allgemeine Elektrizitätsgesellschaft (AEG), Berlin, und Süddeutsche Telephon- Apparate-, Kabel- und Drahtwerke (Tekade), Nürnberg, wertvolle Unterstützung, wofür ich auch an dieser Stelle meinen Dank ausspreche.

München, im Dezember 1928.

R. Winzheimer.

Inhaltsverzeichnis.

Einleitung.

Begriffsbestimmung und geschichtliche Entwicklung.

Der Begriff Übertragungstechnik kennzeichnet die Zusammenfassung der Aufbauteile jener technischen Entwicklung, welche sich die Übertragung von akustischen Vorgängen auf beliebige Entfernung zum Ziel gesetzt hat. Nach dem heutigen Stande dieser Technik ist dabei ohne weiteres vorausgesetzt, daß an einer oder mehreren Stellen des Übertragungskreises eine Umsetzung der akustischen Energie in elektrische Energie und umgekehrt stattfindet.

Geschichtlich wird demnach der Beginn der Entwicklung der elektrischen Nachrichtentechnik durch die Erfindung des Telephons durch Philipp Reis im Jahre 1860 gekennzeichnet. Im Jahre 1881 werden auf der Pariser Internationalen Elektrizitätsausstellung durch C. Adler Versuche zur Übertragung von Musikstücken aus dem Theater in Wohnungen vorgeführt; 1882 erfahren bei der Internationalen Elektrizitätsausstellung in München diese Versuche eine wesentliche Erweiterung dadurch, daß hier die erste Fernübertragung von Musik auf Drahtleitungen durchgeführt wurde (München—Tutzing—Oberammergau). Diese Versuche konnten in München dank der Unterstützung der Verwaltung des kgl. Hoftheaters in den nächsten Jahrzehnten weitergeführt werden; es wurden ständige Übertragungsleitungen zum Deutschen Museum sowie zu den Wohnungen einiger Mitglieder des kgl. Hauses eingerichtet.

Gelegentlich dieser Versuche, ungefähr um die Jahrhundertwende, konnten zufällig die ersten Beobachtungen über den stereoakustischen Höreffekt gemacht werden. Die Erscheinung wurde jedoch in ihrer Tragweite nicht erkannt und nicht weiter ausgebaut.

Nach der Münchener Elektrizitätsausstellung folgten mit ähnlichen Einrichtungen ausgesprochen lokaler Natur andere Städte, wie Frankfurt, Breslau, Weimar, Berlin. Beim weiteren Ausbau der Anlage in Berlin, welcher in ähnlichem Ausmaß und zu ähnlichen Zwecken wie in München erfolgte, wurden durch Ohnesorge 1912 ebenfalls Beobachtungen über Stereoakustik gemacht, welche bei der Einführung des Unterhaltungsrundfunks 1924 weitere Ausgestaltung erfuhren.

In neuester Zeit hat neben der ungeheuren Entwicklung des Fernsprechverkehrs auch die Übertragung von Musik auf dem Drahtweg eine Ausdehnung erfahren, die nur durch umwälzende technische Entwicklungsformen möglich war. Übertragungsleitungen für Besprechung von Rundfunksendern auf weiteste Entfernungen, Entstehung von Großleitungsrundspruchnetzen, Ausbau von kleineren Anlagen zur ring-

Abb. 1.

förmigen oder radialen Versorgung einer größeren Zahl von Abnehmern elektroakustischer Energie kennzeichnen diese Entwicklung.

Neben der Entwicklung der Erscheinungsformen der an Drahtleitungen gebundenen elektroakustischen Energie setzen ab 1906 die Versuche zur Übertragung akustischer Vorgänge unter Benutzung hochfrequenter Trägerwellen ein. Vorausgegangen waren ab 1886 die Entwicklungsstufen der Funktelegraphie unter Benutzung der elektrischen Wellen, deren Entdecker Heinrich Hertz war. Die drahtlose Telephonie erfuhr im Ausland in den folgenden Jahren 1906 bis 1914 weitere

Entwicklungsförderung; während des Weltkrieges war es hauptsächlich nur der amerikanischen Technik möglich, dank der Lage dieses Landes abseits vom Kriegsschauplatz, durchgreifende Erfolge zu erzielen. In Deutschland setzte 1919 eine sprunghafte Entwicklung der drahtlosen Telephonie ein, welche 1922 zum Ausbau des sog. Kulturrundfunkes führte. Ende des Jahres 1923 trat der erste deutsche Rundfunksender in Berlin in den Dienst des Unterhaltungsrundfunkes. Den Ausbau der Rundfunksendeanlagen, welche in Europa in den folgenden fünf Jahren durchgeführt wurden, zeigt Abb. 1.

Die vorliegende Entwicklung der elektrischen Übertragung von akustischen Vorgängen auf Drahtleitungen sowohl wie auf drahtlosem Weg machte neue Wege der wissenschaftlichen Erkenntnis und der praktischen Ausgestaltungen notwendig, deren Grundzüge der Gegenstand der nachfolgenden Ausführungen sein soll.

Einführung in die Übertragungstechnik.

I. Die allgemeinen akustischen und elektrischen Beziehungen bei Übertragungsschaltungen.

Zur Beurteilung der akustischen und elektrischen Beziehungen bei Übertragungsschaltungen ist es notwendig zu betrachten, welche Ansprüche an eine Übertragungsschaltung im allgemeinen zu stellen sind. Abgesehen von psychologischen Vorgängen im Ohr, welche einen entscheidenden Einfluß auf die Gütebeurteilung der Klangübertragung ausüben, müssen wir vom technischen Standpunkt aus das Ziel vor Augen haben, die von der Originalklangquelle verursachten periodischen Vorgänge an der Hörstelle in genauem Abbild wieder zu erzeugen.

Das elektrische Abbild irgendeines Klanges entspricht periodischen Schwingungen vielfältiger Natur. Es ist möglich, auf mathematischem Wege diese Kurven in eine Reihe von Einzelschwingungen zu zerlegen, welche voneinander verschiedene Frequenz aufweisen. Gleichzeitig kann auf diese Weise der jeder Frequenz bzw. Teilschwingung innewohnende Energieinhalt bestimmt werden.

Ein Klang ist definiert nach Lautstärke, Tonhöhe und Klangfarbe. Für die Bemessung der Lautstärke ist maßgebend der Gesamtenergieinhalt, für die Tonhöhe ist als erstes Kriterium die Frequenz des Grundtones zu nennen. Die Klangfarbe ist bestimmt durch das Verhältnis der Energieinhalte der Obertöne zueinander und zum Grundton. Diese letzteren Verhältnisse sind von ausschlaggebender Bedeutung für die elektrische Übertragungstechnik, da sowohl Sprache und Gesang in den verschiedenen Vokalen und Konsonanten wie Musik im Einzelklang verschiedener Instrumente wie im Zusammenklang eine ungemeine Fülle der verschiedenartigsten Schwingungsverhältnisse zeigen.

Wenn wir nun als Aufgabe der elektrischen Übertragungstechnik die Forderung bezeichnen, die von der Originalklangquelle hervorgerufenen periodischen Schwingungen im Ohr wieder zu erzeugen, so tritt uns die erste Grundfrage der Übertragungsakustik entgegen, die Frage des Vergleiches der Lautstärke des Originaltones und des übertragenen Tones. Bei Lautsprecherempfang in einem eigenen akustischen Raum ist diese Frage verhältnismäßig einfach zu beantworten, solange der übertragene Klang durch die akustischen Verhältnisse des Aufnahmeraumes noch unbeeinflußt ist. Hier lautet die Forderung lediglich so, daß die Lautstärke des übertragenen Klanges so groß sein muß, als der Illusion des Hörens der entsprechenden Klangquelle im Wiedergaberaum entspricht, d. h. im Idealfall: gleiches Schallfeld in einem Wiedergaberaum, dessen akustischer Zustand jenem des Aufnahmeraumes entspricht. Solange es sich um Wiedergabe von Sprache oder Kammermusik handelt, ist diese Forderung mit verhältnismäßig einfachen Mitteln zu erfüllen. Die Aufgabe kann jedoch nicht gelöst werden, selbst wenn die technischen Mittel über das für die Normalanordnung übliche Ausmaß hinaus wesentlich erweitert werden, wenn z. B. das ästhetische Werturteil über die Übertragung eines Orchesterklanges oder gar von Opernmusik mit Hilfe eines Lautsprechers geringer Leistung, der in einem kleinen Zimmer aufgestellt ist, dem Werturteil des Originalklanges angenähert werden soll.

Wenn der übertragene Klang Eigenraumakustik führt, wie dies wohl mit Ausnahme der Aufnahmeeinrichtung mit Vielfachmikrophonen jede zur Zeit verwendete Aufnahmemikrophonkombination mehr oder minder verursacht, so werden die Anforderungen an die Beurteilung der Lautstärke des übertragenen Klanges noch schwieriger.

Hier treten Wechselwirkungen zwischen Akustik des Aufnahmeraumes und jener des Wiedergaberaumes auf, die erst dann auf die Wirkung der Übertragung unschädlich zu werden beginnen, wenn die vorhin aufgestellte Forderung der Größe des Wiedergaberaumes mindestens erfüllt ist.

Die Bestimmung der wirkungsvollen Lautstärke bei Kopfhörerempfang liegt nun ganz auf physiologischem und psychologischem Gebiet. Diese Fragen sollen bei Behandlung der stereoakustischen Übertragung näher besprochen werden.

Wir wollen nun von den weiteren Betrachtungen der absoluten Lautstärke absehen und uns der Forderung der elektrischen Übertragung, der Wiederherstellung der relativen Energieverhältnisse am Empfänger zuwenden.

Es soll folgende Definition getroffen werden: Ein Klang ist dann frequenzgetreu übertragen, wenn das Verhältnis der Energie für jede im Klang enthaltene Frequenz, gemessen am Generator und am Empfänger, gleich groß ist. Es handelt sich also hier um Verhältniszahlen von Leistungen, um Wirkungsgrade.

Die einschränkende Bestimmung, daß die absolute Lautstärke in den Kreis der Betrachtung nicht einbezogen ist, weist darauf hin, daß der Wert des Wirkungsgrades nicht berücksichtigt wird. Es kommt für diese Betrachtung lediglich auf die Gleichheit der Verhältniszahlen abhängig von den zur Übertragung gelangenden Frequenzen an. Wenn wir zunächst von den beiden elektrisch-akustischen Wirkungsgraden absehen, so werden innerhalb des rein elektrischen Teiles der Übertragungsschaltung gemäß den hier vorhandenen technischen Besonderheiten im Vergleich zum Wirkungsgradbegriff der Starkstromtechnik Verhältnisse eintreten, welche in den meisten Fällen die Verhältniszahl $\eta > 1$ werden lassen (Energiegewinn). Die Ursache hierzu liegt in der Wirkungsweise der innerhalb der Übertragungsschaltung angeordneten Verstärkereinrichtungen, welche unabhängig vom Energieinhalt der Besprechung Energie aus eigener Quelle liefern, welche nur von der primären Energie gesteuert wird. Neben den offensichtlichen technischen Vorteilen solcher Einrichtungen (die primäre Energiequelle hat nicht die Nutzleistung zu entwickeln; die Steuerenergien sind gering) nehmen wir zwei Nachteile in der Hauptsache in Kauf:

1. Der Vorgang ist nicht umkehrbar, d. h. der Übertragungskreis kann ohne Änderung der Schaltung nur in einer Richtung verwendet werden.

2. Der Verstärker kann nur die Leistung hervorbringen, für die er gebaut ist, wenn ihm auch höhere Leistung zugeführt wird.

Ein Beispiel für diese letztere Eigenschaft sehen wir in der Rufübertragung über Zweidrahtverstärkereinrichtungen. Diese Verstärker sind nicht geeignet zur Aufnahme der im Verhältnis zur Sprechleistung großen Rufleistung; es müssen deshalb für die Übertragung des Rufstromes besondere Vorkehrungen getroffen werden, d. h. das Verstärkerrohr darf nicht durch die Rufleistung belastet werden, sonst wirkt das Verstärkerrohr als Drosselung des Rufstromes.

Soll nun die Forderung der Gleichheit der Energieverhältniszahlen auch auf den elektrisch-akustischen Wirkungsgrad ausgedehnt werden, so müssen wir die zweite Grundfrage bei Behandlung übertragungsakustischer Probleme betrachten und folgende Annahme treffen:

Unter Vernachlässigung der Forderung der Gleichheit der absoluten Lautstärke ist für die Gehörempfindung die gleiche Wirkung in Rechnung zu setzen, wenn der Originalklang über die akustische Kopplung des Aufnahmeraumes zum Ohr gelangt, und wenn der durch den Wiedergabeapparat frequenztreu erregte Luftraum das Ohr beeinflußt.

Bei Lautsprecherempfang haben wir dabei die Wirkung der akustischen Verhältnisse des Wiedergaberaumes zu berücksichtigen. Bei Kopfhörerbesprechung weisen uns die komplizierten Vorgänge im Raum Membrane—Gehörgang—Trommelfell wieder auf das Gebiet der physiologischen und psychologischen Eigenschaften des menschlichen Ohres.

Von welch einschneidender Bedeutung gerade diese Verhältnisse für die Gütebeurteilung von Übertragungsschaltungen sind, kann durch einen einfachen Versuch gezeigt werden; wenn wir eine Kopfhörmuschel, welche in normalem Zustand einwandfreien Empfang gewährleistet, auf

der Rückseite durchlöchern, so verschwindet sofort die Frequenztreue
der Übertragung und wir hören ein Klangbild, welches einen ausgesprochenen Frequenzgang aufweist; die tiefen Frequenzen verschwinden und machen einer unangenehmen Hallerscheinung Platz. Unter
Frequenzgang versteht man im allgemeinen Frequenzabhängigkeit = Ver-
zerrungserscheinung.

Wir wollen nun die Berechtigung der vorigen Annahme zugrunde
legen und folgende Forderung aufstellen: Der Gesamtwirkungsgrad η_g
erstreckt über akustische Anfangsleistung bis zu jener akustischen End-
leistung, welche für die Gehörempfindung in Rechnung zu setzen ist,
muß für alle im primären Klang enthal-
tenen Frequenzen gleich groß sein.

Im Formelmaß ausgedrückt heißt
diese:

$$\eta_g = \frac{Na_2}{Na_1} = \text{const. für alle Frequenzen.}$$

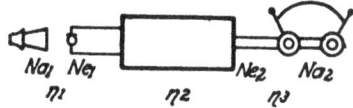

Abb. 2.

Wir betrachten uns die vorstehende schematische Abb. (2) einer
Übertragungsschaltung:

Die Wirkungsgrade sollen definiert werden zu:

$$\eta_1 = \frac{Ne_1}{Na_1} = \frac{\text{elektrische Leistung am Anfang}}{\text{akustische Leistung am Anfang}},$$

$$\eta_2 = \frac{Ne_2}{Ne_1} = \frac{\text{elektrische Leistung am Ende}}{\text{elektrische Leistung am Anfang}},$$

$$\eta_3 = \frac{Na_2}{Ne_2} = \frac{\text{akustische Leistung am Ende}}{\text{elektrische Leistung am Ende}}.$$

η_1 bezeichnet demnach den elektrisch-akustischen Wirkungsgrad
des Aufnahmeapparates. Seine Bestimmung über ein größeres Frequenzband ist großen Schwierigkeiten unterworfen. Erst in neuerer Zeit ist
es gelungen, exakte Untersuchungen über Leistung innerhalb von
Schallfeldern anzustellen.

In diesem Zusammenhang sollen folgende Definitionen[1]) besprochen
werden:

1. Schalleistung.

Eine Schallquelle strahlt in der Zeiteinheit einen bestimmten Ener-
giebetrag in das Schallfeld ab. Zu messen ist die Schalleistung in
Erg/sec = 10^{-7} Watt $[l^2\, m\, t^{-3}]$. Die Messung der Schalleistung auf
akustischem Wege ist nicht möglich; es wäre denkbar, daß man die

---

[1]) Trendelenburg, Handbuch der Physik Bd. VIII, Akustik S. 2. Springer,
Berlin 1927.

beim Energieumformungsprozeß der Schallerzeugung aufgewendete mechanische, elektrische oder thermische Energie mißt und über einen z. B. theoretisch bekannten Wirkungsgrad auf die abgegebene Leistung schließt.

2. Schallintensität.

Diese bedeutet die Schalleistung pro Flächeneinheit des Schallfeldes, gemessen in Erg/sec/cm^2 = 10^{-7} Watt $[m\,t^{-3}]$. Die Schallintensität kann absolut gemessen und damit mittelbar die Schalleistung durch Integration über die um die Quelle gelegte Fläche bestimmt werden.

η_2 ist der rein elektrische Wirkungsgrad der Übertragungsschaltung. Die Messung begegnet keinen prinzipiellen Schwierigkeiten.

η_3, der akustisch-elektrische Wirkungsgrad des Empfängers kann bei Kopfhörempfang nach dem derzeitigen Stand der Meßtechnik nicht, bei Lautsprecherempfang nach der Regel der Bestimmung von η_1 untersucht werden.

Der Gesamtwirkungsgrad der Übertragungsschaltung wird

$$\eta_g = \eta_1 \cdot \eta_2 \cdot \eta_3 = \frac{N\,a_2}{N\,a_1}$$

gemäß obiger Definition.

Hieraus lassen sich folgende Schlüsse ziehen:

1. η_g wird frequenzunabhängig, wenn jeder Teilwirkungsgrad frequenzunabhängig ist.

2. Abweichungen eines Teilwirkungsgrades von der Frequenzunabhängigkeit können durch entsprechende Beeinflussung des Frequenzganges eines anderen Teilwirkungsgrades ausgeglichen werden.

3. Die Teilwirkungsgrade können wiederum als Produkte der Wirkungsgrade einzelner Übertragungsglieder betrachtet werden. Damit besteht innerhalb der elektrischen Schaltung die Möglichkeit der Entzerrung, d. h. der Beseitigung der schädlichen Wirkung des prinzipiellen Frequenzganges einzelner Übertragungsglieder durch entsprechende Beeinflussung anderer Übertragungselemente.

Wir werden sehen, daß dieser Vorgang eine der Hauptaufgaben bei Dimensionierung von Übertragungsschaltungen darstellt und insbesonders bei Berücksichtigung der tiefen Frequenzen großen Schwierigkeiten begegnet.

Für die Bestimmung des Frequenzbandes, über das die Entzerrungsschaltungen zu erstrecken sind, ist die Kenntnis der in den einzelnen Klangquellen enthaltenen Teilenergien abhängig von der Frequenz notwendig.

Die Wirkungsweise nahezu sämtlicher in der elektrischen Übertragungstechnik verwendeter Schaltelemente fußt mehr oder minder auf den Eigenschaften ihrer frequenzabhängigen Widerstände. Solange nur oberirdische Leitungen innerhalb des Regelfernsprechverkehrs zur Übertragung von Sprache verwendet wurden, genügte es mit Rücksicht auf den geringen Frequenzgang dieser Leitungen die Eigenschaften der verwendeten Kreise durch ihren Widerstand bei einer Frequenz zu kennzeichnen. Entsprechend dem Energieinhalt der Sprachklänge erwies sich die Frequenz $f = 800$ Hertz bzw. $\omega = 5000$ als geeignet. Maßeinheit: Frequenz f wird gemessen in Hertz = Schwingungen pro sec. ω Kreisfrequenz $= 2\,\pi f$.

Die Ausdehnung des unterirdischen Leitungsnetzes mit wesentlich für die geforderte Frequenzunabhängigkeit ungünstigeren elektrischen Eigenschaften, die Forderung der Übertragung von Musik im Rahmen der Rundfunk- und Leitungsübertragung erwiesen diese Rechnungsweise als ungeeignet. Es müssen die elektrischen Eigenschaften dieser Übertragungskreise über ein größeres Frequenzband bestimmt werden. Zur näheren Begrenzung des Ausmaßes dieses Frequenzbandes sollen die Eigenschaften der Klänge näher betrachtet werden.

Es wurde bereits festgestellt, daß ein Klang nach Lautstärke, Tonhöhe und Klangfarbe charakterisiert ist. Wir haben von der weiteren Beurteilung der Lautstärke abgesehen und wollen jetzt den Einfluß von Tonhöhe und Klangfarbe untersuchen. Die Tonhöhe ist bestimmt durch den Grundton, die Klangfarbe durch das Energieverhältnis der Obertöne zueinander und zum Grundton.

Die Tonhöhe der Obertöne ist demnach von der Frequenz des Grundtones abhängig. Die Obertöne sind kennzeichnend für die Art des Instrumentes, für seine Behandlungsweise nach Lautstärke und Ansatz, für den jeder Person eigenen Stimmenklang. Sprechklänge weisen neben den durch den Grundton definierten Obertönen außerdem noch Obertonregionen auf, welche von der Tonhöhe des Grundtones und von der Art der Spracherzeugung innerhalb normaler Grenzen unabhängig sind. Man nennt diese Obertonregionen Formantgebiete. Sie sind die Hauptenergieträger der Sprachklänge. Der Hauptschwingungsinhalt liegt im Formantzentrum. Auch Instrumente weisen Formantregionen in geringem ⌊Umfange auf; so ist z. B. der typische Streichklang der Streichinstrumente charakterisiert durch bestimmte Formantbereiche.

Wir betrachten nun Abb. 3, welche die Formantbereiche des Vokales a in verschiedenen Tonlagen darstellt.

Der Hauptschwingungsinhalt liegt um $f = 800$ bis 900 Hertz, woraus sich die Berechtigung erweist, daß gerade die Frequenz $f = 800$ der Berechnung der Übertragungskreise für Sprache zugrunde gelegt wurde.

Die Formantzentren der hauptsächlichsten Vokale zeigt die folgende Zusammenstellung:

Vokal	f
a	910
o	460
u	330
ä	800/840
e	490/2460
i	308/3100

Die unter Strich gesetzten Formantgebiete höherer Frequenz besitzen rund $^1/_5$ des Energieinhaltes der tieferen Formantregionen. Diese

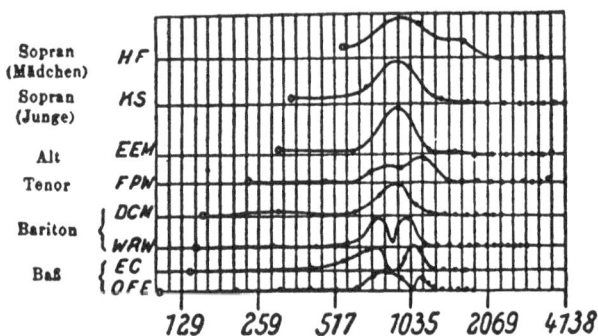

Abb. 3.

Untersuchungen sind wichtig zur Beurteilung der Nebensprechkopplungen innerhalb von Kabelanlagen bei höheren Frequenzen.

Die Formantregionen der Konsonanten liegen im wesentlichen bei höheren Frequenzen (siehe folgende Tabelle).

Konsonant	f
r	1400
k	1700
g	1600
h	1800
m	2100
n	2200
l	2300
s	2600
f	2600
p	2700[1]

[1]) Abb. 3 und die Angaben der beiden Tabellen sind entnommen aus K. W. Wagner, Der Frequenzbereich von Sprache und Musik. ETZ 1924, H. 19.

Es muß darauf hingewiesen werden, daß die Formantregion bei annähernd gleicher Ausdehnung für die Konsonanten f und s bei der gleichen Frequenz liegt. Daraus läßt sich der Schluß ziehen, daß für die Unterscheidung der beiden Konsonanten noch ein anderes Kriterium maßgebend sein muß. An einem Versuch kann man sich leicht davon überzeugen, in welcher Weise die Sprache durch Beseitigung der ihr eigenen Formantregionen verändert wird. In einem Sprechkreis, welcher zur Wiedergabe der Sprache einen Lautsprecher enthält, ist als Glied zur Abdrosselung höherer Frequenzen eine Drosselkette eingeschaltet. Die Drosselkette nach dem bekannten Aufbau besitzt eine Grenzfrequenz; d. h. für alle Frequenzen oberhalb dieser Grenzfrequenz ist die Dämpfung praktisch unendlich groß. Durch Wahl der geeigneten Schaltmittel kann die Grenzfrequenz verändert werden. Unter Voraussetzung eines einigermaßen frequenztreuen Lautsprechers läßt sich feststellen, in welcher Weise die Verständlichkeit der Sprache durch Abbau der Töne von oben her verändert wird.

Die nähere Untersuchung dieser Verhältnisse führte zur Aufstellung der Kurve der Abhängigkeit der Silbenverständlichkeit von der Grenzfrequenz (Abb. 4)[1].

Diese Kurve ist in folgender Weise gewonnen worden:

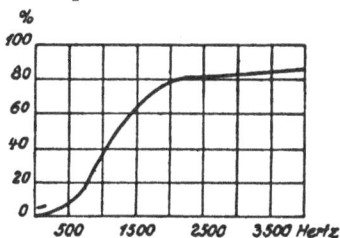

Abb. 4.

Über eine Übertragungsschaltung mit veränderlicher Grenzfrequenz werden eine Anzahl nicht zusammenhängender Silben gesprochen und das Verhältnis der verstandenen Silben zur Gesamtzahl abhängig von der Grenzfrequenz dargestellt. Es ist zu erkennen, daß über die Frequenz $f = 2500$ hinaus eine wesentliche Erhöhung der Silbenverständlichkeit durch Erhöhung der Grenzfrequenz nicht mehr möglich ist.

Für die Charakterisierung des Klanges von Einzelinstrumenten ist, wie wir gesehen haben, die Energieverteilung in der Obertonreihe maßgebend, welche wiederum zum großen Teil von der Stärke der Erregung des Instrumentes abhängig ist. Es liegen hier interessante Untersuchungen vor, über welche die nächsten Bilder Aufschluß geben[2] (Abb. 5 und 6).

Die Stimmgabel erscheint vollständig obertonlos; die Energieverteilung bei der Stimme bestätigt das bereits besprochene Ergebnis, daß der Grundton der Stimme nur geringen Anteil an deren Gesamtenergie-

---

[1] Abb. 4 siehe K. Küpfmüller und H. F. Mayer, Über Einschwingungvorgänge in Pupinleitungen und ihre Verminderung. Wissensch. Veröffentlichung aus dem Siemens. Konzern V. Bd., 1. H. 1926.

[2] Abb. 5 und 6: K. W. Wagner, a. a. O.

inhalt besitzt; an dem vorliegenden Beispiel liegt der Hauptschwingungsinhalt am 5. Oberton. Der Vergleich der drei Instrumentarten zeigt die
verschiedenen Energieverteilungen in der Obertonreihe; bemerkenswert
ist hier der verhältnis-
mäßig starke 1. Oberton
der Flöte (Oktave), doch
ist diese Erscheinung
abhängig von der Art
der Erregung des Instru-
ments. Diese Verhält-
nisse sind in Abb. 6 näher
dargestellt.

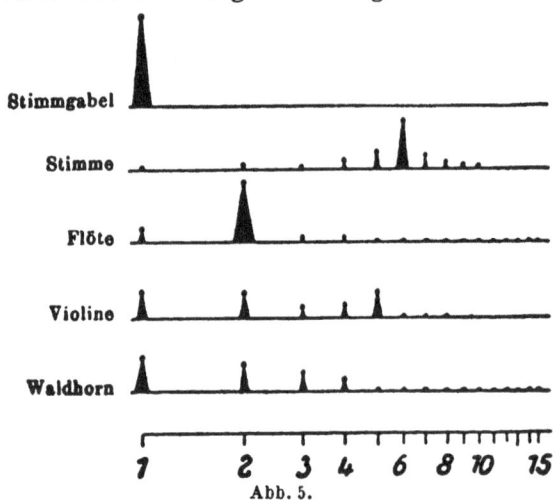

Abb. 5.

Hier sehen wir die
Energieverteilung von
Flötenklängen abhängig
von der Stärke der Er-
regung und der Tonhöhe
des erzeugten Klanges.
Wie das vorhergehende
Bild bereits zeigte, ist
der Energieinhalt des 1. Obertones bei stärkerer Erregung und tieferer
Tonlage besonders groß; dieses erklärt die Erscheinung, daß der Flöten-
ton, der diesen Bedingungen genügt, leicht in die erste Oktave umschlägt.

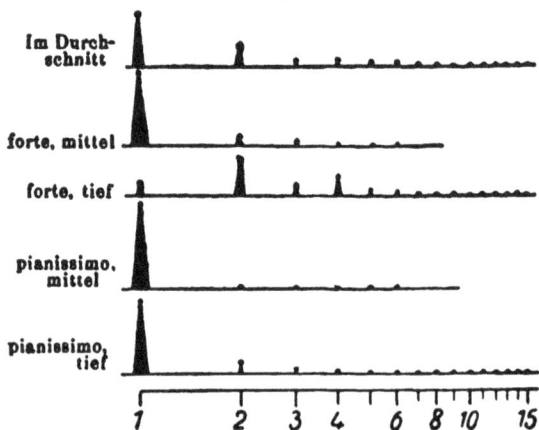

Abb. 6.

Die vorstehenden
Besprechungen erstrek-
ken sich zunächst nur
auf Eigenschaften des
Einzeltones, ohne den
Bereich der Grundtöne,
den Tonumfang der
einzelnen Instrumente
näher zu behandeln. Für
die Dimensionierung
von Übertragungsschal-
tungen ist aber die
Kenntnis des Bereiches
der Grundtöne von
grundlegender Bedeu-
tung. In der nachfol-
genden Tabelle sind für die meisten der im modernen Orchester verwendeten Instrumente die Bereiche des Tonumfanges zusammengestellt.

Der Klangbereich der Instrumente in Notenschrift ist entnommen
der Instrumentationstabelle von Artur Niloff (Universal-Edition).
Die Berechnung der Schwingungszahlen erfolgt auf Grund der tempe-

	Instrument	Untere Grenze f Hertz	Obere Grenze f Hertz
Holzbläser:	Flauto piccolo	575	4170
	Flauto	245	2090
	Oboe	231	1640
	Englisch Horn	162	920
	Klarinette in C	130	2090
	Klarinette in B	146	1850
	Klarinette in A	138	1740
	Baßklarinette in B	73	688
	Baßklarinette in A	69	648
	Fagott	54	688
	Kontrafagott	33,3	172
	Saxophon Sopran	245	1240
	Saxophon Alt	166	922
	Saxophon Tenor	122,6	688
	Saxophon Bariton	82	462
	Saxophon Baß	61	306
Blechbläser:	Naturhörner	29,3—57,6	688
	Ventilhorn in f	43	688
	Trompeten	65—130	945
	Piston	155	1240
	Posaunen	43	586—774
	Baßposaune	37,1	435
	Kontrabaßposaune	23,3	293
	Serpent	53	462
	Baßtuba	53	520
	Bombardon	60,4	344
	Kontrabaßtuba	33	260
	Wagnertuba (Baß)	60,4	387
Saiteninstrumente:	Harfe	33	3100
	Klavier	27,7	4170
	Violine	193	3710
	Bratsche	130	1855
	Cello	65	1550
	Kontrabaß	33,3	586
	Viola d'amour	146	1735
	Orgel	16,5	5600
	Pauke	70	196
	Stahlspiel	990	4170
	Glockenspiel	260	2210
	Xylophon	260	2090

rierten Stimmung, ausgehend von der Schwingungszahl des Normal-
tones a' ($f = 435$ Hertz) mit der Verhältniszahl des Halbtonschrittes
$\sqrt[12]{2}$.

Um zur Beurteilung dieser Zahlen ein geläufiges Beispiel zu nennen,
soll darauf hingewiesen werden, daß die normalen Sprechkreise der
unterirdischen Fernsprechleitungen für ein Frequenzband von $f = 300$
bis $f = 2500$ dimensioniert sind. Wenn wir damit den Frequenzbereich
der Orgel von $f = 16,5$ bis $f = 5600$ in Vergleich ziehen, läßt sich ohne
weiteres erkennen, daß die normalen Fernsprechverbindungsleitungen
für Übertragung der Musik schon mit Rücksicht auf die vorkommenden
Grundtöne einer ziemlich weitgehenden Korrektur bedürfen. In besonderer Weise erstreckt sich diese Korrektur auf die Berücksichtigung
der tiefen Frequenzen.

Diese Forderung ist jedoch nicht allein durch den Bereich des Tonumfanges der Instrumente nach unten bedingt; es treten für das Einzel-
instrument sowohl wie für den Zusammenklang mehrerer Instrumente
noch physikalische Eigenschaften auf, die diese Aufgabe eindringlicher
in Erscheinung treten lassen.

Ein Orchesterklang, dessen Kontrabaßtöne fehlen, kann mit allen
verzerrungsfrei bis zur Hörgrenze übertragenen Obertönen und Formanten nicht über den Charakter des Übertragungsklanges gebracht
werden. In dieser Richtung erscheint sogar die nichtlineare Verzerrung,
die, im wesentlichen durch Verwendung von Röhren bedingt, die Harmonischen der Grundtöne bevorzugen läßt, gegenüber den elementaren
Dimensionierungsfehlern der Übertragungsschaltungen zuungunsten
der tiefen Frequenzen von untergeordneter Bedeutung. Welcher Einfluß in musikästhetischer Hinsicht den tiefen Frequenzen zugeschrieben
wird, ergibt sich aus der Tatsache, daß, mit Richard Wagner beginnend,
in der modernen Orchesterbesetzung die Zahl der Instrumente, welche
die Träger der tiefen Frequenzen sind, ständig, bisweilen ins Groteske
gesteigert wurde.

Den Grundtönen ist insofern höhere Bedeutung zuzuschreiben, als
nach den Untersuchungen von K. Stumpf[1]) der Hauptteil der Schwingungsenergie im Formantbereich liegt, daß also der Grundton selbst
so gut wie nicht beeinflußt werden darf, soll er noch hörbar werden.
Für das einzeln gesprochene und gesungene Wort ist die von Prof.
K. W. Wagner[2]) angegebene untere Frequenzgrenze von $f = 100$ Hertz
($\omega = 630$) hinreichend, solange man auf den Einfluß der Unterformanten
verzichtet, denn es dürfte in normalen Fällen wohl kaum ein Stimm-
bereich unter F ($f = 87,4$ Hertz) 𝄢 reichen. Dies bedingt

---

[1]) Sitzungsbericht der Preuß. Akademie der Wissenschaften Jahrg. 1921,
S. 639 u. ff.

[2]) K. W. Wagner, a. a. O.

eine Anpassung der Übertragungsschaltung an $f \sim 80$ Hertz. Die für den Einzelton eines Instrumentes notwendige untere Frequenzgrenze ergibt sich aus obiger Tabelle. Die niederste Frequenz der Kontrainstrumente liegt bei $f = 23,3$; den geringsten Wert besitzt die Orgel mit $f = 16,5$. Zur genauen Feststellung der notwendigen Frequenzgrenze wäre es notwendig, die einzelnen Klänge der Instrumente zu analysieren und die Teile der Schwingungsenergie festzustellen, die auf Grundton und Obertöne entfallen. Es ist anzunehmen, daß die Obertöne der Orgel weit weniger Energieträger sind wie z. B. jene des Klaviers und vor allem jene des Kontrabasses. Doch erscheint dies mit Hinblick auf Erscheinungen von geringerer Bedeutung, welche die untere Frequenzgrenze bis zur Hörgrenze herabdrücken. Es sind dies die Unterformanten der Sprache, die Untertonreihe und die Schwebungen des Orchesterklanges.

K. S t u m p f[1]) weist bei Untersuchung der Tonlage der Konsonanten auf das Vorhandensein von Unterformanten hin, ohne ihren Frequenzbereich näher anzugeben. Jedoch stellt er fest, daß die Unterscheidbarkeit der Nasalkonsonanten M, N und Ng, der Explosivlaute und von F und S, von geflüstertem J und Ch pal. durch die mehrfach vorhandenen Unterformanten bedingt ist. Einen interessanten Hinweis gibt er auf die Wirkungsweise des gewöhnlichen Telephons, welches u. a. S fast gleich dem F wiedergibt. Die Versuchsanordnung, welche S t u m p f zur Feststellung dieser Tatsache traf, wird nicht näher beschrieben, doch dürfte, wenn die Anordnung der einer normalen gebräuchlichen Sprechschaltung ähnlich war, diese bekannte Tatsache dazu dienen, einerseits das Vorhandensein der Unterformanten nachzuweisen, andererseits den Beweis für die Unzulänglichkeit der Anpassung der normalen Sprachübertragungsschaltungen für tiefere Töne zu erbringen.

Über die Töne tieferer Frequenz der Instrumente, welche durch den Grundton höherer Frequenz erzeugt werden, liegen noch keine exakten Untersuchungen vor, doch erscheint ihr Vorhandensein bei einzelnen Instrumentengruppen möglich und wahrscheinlich. So ist z. B. Violine und Viola in den höheren Lagen der letzteren, vielleicht von d^2 ab, in der elektrischen Übertragung kaum mehr zu unterscheiden, während im Originalklang gerade in dieser Tonlage das charakteristische Merkmal des Bratschenklanges besonders hervortritt. Auch an einem Instrument allein lassen sich derartige Unterschiede feststellen. Es ist möglich durch subjektive Beobachtung festzustellen, daß der Klang b , der am Cello auf drei Arten praktisch erzeugt wird und zwar auf der A-Seite 1. Lage, D-Saite 5. Lage und G-Saite 9. Lage,

---

[1]) a. a. O. S. 637 ff.

im Telephon bei den drei Arten der Klangerzeugung gleichwertig empfunden wird, während im Originalklang mit Verkürzung der schwingenden Saitenlänge der Ton matter und stumpfer wird. Die Ursache dieser
Erscheinung ist nicht in einer durch das Ohr feststellbaren Veränderung
der Obertonreihe zu suchen, da die dabei angewendete Schaltung bei
den zu erwartenden Frequenzänderungen im oberen Gebiet gleichmäßig
arbeitet. Es ist zu vermuten, daß durch die Schaltung tiefe Frequenzen
ausgesiebt werden, welche die Unterschiede des Originalklanges ausmachen.

Riemann[1]) gibt als Nachweis dafür, daß durch die Bedingungen
der Hervorbringung eines höheren Einzeltones auch tiefere Töne mit
erzeugt werden, folgenden Versuch an. Wird eine schwingende Stimmgabel nur lose auf einen Resonanzboden aufgesetzt, so hört man statt
des Eigentones der Gabel dessen Unteroktave oder Unterduodezime.
Die Ursache dieser Erscheinung ist in einer unvollkommenen Übertragung der Schwingungsimpulse an den Resonanzboden zu suchen;
es wird nur jeder zweite oder dritte Stoß zum Anstoß des Resonanz-
kastens ausgenützt und damit die Frequenzerniedrigung verursacht.
Riemann weist darauf hin, daß auch die von Prof. Schröder nach-
gewiesenen Untertöne der
Violine auf das Prinzip der
gehemmten Schwingungen
zurückzuführen sind.

1 2 3   4 5 6 7 8 9 10 11 12 13 14 15 16
Obertonreihe von C

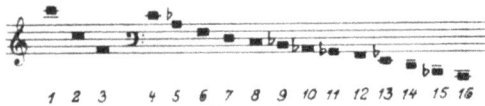

1 2 3   4 5 6 7 8 9 10 11 12 13 14 15 16
Untertonreihe von C³
Abb. 7.

Jeder Ton erfüllt die
Bedingungen für Hervor-
bringung und Verlauf einer
der Obertonreihe reziproken
Untertonreihe. Die mathe-
matisch mechanische Be-
gründung dieser Tatsache
würde den Rahmen dieser
Arbeit überschreiten. Es soll lediglich das Beispiel einer Ober- und Untertonreihe in Notenschrift angegeben werden (Abb. 7).

Die Existenz der Untertöne ist latent, ihre hörbaren Folgen beweisen sich in den Kombinationstönen.

Erklingen zwei Töne gleichzeitig, die nach den Anforderungen der
reinen Stimmung Obertönen eines Tones entsprechen, so wird dieser
hörbar. Auf die mathematische Ableitung der Erzeugung der Summa-
tions- und Differenztöne wird bei Besprechung der nichtlinearen Verzerrung näher eingegangen. Hier genügt die Feststellung, daß bei Zusammenklang mehrerer Töne Kombinationstöne sowohl nach unten wie
nach oben entstehen und daß diese hörbar werden.

---

[1]) Dr. Hugo Riemann, Katechismus der Musik. „Wissenschaftliche Grundlage der Musiktheorie", S. 78 ff. Leipzig, Max Hesses Verlag, 1891.

Eine Tatsache verdient bei Beurteilung der elektrischen Übertragung eines Orchester- bzw. Chorklanges noch besondere Berücksichtigung. Sänger der gleichen Stimme, Spieler des gleichen, mehrfach besetzten Instrumentes bringen für den in Notenschrift vorgeschriebenen Ton naturnotwendig Töne hervor, welche in ihrer Frequenz um ein geringes voneinander abweichen. Dies ist die Bedingung für die Erzeugung von Schwebungen. Auch Instrumente mit zwangläufig temperierter Stimmung, wie Orgel, Harmonium, Klavier erzeugen Schwebungen. Helmholtz[1]) weist nach, daß die Tonhöhe bei Schwebungen einfacher Töne über den höheren Ton hinauf und unter den tieferen herunter schwankt; auch findet er, daß langsame Schwebungen auf das Ohr keinen unangenehmen Eindruck machen, ja langgetragenen Akkorden etwas Feierliches geben können[2]). Die Folgerungen daraus können dahin erweitert werden, daß zum ästhetischen Genuß eines Orchester- und Chorklanges diese Schwebungen notwendig gehören, daß ohne diese der Klang künstlerisch mangelhaft zu bezeichnen wäre. Riemann[3]) führt in diesem Zusammenhang an: „Die reine Stimmung würde, wenn sie nicht an der praktischen Undurchführbarkeit scheitern soll, eine gewaltige Einschränkung im Akkord- und Modulationswesen bedingen, und was wäre dabei gewonnen: Etwas sinnlicher Wohlklang der Einzelharmonien auf Kosten tieferen, die Seele gewaltig packenden Ausdrucks!"

Wir kommen nun auf Grund dieser Feststellungen zur Bestimmung des Frequenzausmaßes der Übertragungsschaltungen. Für Sprache genügt nach den über die Natur der Sprachklänge angestellten Betrachtungen ein Frequenzbereich von $f = 300$ bis $f = 3000$ Hertz.

Dies stimmt auch mit dem praktischen Ergebnis der Abhängigkeit der Silbenverständlichkeit von der Grenzfrequenz überein.

Für Musik wäre theoretisch der gesamte Hörbereich von $f = 16$ bis $f = 10000$ zu fordern.

Für die praktischen Bedürfnisse dürfte es genügen, einen Frequenzbereich von $f = 30$ bis $f = 7000$ anzunehmen.

Diesem theoretischen Ergebnis der Physik widerspricht nun in gewisser Beziehung die praktische Erfahrung. Wenn über normal pupinisierte Leitungen, also Schaltkreise, die eine Grenzfrequenz von $f = 2700$ bis 3500 aufweisen, Übertragungen von Musik vorgenommen werden, zeigt sich, daß trotz diesem im Hinblick auf vorstehende Untersuchungen ausgesprochenen physikalischen Mangel der Übertragungsschaltung ein vom Standpunkte des musikalischen Werturteils noch als gut zu bezeichnendes Klangbild nach der Leitung abgenommen werden kann.

---

[1]) H. Helmholtz, „Die Lehre von den Tonempfindungen als physiologische Grundlage für die Theorie der Musik". 4. Ausgabe, Beilage XIV. Fr. Vieweg u. Sohn, Braunschweig 1877.

[2]) Siehe auch Riemann, a. a. O. S. 87.

[3]) Riemann, a. a. O. S. 88.

Bei der Betrachtung eines Einzelklanges, von welchem Grundton oder ausgesprochene Teile der Obertonreihe in den Bereich der Grenzfrequenz fallen, kann die Wirkung der letzteren ohne weiteres durch das Ohr festgestellt werden. Im Gesamtklang treten diese Wirkungen, welche doch einen nach der psychologischen Seite zu buchenden Gewinn darstellen sollen, hinter anderen Anforderungen an eine gute Übertragung zurück, nämlich die Forderung einer klaren, durchsichtigen Differenzierung der Einzelstimmen und der Befreiung von allen Nebengeräuschen der mechanischen und elektrischen Übertragungsglieder, d. s. im wesentlichen Hallerscheinungen, Bevorzugung einzelner Tonlagen, Fremdgeräusche, Unterbrechungen usw.

Wir sind demnach vor die Aufgabe gestellt, zu untersuchen, ob und inwieweit die bei der Betrachtung der Frequenzinhalte der einzelnen Instrumente gefundenen Ergebnisse für die ästhetische Wertung von Übertragungsgütern von Bedeutung sind oder ob andere Kriterien das Werturteil in erhöhtem Maß beeinflussen können. Bei Hören von elektrisch übertragener Orchester- oder Opernmusik treten reeller akustischer Vorgang und imaginäre optische Empfindung in Wechselbeziehung. Bei vielen Übertragungen von reiner Orchestermusik ist der Wunsch der Hörer festzustellen, diese Musik auch spielen „sehen" zu können, ein Wunsch, der bei Übertragung von akustischen Vorgängen, welche reell von optischen Bildern begleitet sind, gemäß dem subjektiven Vorstellungsvermögen etwas in den Hintergrund gedrängt wird.

Es läßt sich jedoch behaupten, daß das Verlangen nach optischer Vorstellung bei allen Übertragungsarten in mehr oder minder großem Umfange vorhanden ist. Wo das Vorstellungsvermögen optischer Vorgänge fehlt oder wo es nicht durch bekannte imaginäre Bilder abgelöst werden kann, erlischt das Interesse an der Übertragung, an der reinen Musik. Es handelt sich hier naturgemäß nur um Durchschnittshörer; der ernste Musiker wird auch der gut übertragenen absoluten Musik ohne notwendige optische Vorstellung mit voller Befriedigung gegenübertreten können.

Der psychologische Vorgang beim Hören übertragener Musik ist aber noch aus einem anderen Grunde von erhöhter Bedeutung. Die vorhandene optische Vorstellung kann in ihrer Wirkung auf den Hörer so weit gehen, daß einerseits elektrische Mängel der Übertragungsschaltung in den Hintergrund gedrängt, d. h. überhaupt nicht als Mangel empfunden werden, um so weniger als in den meisten Fällen keine Vergleichsnormalie vorhanden ist; daß andererseits die Illusion reell gehörter Musik dadurch so wirksam gestaltet werden kann, daß die Übertragungsschaltung als nicht vorhanden vorgetäuscht wird.

Dieser letztere Vorgang birgt für den Betrieb der Übertragungsschaltung eine große Gefahr in sich. Die geringste Störung, wie Lautstärkeänderung, Unterbrechung, Fremdgeräusche usw., läßt die Illusion des Hörens verschwinden und verursacht eine Änderung des Werturteils, welches mit den sonstigen physikalischen Eigenschaften der Übertragungsschaltung vollständig im Widerspruch steht.

Für die Messung der physikalischen Eigenschaften eines Übertragungskreises kommt das Ohr nicht in Betracht, da es im allgemeinen für absolute Frequenzbeurteilung ungeeignet ist; für die Beurteilung der psychologischen Wirkung jedoch kann nur die Gehörempfindung das letzte Wort sprechen. Physik und Psychologie treten in Wechselbeziehung, ihre Forderungen an die Gütebeurteilung von Übertragungsschaltungen stimmen nicht überein.

Bevor nun unter gegenseitigem Vergleich des Wertgewichtes der einzelnen Beeinflussungen die praktischen Forderungen an die Dimensionierung einer Übertragungsschaltung aufgestellt werden, ist es notwendig, ein psychologisches Phänomen zu besprechen, das die Forderungen der Physik zunächst vollständig in den Hintergrund drängt.

Wir haben vorhin, um überhaupt dem Problem der Übertragung von Sprache und Musik nähertreten zu können, für Kopfhörerempfang die Annahme getroffen, daß am Ohr die gleiche Gehörempfindung entsteht, sowohl wenn der Originalklang direkt das Ohr beeinflußt, als wenn die frequenztreu besprochene Membrane über das Trommelfell und den anschließenden Gehörapparat die Gehörnerven erregt.

Diese Annahme trifft nicht zu. Auch wenn, unter Vernachlässigung der absoluten Lautstärke, die Membrane frequenztreu besprochen wird und die akustische Leistung in Phase und Amplitude den beiden Ohren gleichmäßig dargeboten wird — das Einohrtelephon des normalen Telephonapparates scheidet aus dieser Betrachtung aus — ist nicht zu erreichen, daß die Wirkung des übertragenen Klanges die ihr eigene Erscheinung verliert, ein flaches, unwirkliches, eben übertragenes Bild dem Hörer zu vermitteln. Dabei ist naturgemäß vollständig frequenztreue Dimensionierung, die große technische Schwierigkeiten verursacht, Voraussetzung.

Es läßt sich behaupten, daß dieser Mangel durch physikalische Änderung der Übertragungskreise nicht beseitigt werden kann. Jedoch ist es möglich, psychologische Wirkungen in der Weise auszunützen, daß tatsächlich eine Illusion des Hörens hervorgerufen wird, welche der Wirkung des reellen Klanges nicht nachsteht.

Dies geschieht durch die Wirkung des raum

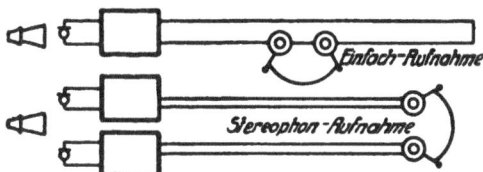

Abb. 8.

akustischen Effektes, des sog. stereophonen Hörens. Das stereophone Hören ist prinzipiell durch folgende Schaltung (Abb. 8) im Vergleich zur einfachen Übertragungsschaltung gekennzeichnet.

Voraussetzung für die Wirkung der Stereophonie ist, daß zwischen den beiden Übertragungskreisen bis zu ihrer Vereinigung in der Gehörempfindung der Ohren weder elektrische noch akustische Kopplungen vorhanden sind.

Die Einrichtung der rein stereophonen Übertragung wurde 1925 in München durch Ministerialrat Dr.-Ing. H. C. Steidle wieder neu aufgegriffen und vor ca. 3 Jahren zum erstenmal öffentlich betriebsmäßig vorgeführt und seitdem im Betrieb belassen.

Die Forderung der Freiheit von jeglicher Kopplung der beiden Übertragungskreise führt zwangläufig zu dem Ergebnis, daß rein stereophoner Lautsprecherempfang entgegen so mancher Mitteilung der Fachliteratur nicht möglich ist. Die beiden Aufnahmen werden auf dem Weg zwischen Lautsprecher und Ohr durch die Raumakustik des Wiedergaberaumes akustisch gekoppelt.

Es ist verständlich, daß nach Wiederentdeckung des stereophonen Effektes sofort versucht wurde, seine physikalischen Grundlagen zu untersuchen.

Die nächsten Vermutungen waren, daß die elektrischen Eigenschaften der beiden Aufnahmen nach fester und zeitlich veränderlicher Phasenverschiebung und Amplitudenveränderung voneinander verschieden sind und es wurden Schaltungen getroffen, welche gestatten, auf elektrischem Wege diese Forderungen zu erfüllen. Prinzipiell sind zwei Wege denkbar.

1. Eine oder mehrere Aufnahmeschaltungen sind so zu gestalten, daß stereophoner Eindruck geweckt wird, wenn sie in ihrer Gesamtheit auf 2 elektrisch gekoppelte Hörer gegeben werden, welche, zum Doppelkopfhörer vereinigt als Empfangsapparat dienen.

2. Aus einer Aufnahme werden zwei getrennte Klangbilder geschaffen, welche getrennt je einem Ohr zugeführt werden. Praktisch ist allgemein die Trennung nur zweckmäßig am Empfangsapparat, da sonst zwei getrennte Übertragungsstromkreise von der Sende- zur Empfangsstelle geschaffen werden müßten.

Die Lösung nach Ziffer 1 ist entsprechend dem geschilderten Wesen der Stereophonie nicht möglich. Nach der zweiten Art kann sowohl auf elektrischem wie akustischem Weg eine Annäherung an die Wirkung der reinen Stereophonie erzielt werden.

a) Auf rein elektrischem Weg müssen zwischen den beiden Aufnahmen zeitlich veränderliche Phasen- und Amplitudenänderungen, verbunden mit Änderung des Frequenzganges, vorhanden sein.

b) Man kann elektrische und akustische Einwirkungen in der Weise miteinander vereinigen, daß zur Erzielung einer annähernden Stereophoniewirkung eine Aufnahme vor dem Empfänger nochmals akustisch übersetzt wird. Die Art dieser künstlichen Stereophonie zeigt Abb. 9.

Praktisch läßt sich diese Ausführung nur umständlich verwirklichen, da sie beim Empfänger die Aufstellung einer größeren Apparatur mit eigener Stromlieferungsanlage voraussetzt. Es gelangt nur die Eigenakustik des akustisch-elektrischen Übersetzungsgliedes zur Auswirkung.

c) Eine kombinierte elektrisch-akustische Lösung wurde von Dr.-Ing. H. C. Steidle entwickelt, deren Wesen darin besteht, daß einer Hörmuschel eine Verlängerung des Gehörganges um ca. 20 cm dadurch gegeben wird, daß die Schallwellen, von der Membrane ausgehend, einen Luftweg in Spiralenform von der angegebenen Länge durchlaufen müssen, bevor sie in den Gehörgang eintreten. Außerdem besitzen beide Hörer voneinander verschiedene Frequenzgänge durch Änderung der Eigenschwingung der Membrane. Dazu trägt der Hörer mit höherer Eigenschwingung einen frequenzunabhängigen Belastungswiderstand in sich, dessen Wirkung darin besteht, daß innerhalb des

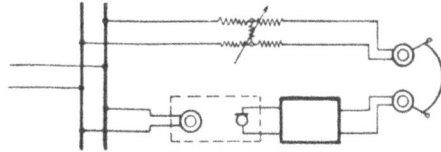

Abb. 9.

Gesamtklangbildes ein dauernder Wechsel der Teilenergieentnahme durch die beiden Hörer abhängig von der Frequenz eintritt. Damit ist der zeitlich veränderliche Wechsel des Frequenzganges der beiden Hörer erzielt.

Der Hörer benötigt zu seiner Wirkung rund den fünffachen Energiebedarf des normalen Hörers. Wir sehen hier bereits ein Grundgesetz jeder Übertragungsschaltung in Erscheinung treten:

Hochwertige Übertragungsschaltungen sind nur möglich, wenn Energie im Überschuß vorhanden ist.

Sämtliche besprochenen Ersatzschaltungen zur Erzeugung stereophonen Eindruckes (diotisches Hören) können nur den Anspruch einer Annäherung an das beabsichtigte Ziel, die Wiedererzeugung der reinen Stereophonie erheben. Das physikalische und psychologische Wesen derselben ist noch nicht restlos geklärt.

Es wurde festgestellt, daß das Ohr in seiner physiologischen und psychologischen Wirkung einen ausschlaggebenden Einfluß auf die Wertung von Übertragungsgütern ausübt. Bei der rein stereophonen Wirkung fallen innerhalb entsprechender Grenzen schädliche Einflüsse von Frequenzgängen weg; die Forderung der Wirkungsgradgleichheit für alle in der Illusion des gehörten Klanges vorhandenen Frequenzen ist, wenn nicht physikalisch, so doch in der psychologischen Wirkung erfüllt; es tritt neben einer räumlichen Trennung der vorhandenen Klangquellen ihre räumliche Bestimmung im Klangbild innerhalb des akustischen Raumes des Aufnahmeortes auf. Beide Aufnahmen können an sich unvollkommen und beschränkt im Energieinhalt sein; die stereophone Wirkung gleicht diesen Fehler aus und steigert selbsttätig die Lautstärke bis zu dem Maß, welches in der Illusion der Lautstärke der Originalklangquelle gleichkommt.

Ein wesentlicher Bestandteil der gesamten akustisch-elektrischen Übertragungsschaltung ist die Aufnahmeapparatur zur Umsetzung der akustischen Energie in elektrische Energie. Hier werden entsprechend den spezifischen Eigenschaften der Übertragungsschaltungen verschiedener akustischer Vorgänge prinzipiell zwei verschiedene Forderungen gestellt. Bei Übertragung von akustischen Vorgängen von Theater- und Konzertaufnahmen — diese werden im weiteren Verlaufe Übertragungen am lebendigen Objekt genannt — hat die Einführung der Übertragung eine Erweiterung des Zuhörerkreises zum Ziel mit der Aufgabe, die akustischen Vorgänge am akustisch besten Orte des Vorführungsraumes den Zuhörern der Übertragung mit gleichem ästhetischem Wirkungsgrad wie beim Originalklang zu vermitteln.

Bei den Übertragungen aus Aufnahmeräumen — weiterhin Selbstzweckübertragungen bezeichnet — besteht die Möglichkeit, der Behandlung des Aufnahmemikrophones und den elektrischen Eigenschaften der Übertragungsschaltung Zugeständnisse zu machen. Bei der ersten Tagung für Rundfunkmusik in Göttingen 1928 wurden unter anderem auch diese Fragen behandelt; es wurden Richtlinien aufgestellt für die Ausbildung von Sprecher und Instrumentalisten für die Mikrophonbesprechung; es wurden jene Maßregeln besprochen, welche dazu dienen, physikalischen Schwächen der Übertragungsschaltung von vornherein durch entsprechende Korrektur am Originalklang zu begegnen. Es kommen hier in Frage Änderungen der Instrumentierung, in der Hauptsache Verstärkung der Instrumente der tiefen Tonlagen, Abschwächung der Schlag- und Geräuschinstrumente, Veredelung des Klavierklanges für Rundfunkzwecke (Konstruktion eines Spezialrundfunkklaviers), Abflachung der dynamischen Skala und anderes mehr. Auch die Fragen der Ausbildung von sog. technischen Kapellmeistern wurden erörtert, welche die technische Einrichtung im Flusse der Übertragung dem besten Wirkungsgrad des Hörvorganges anzupassen haben.

Wir stehen vor der Tatsache, aus der Wechselwirkung von Kunst und Technik eine neue Art von Musik entstehen zu sehen, welche in ihrer durch die Technik gebundenen Auswirkung im Rahmen der allgemeinen musikalischen Kunstausübung eine Sonderstellung einnimmt[1].

Es stellt einen technisch einwandfreien Vorgang dar, innerhalb des gesamten Energieumformungsprozesses auftretende Abweichungen vom

---

[1] R. Winzheimer, „Elektrische Übertragungsmittel im Dienste des Unterrichts" aus: „Bericht über den Münchener Schulmusik-Kongreß, Schulmusikalische Zeitdokumente". Quelle & Meyer, Leipzig.

Originalklangbild durch entsprechende Korrektur an anderen Stellen auszugleichen. Der Energieumformungsprozeß Originalklangquelle—Mikrophon ist ein Teil des Energieflusses; deshalb können wir uns vom technischen Standpunkt aus gestatten, die durch die nachfolgenden technischen Mittel bedingten Korrekturen an erster Stelle anzubringen. Diese Folgerungen erscheinen jedoch aus folgenden Gründen nicht gerechtfertigt.

Wir wissen, daß die Technik rastlos daran arbeitet, die Sende- und Empfangsverhältnisse innerhalb der elektrischen Übertragungseinrichtungen zu verbessern; wir sind zur Zeit nicht am Ende dieser Entwicklung; es gibt eine Reihe von guten Aufnahmemikrophonen, welche verschiedene physikalische Eigenschaften aufweisen; man kann nicht — um extrem zu sprechen — für verschiedene Aufnahmemikrophone für ein Werk verschiedene Instrumentierung einführen. Hierzu kommen noch die Fragen der raumakustischen Effekte, der Nachhallerscheinungen usw., welche immerhin noch verschiedenartige Lösungen des Übertragungsproblems erwarten lassen. Die vorliegende Entwicklung der Rundfunkmusik bei Selbstzweckübertragung kann nur ein Übergangsstadium sein, mit dem technischen Endziel, jene Forderungen erfüllen zu können, welche die Übertragungen am lebendigen Objekt heute schon an die technische Ausführung stellen.

Die Verwirklichung dieser Forderungen hängt in erster Linie neben den allgemeinen elektrischen Übertragungsgesetzen von der Prinzipanordnung der Aufnahmeapparate ab. Die Entwicklungsgeschichte der Übertragungen am lebendigen Objekt zeigt folgende Abschnitte:

1. Reine Zentralaufnahme.

   Ein Aufnahmemikrophon befindet sich an der akustisch günstigsten Stelle des Aufnahmeraumes. Das gesamte Klangbild wird nach akustischer Kopplung der Einzelklänge im Vortragsraum dem Mikrophon zugeführt; es tritt eine dem Originalklang fremde künstliche Raumakustik auf, die das Klangbild entstellt.

2. Vielfachaufnahme.

   Viele Einzelmikrophone werden in unmittelbarer Nähe der Einzelklangquellen angeordnet. Die Kopplung der Einzelklänge zum Gesamtklang erfolgt auf elektrischem Wege. Raumakustik wird vermieden.

3. Mischung von Zentral- und Vielfachaufnahme.

   Wenige Mikrophone werden in der Nähe der Klangquellen angebracht. Die Kopplung der Einzelklänge zum Gesamtklang erfolgt teils akustisch im Vortragsraum, teils elektrisch in der Übertragungsschaltung. Die Raumakustik wird durch entsprechende sorgfältige Wahl der Aufstellungsorte der Mikrophone auf einen günstigsten Wert gebracht, welcher jedoch nicht der Originalraumakustik entspricht.

Die heute verwendeten Schaltanordnungen für Übertragungen am lebendigen Objekt entsprechen alle dieser dritten Art.

Die Ideallösung für Lautsprecherempfang ist die Vielfachaufnahme unter Vermeidung von Originalraumakustik, wenn die Energie der Wiedergabe annähernd gleich ist der Energie der Originalklangquelle. Dabei wird jedoch auf die Raumakustik des Originalraumes verzichtet und nur jene des Wiedergaberaumes zur Wirksamkeit gebracht, welcher jedoch nach der Definition der Ideallösung in seinen akustischen Verhältnissen dem Originalvortragsraum zu entsprechen hat.

Für Kopfhörerempfang ist die Ideallösung in der Anordnung zweier Zentralmikrophone mit der Schaltung nach dem Prinzip des Doppelhörens zu suchen. Diese Anordnung gewährleistet als einzige die Übertragung der Originalraumakustik und verbindet damit die durch das Gehör feststellbare örtliche Bestimmung der Klangquellen innerhalb des Hörvorganges in der Übertragung.

Das Ziel der reinen Zentralaufnahme besteht darin, dem Aufnahmeapparat die Stelle des Zuhörers zu übertragen; die Vielfachaufnahme geht mit ihrer Verästelung der Teilaufnahmeapparate in möglichst unmittelbare Nähe der einzelnen Klangquellen.

Die Zentralaufnahme bucht zu ihren Gunsten, daß sie an der Stelle des Zuhörers alle jene Erscheinungen des gesamten Klangbildes, welche über die akustische Kopplung des Luftraumes des Aufnahmeraumes dem Zuhörer zu Gehör gebracht werden, in gleicher Weise zur Übertragung gelangen läßt. Bei der Vielfachaufnahme entsteht am Teilaufnahmeapparat nur ein Bruchteil des Originalklanges; die Kopplung aller Einzelklänge wird auf elektrischem Weg erzeugt. Es bleibt demnach die Frage offen, ob die Realisierung aller jener Erscheinungen im Zusammenklang, welche wir in der Hauptsache in der Wirkung der Kombinationstöne und der Schwebungen bezeichnet haben, sich auf dem Wege der akustischen oder der elektrischen Kopplung besser herstellen läßt. Die Hauptstärke der Vielfachaufnahme liegt auf energetischem Gebiet, in der Teilung der zur Übertragung gelangenden Energie auf verschiedene Aufnahmeapparate, in der Möglichkeit, mit einfachen Apparaten Teilenergien mit verhältnismäßig geringem Frequenzgang zu übersetzen, da Energie im Überfluß vorhanden ist und in der Ausschaltung der Eigenraumakustik. Die Zentralaufnahme führt prinzipiell die Raumakustik in ihren Wesensbegriff ein unter dem Hinweis, daß der Originalklang auf diese Weise auch dem Zuhörer vermittelt wird.

Wir haben jedoch bei Besprechung der absoluten Lautstärke bereits die Forderung aufgestellt, daß Eigenraumakustik bei gekoppeltem Kopfhörerempfang nach Möglichkeit zu vermeiden ist. Es läßt sich behaupten, daß es entsprechend den Forderungen der Stereophonie weder mit Zentralaufnahme noch mit Vielfachaufnahme möglich ist, die Originalraumakustik mit einfacher Aufnahme zur Übertragung zu bringen. Nur die rein stereophone Übertragungsweise läßt sie in der Illusion wieder in Erscheinung treten. Aus diesen Gründen wird durch Einführung der Vielfachaufnahme die Übertragung von künstlicher oder Originalraumakustik prinzipiell vermieden.

Auf die Frage des Vergleiches beider Aufnahmearten hinsichtlich der Übertragung der im Originalklang auftretenden Interferenzerscheinungen soll hier nicht näher eingegangen werden. Es genügt, darauf hinzuweisen, daß akustische Interferenzwirkungen, welche in der Hauptsache von der Stellung des Hörers zur Originalklangquelle abhängig sind, bei der Vielfachaufnahme in ihrer Wirkung zurückgedrängt werden.

Die Aufgaben der Dimensionierung von Übertragungsschaltungen gipfeln nun darin, die physikalischen und psychologischen Forderungen wirtschaftlich in Einklang zu bringen. Auch hier steht die Wirtschaftlichkeit an der Spitze der Leitsätze technischer Gestaltung. Wir haben oben gesehen, daß die Forderung extrem hoher Grenzfrequenz für Sprache überhaupt keine, für Musik nur beschränkte Berechtigung besitzt; die Physik stellt die Forderung auf, die Psychologie des Ohres läßt sie fraglich erscheinen. Anderseits gibt uns die Physik bei Kopfhörerempfang keine Anhaltspunkte für die Bemessung der absoluten Lautstärke und das Verhältnis des stärksten und schwächsten Tones in Übertragungsschaltungen; das Ohr fordert jedoch, daß die relativen Lautstärkeveränderungsverhältnisse (dynamische Skala) im Originalwert zu Gehör gebracht werden. Es liegt dann die Aufgabe vor, auf Grund dieser Erkenntnis die wirtschaftliche Lösung in einer Weise zu finden, um in erster Linie den ästhetischen Forderungen einer zur Gehörempfindung gelangenden Übertragung gerecht zu werden. An vorliegendem Beispiel besteht die Folgerung aus dieser Erkenntnis darin, zunächst sämtliche Übertragungselemente auf den maximalen Wert des Verhältnisses von laut und leise der Originalklangquelle zu dimensionieren; die physikalische Forderung hoher Grenzfrequenz tritt dagegen zurück. Diese Richtlinien bestimmen die Reihenfolge der Aufwendung der vorhandenen finanziellen Mittel.

Wir sehen: die Psychologie bestimmt die Aufgabe, die Physik gibt uns die Mittel in die Hand, die Aufgabe wirtschaftlich zu lösen.

Die Forderungen, welche bei Hörabnahme mit Kopfhörer mit Einfachschaltung oder nach dem Prinzip der künstlichen Stereophonie an die elektrische Übertragungsschaltung zu stellen sind, können wir in der Reihenfolge ihrer Bedeutung wie folgt zusammenfassen.

Für eine gute Übertragung sind notwendig:

1. Gleichheit der Energiewirkungsgrade innerhalb eines Frequenzbandes, dessen Ausmaß durch die psychologischen Eigenschaften

des Ohres mit Rücksicht auf die ästhetische Wertung der Übertragungsgüte festzulegen ist.

2. Dimensionierung der Schaltmittel zur Aufnahme der gesamten dynamischen Skala und Vermeidung aller manueller oder selbsttätiger Lautstärkereguliereinrichtungen.

3. Erzielung höchster Betriebssicherheit und Vermeidung von Störgeräuschen.

4. Erzielung einer eingehenden Differenzierung der Einzelstimmen und Vermeidung von Eigenraumakustik.

5. Gleichheit der Energiewirkungsgrade entsprechend den physikalischen Eigenschaften der Klänge.

Es stellt ohne Zweifel einen Nachteil dar, daß die in Ziffer 1 genannte Forderung in erster Linie vom subjektiven Empfinden abhängig gemacht werden muß. Um auch hier objektive Grundlagen zu schaffen, wäre in Anlehnung an die Methoden der Bestimmung der kommerziellen Sprechverständlichkeit, welche ja auch den strengen physikalischen Forderungen nicht entspricht, die Aufstellung einer Beziehungskurve zu empfehlen, welche die Abhängigkeit der ästhetischen Wertung einer Übertragung akustischer Vorgänge von der oberen und unteren Grenzfrequenz der Schaltkreise angibt.

Zur Verwirklichung der an eine Übertragungsschaltung zu stellenden Forderungen ist die Kenntnis der grundlegenden physikalischen Eigenschaften der elektrischen Übertragungsstromkreise notwendig. Wir haben an erster Stelle unserer Betrachtungen den Grundbegriff einer verzerrungsfreien Übertragungsschaltung gestellt und die Forderung erhoben, daß für alle im Originalklang enthaltenen Frequenzen der Wirkungsgrad der Leistungen gemessen am Generator und Verbraucher gleich groß sein muß.

Ist diese Gleichheit der Wirkungsgrade nicht erfüllt, so sprechen wir von Verzerrung. Wir unterscheiden, entsprechend ihren Ursachen, im allgemeinen 4 Arten der Verzerrung.

1. Die lineare Verzerrung,
2. die nichtlineare Verzerrung,
3. die Phasenverzerrung,
4. die Rückkopplungsverzerrung.

Die beiden letzteren Arten sind im wesentlichen durch die beiden ersteren darstellbar und sollen als spezielle Fälle bei Besprechung der Verstärkerschaltungen behandelt werden.

Bei der linearen Verzerrung ändert sich die Verteilung der Energie abhängig von der Frequenz, betrachtet an zwei beliebigen Punkten der Übertragungsschaltung. Dabei wird weder vom eigentlichen Energieträger, noch von einer fremden Quelle Energie zur Erzeugung der Verzerrung aufgewendet. Auf andere Art ausgedrückt läßt sich die lineare Verzerrung, auch Dämpfungsverzerrung genannt, wie folgt definieren[1]):

Am Anfang des Übertragungssystemes herrsche die Spannung $V_1 \cdot e^{i\omega t}$. Nach hinreichend langer Zeit entsteht am Ende des Systems die Spannung:

$$V_2 = c\,V_1 \cdot e^{i\omega t - i a}.$$

(a = Winkel, um welchen V_2 gegen V_1 im allgemeinen Fall verschoben ist). Faktor c gibt das Verhältnis von $\dfrac{V_2}{V_1}$ an. Die Frequenzabhängigkeit von c ist das Kriterium der linearen Verzerrung. Zur Beurteilung der prinzipiellen Vorgänge ist der Ersatz des Verhältnisses der Leistungen durch jenes der Spannungen eindeutig.

Die lineare Verzerrung stellt sich also nach dem Prinzipschaltbild (Abb. 10) wie folgt dar:

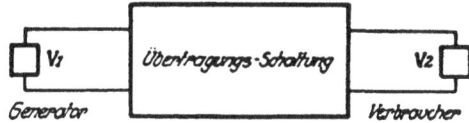

Abb. 10.

Das Verhältnis $\dfrac{V_2}{V_1} = c$ ist im Idealfall für alle Frequenzen gleich groß (Abb. 11).

In einem beliebigen realen Fall tritt jedoch im allgemeinen eine

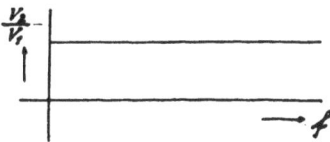

Abb. 11.

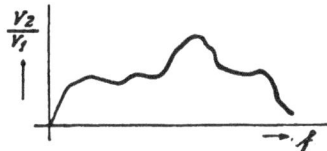

Abb. 12.

Kurve in Erscheinung (Abb. 12), welche eine ausgesprochene unregelmäßige Abhängigkeit von der Frequenz anzeigt.

An einigen Beispielen soll nun die Eigenschaft der linearen Verzerrung näher betrachtet werden.

Es ist bekannt, daß das am meisten in Übertragungsschaltungen verwendete Schaltelement wohl der Übertrager (Transformator) darstellt. Er findet Anwendung zur Anpassung zweier Schaltkreise mit verschiedenem inneren Widerstand auf das Maximum der entnommenen Energie, zur galvanischen Trennung zweier Stromkreise verschiedenen Potentials und entsprechend zur Aussiebung der Wechselstromkomponente aus einem Wellenstrom.

Es ist ferner ohne weiteres ersichtlich, daß der Übertrager einen ausgesprochenen Frequenzgang erster Ordnung (= lineare Frequenz-

---

[1]) K. Küpfmüller und H. F. Mayer, a. a. O.

abhängigkeit) besitzen muß; da für $\omega = 0$, d. h. Gleichstrom im stationären Zustand die Spannung auf der sekundären Seite ebenfalls $V_2 = 0$ ist.

Wir wollen nun die Formel des Übersetzungsverhältnisses ableiten (Abb. 13).

Die Verlustwiderstände sollen vernachlässigt und nach dem Kirchhoffschen Gesetz folgende Spannungsgleichungen aufgestellt werden:

$$\mathfrak{B}_1 + \mathfrak{J}_1 R_1 + \mathfrak{J}_1 j \omega L_1 + \mathfrak{J}_2 j \omega M = 0$$

$$\mathfrak{J}_2 j \omega L_2 + \mathfrak{J}_1 j \omega M + \mathfrak{J}_2 R_2 = 0$$

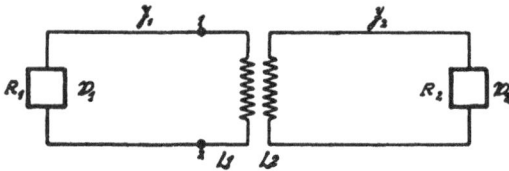

Abb. 13.

$$\mathfrak{B}_2 = R_2 \cdot \mathfrak{J}_2 \,,$$

daraus:

$$\mathfrak{J}_1 = - \mathfrak{J}_2 \frac{j \omega L_2 + R_2}{j \omega M}$$

$$\mathfrak{B}_1 - \frac{\mathfrak{J}_2}{j \omega M} \cdot R_1 (j \omega L_2 + R_2) - \frac{\mathfrak{J}_2}{j \omega M} j \omega L_1 (j \omega L_2 + R_2) + \mathfrak{J}_2 j \omega M = 0$$

$$\mathfrak{B}_1 - \frac{\mathfrak{J}_2}{j \omega M} [R_1 R_2 + R_1 j \omega L_2 + j \omega L_1 j \omega L_2 + R_2 j \omega L_1 - (j \omega M)^2] = 0$$

$$\mathfrak{B}_1 = \frac{\mathfrak{B}_2}{R_2 j \omega M} [R_1 R_2 + j \omega (L_2 R_1 + L_1 R_2)]$$

$$\frac{\mathfrak{B}_2}{\mathfrak{B}_1} = \frac{R_2 j \omega M}{R_1 R_2 + j \omega (L_1 R_2 + L_2 R_1)} \; ; \quad \frac{\mathfrak{B}_2}{\mathfrak{B}_1} = \frac{j \omega M}{R_1 + j \omega \left(L_1 + R_1 \dfrac{L_2}{R_2} \right)} \quad . \; (1)$$

Die Gleichung (1) wollen wir darstellen nach

$$\frac{\mathfrak{B}_2}{\mathfrak{B}_1} = \frac{B \cdot e^{j \beta}}{A \cdot e^{j a}}$$

Hieraus ergibt sich

$$B = \omega M$$

$$\beta = \frac{\pi}{2}$$

$$A = \sqrt{R_1^2 + \omega^2 \left(L_1 + L_2 \cdot \frac{R_1}{R_2} \right)^2}$$

$$\operatorname{tg} \alpha = \frac{\omega \left(L_1 + L_2 \cdot \dfrac{R_1}{R_2} \right)}{R_1}$$

$$\frac{\mathfrak{B}_2}{\mathfrak{B}_1} = \frac{B}{A} \cdot e^{j (\beta - a)} \,.$$

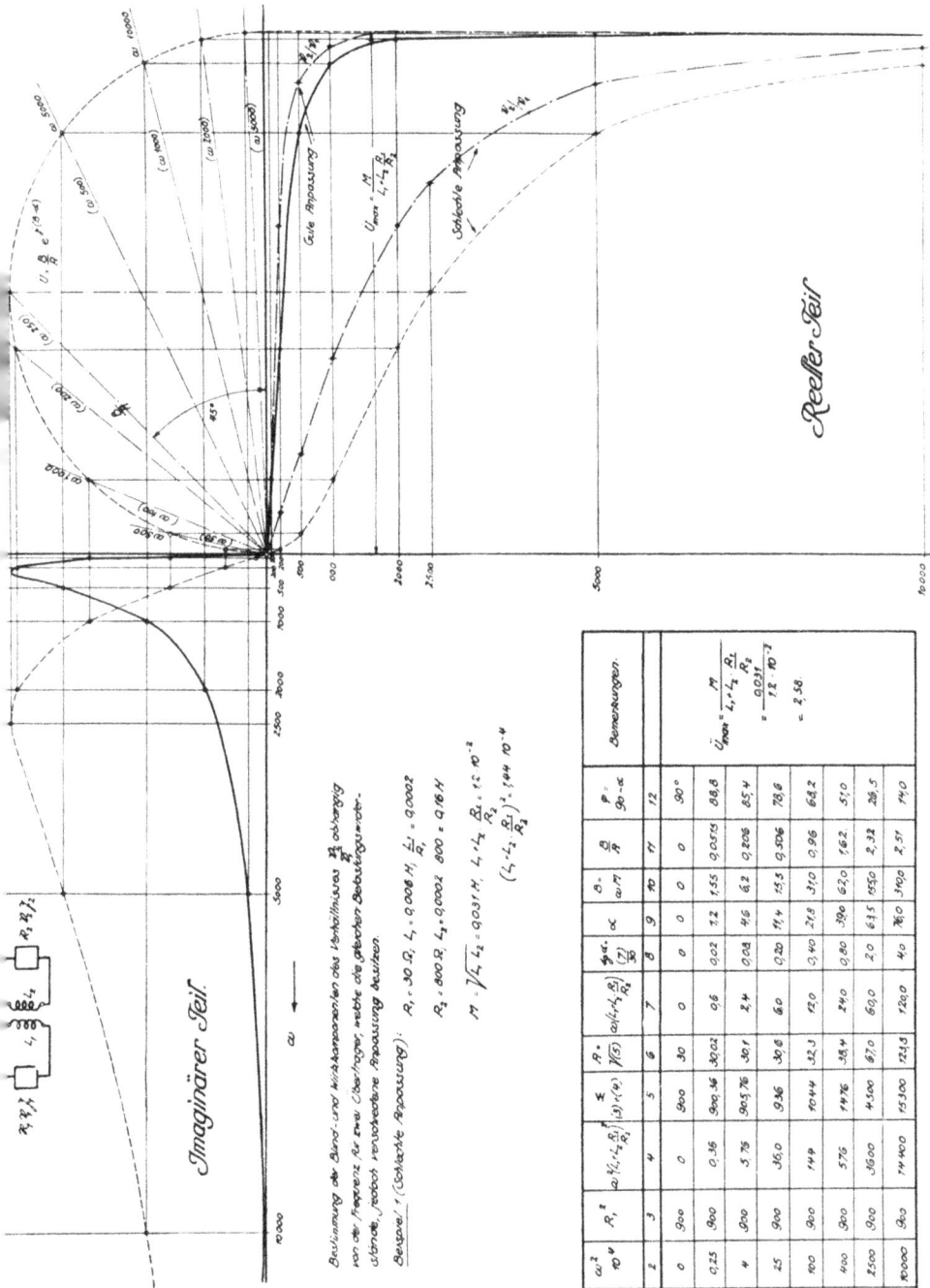

Imaginärer Teil.

Reeller Teil.

Berechnung der Strom- und Widerstandsoperanten als Verhältniswert $\frac{R_2}{R_3}$ abhängig von der Frequenz für zwei Übertrager, welche die gleichen Bedämpfungswiderstände, jedoch verschiedene Abpassung besitzen.

Beispiel 1 (Schlechte Abpassung): $R_1 = 30\,\Omega,\ L_1 = 0.008\,H,\ \frac{L_1}{R_1} = 0.0002$

$R_2 = 800\,\Omega,\ L_2 = 0.0002 \cdot 800 = 0.16\,H$

$M = \sqrt{L_1 L_2} = 0.031\,H,\ L_1 L_2 \frac{R_1}{R_3} = 1.2 \cdot 10^{-7}$

$(L_1 L_2 \frac{R_1}{R_3})^2 = 1.44 \cdot 10^{-14}$

ω	$\frac{\omega^2}{10^4}$	R_1^2	$2 \omega^2 L_1 \frac{R_2}{R_3}$	$\frac{W}{(3)+(4)}$	$R = \sqrt{(5)}$	$\omega(L_1 + L_2 \frac{R_1}{R_2})$	$\frac{(7)}{(6)}$	α	$\delta = \omega \eta$	$\frac{\vartheta}{R}$	$R = 90 - \alpha$	Bemerkungen
1	2	3	4	5	6	7	8	9	10	11	12	
0	0	900	0	900	30	0	0	0	0	0	90°	
50	0.25	900	0.36	900.36	30.02	0.6	0.02	1.2	1.55	0.0515	88.8	$\hat{U}_{max} = \dfrac{M}{L_1 L_2 \frac{R_1}{R_3}}$
200	4	900	5.76	905.76	30.1	2.4	0.08	4.6	6.2	0.205	85.4	$= \dfrac{0.031}{1.2 \cdot 10^{-7}}$
500	25	900	36.0	936	30.6	6.0	0.20	11.4	15.3	0.506	78.6	$= 2.58$
1000	100	900	144	1044	32.3	12.0	0.40	21.8	31.0	0.96	64.2	
2000	400	900	576	1476	38.4	24.0	0.80	39.0	62.0	1.62	51.0	
5000	2500	900	3600	4500	67.0	60.0	2.0	63.5	550	2.32	26.5	
10000	10000	900	14400	15300	123.3	120.0	4.0	76.0	390.0	2.51	14.0	

Gute Abpassung

Schlechte Abpassung

$U \cdot R \cdot e^{i(\beta+\alpha)}$

$\hat{U}_{max} = \dfrac{M}{L_1 L_2 \frac{R_1}{R_3}}$

45°

Abb. 14.

Es läßt sich beweisen, daß die Endpunkte aller Strahlen $\frac{\mathfrak{V}_2}{\mathfrak{V}_1}$ auf einem Kreis mit dem Durchmesser

$$\left(\frac{\mathfrak{V}_2}{\mathfrak{V}_1}\right)_{\omega=\infty} = U_{max} = \frac{M}{L_1 + L_2\dfrac{R_1}{R_2}}$$

liegen. Die Lage des durch die einzelnen Frequenzen bestimmten Strahlenbündels bestimmt die Frequenzabhängigkeit des Übertragers.

Es lassen sich auf einfache Weise die Blind- und Wirkkomponenten des Verhältnisses $\frac{\mathfrak{V}_2}{\mathfrak{V}_1}$ abhängig von der Frequenz darstellen.

In der Abbildung 14 ist das Verfahren für zwei Übertrager, welche die gleichen Belastungswiderstände, jedoch verschiedene Anpassung besitzen, durchgeführt.

Für $(\beta - \alpha) = \frac{\pi}{4}$ (45°) besitzt die Blindkomponente einen max. Wert $= \frac{U_{max}}{2}$; die Wirkkomponente ist ebenfalls $\frac{U_{max}}{2}$. Man bezeichnet jenen Wert von ω, für welchen tg $\alpha = 1{,}0$ beträgt, als angepaßte Frequenz, d. h.

$$\omega_a = \frac{R_1}{L_1 + L_2\dfrac{R_1}{R_2}}.$$

Für die Vordimensionierung von Übertragerschaltungen bedeutet ω_a jenen unteren Grenzwert des zur Übertragung gelangenden Frequenzbandes, von welchem ab der Übertrager praktisch frequenzunabhängig betrachtet wird, solange die frequenzunabhängigen Verlustwiderstände nicht berücksichtigt werden.

In der Abbildung 14 sind außerdem die Kurven der Absolutwerte $\frac{B}{A}$ eingetragen, welche nun der weiteren Betrachtung zugrunde gelegt werden sollen.

In der Abbildung 15 ist nochmals der prinzipielle Verlauf dieser Absolutwerte dargestellt.

Für $R_1 = 0$ wird

Abb. 15.

und über

$$\frac{L_2}{L_1} = \left(\frac{n_2}{n_1}\right)^2$$

$$\frac{V_2}{V_1} = \frac{M}{L_1} = \sqrt{\frac{L_2}{L_1}}$$

$$\frac{V_2}{V_1} = \frac{n_2}{n_1}.$$

Also nur für den Fall, daß der Generatorwiderstand unendlich klein ist, besitzt der ideale Übertrager das Übersetzungsverhältnis seiner Windungszahlen, und zwar unabhängig von der Frequenz. Für $R_2 = \infty$ und $R_1 < \omega L_1$ (Vorübertrager bei Verstärkerschaltungen) erhält man das gleiche Ergebnis für alle Werte von ω, welche über der angepaßten Frequenz, hier $\omega_a = \dfrac{R_1}{L_1}$, liegen.

Das größte Übersetzungsverhältnis wird theoretisch für $\omega = \infty$, praktisch für alle Frequenzen über der angepaßten Frequenz ω_a erreicht.

ω_a bestimmt sich zu

$$\omega_a = \frac{1}{\dfrac{L_2}{R_2} + \dfrac{L_1}{R_1}}. \tag{2}$$

Damit ist bei gegebenen Widerständen R_1 und R_2 für die Bestimmung von L_1 und L_2, das Ziel der Übertragerdimensionierung, eine Abhängigkeit gegeben.

Eine zweite ergibt sich aus der Forderung, daß abhängig von L_1 bzw. L_2 das Übersetzungsverhältnis ein Maximum werden muß.

Wir erhalten

$$\ddot{U}_{\omega = \infty} = \frac{M}{L_1 + R_1 \dfrac{L_2}{R_2}} \tag{3}$$

und nach den Regeln der Bestimmung der extremen Werte:

$$\frac{\delta \left(\dfrac{M}{L_1 + R_1 \dfrac{L_2}{R_2}} \right)}{\delta (L_1)} = 0$$

und über

$$\left(L_1 + R_1 \frac{L_2}{R_2} \right) \frac{1}{2} L_1^{-\frac{1}{2}} L_2^{\frac{1}{2}} - L_1^{\frac{1}{2}} L_2^{\frac{1}{2}} = 0$$

die Forderung

$$\frac{L_1}{R_1} = \frac{L_2}{R_2}. \tag{4}$$

Mit dieser Bestimmungsgleichung können wir nun feststellen, daß zwei gegebene Widerstände nur mit einem maximal zu erreichenden Übersetzungsverhältnis und nur mit Hilfe eines Übertragers auf Leistungsmaximum einander angepaßt werden können.

Setzen wir die Werte von Gleichung (4) in Gleichung (3) ein, so erhalten wir nach einigen Umformungen

$$\ddot{U}_{\omega=\infty} = \frac{1}{2}\sqrt{\frac{R_2}{R_1}}, \tag{5}$$

d. h. das maximal zu erreichende Übersetzungsverhältnis ist für bestimmte Werte von R_2 und R_1 fest bestimmt.

Hinsichtlich Beurteilung der Leistungsverhältnisse gelten folgende Beziehungen:

Primäre Scheinleistung:

$$N_1 = -\mathfrak{B}_1^2 \cdot \cfrac{1}{R_1 + \cfrac{j\,\omega\,L_1 R_2}{j\,\omega\,L_2 + R_2}}$$

(der Ausdruck $\dfrac{j\,\omega\,L_1 R_2}{j\,\omega\,L_2 + R_2}$ stellt den komplexen Widerstand des belasteten Übertragers an den Punkten 1, 2 in der Abbildung 13 dar).

Sekundäre Scheinleistung:

$$N_2 = \mathfrak{B}_1^2 \cdot \cfrac{-\omega^2 M^2}{\left[R_1 + j\,\omega\left(L_1 + L_2\dfrac{R_1}{R_2}\right)\right]^2 \cdot R_2} \cdot$$

Verhältnis der Scheinleistungen:

$$\frac{N_2}{N_1} = \cfrac{\omega^2 M^2}{\left[R_1 + j\,\omega\left(L_1 + L_2\cdot\dfrac{R_1}{R_2}\right)\right](j\,\omega\,L_2 + R_2)} \cdot$$

Hieraus erhält man für

$$\omega = \infty: \quad \frac{N_2}{N_1} = \cfrac{M^2}{L_1 L_2 + L_2^2\dfrac{R_1}{R_2}}$$

und hieraus:

$$\frac{N_2}{N_1} = \cfrac{1}{1 + \dfrac{L_2}{L_1}\dfrac{R_1}{R_2}} \cdot \tag{6}$$

Setzen wir in diese Gleichung (6) die Werte nach Gleichung (4) ein, so erhalten wir:

$$\frac{N_2}{N_1} = \frac{1}{2} \cdot$$

Dieses Ergebnis bedeutet, daß der fiktive Wirkungsgrad jedes Übertragers bei Berücksichtigung seiner Anpassung ($R_1 \neq 0$) selbst unter Vernachlässigung seiner Verlustwiderstände nie größer als 50% werden kann. Dabei ist zu berücksichtigen, daß $\mathfrak{B}_1$ EMK, nicht Klemmenspannung darstellt. Eine Anpassung ist nur notwendig, wenn R_1 einen endlichen Wert besitzt. Ist $R_1 = 0$, so wird nach Gleichung (5) $\ddot{U}_{max} = \infty$.

Unter der Voraussetzung einer durchgeführten Anpassung wird der Kombinationswiderstand an den Punkten 1, 2 von links nach rechts gesehen gleich dem inneren Widerstand des Generators R_1. Die Klemmenspannung an diesen Punkten erreicht damit die Hälfte des Wertes der elektromotorischen Kraft. Die primäre Scheinleistung, welche der Übertrager aufnimmt, wird demnach

$$N_1' = \frac{\left(\dfrac{\mathfrak{B}_1}{2}\right)^2}{\dfrac{j\,\omega\,L_1\,R_2}{j\,\omega\,L_2 + R_2}}.$$

Das Verhältnis der beiden Leistungen N_1' und N_2 ergibt sich dann unter sinngemäßer Anwendung der obigen Beziehungen zu

$$\frac{N_2}{N_1} = 1{,}0.$$

Werden die Verlustwiderstände, wenn auch nur frequenzunabhängig, berücksichtigt, so erhält man, ohne auf die nähere Ableitung der Gleichung einzugehen:

$$\frac{\mathfrak{B}_2}{\mathfrak{B}_1} = \frac{j\,\omega\,M}{(R_1 + R_1')\left(1 + \dfrac{R_2'}{R_2}\right) + j\,\omega\left[L_1\left(1 + \dfrac{R_2'}{R_2}\right) + \dfrac{L_2}{R_2}\,(R_1 + R_1')\right]}.$$

R_1' Verlustwiderstand der Wicklung I,
R_2' Verlustwiderstand der Wicklung II.

Im Kurvenbild dargestellt, erhält man folgenden prinzipiellen Verlauf (Abb. 16).

Durch die Verlustwiderstände wird demnach sowohl das Über-

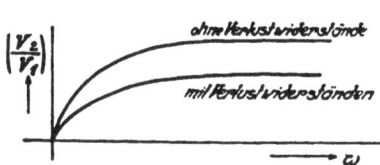

Abb. 16.

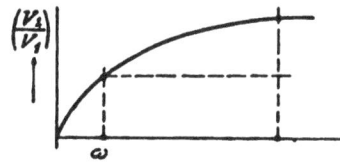

Abb. 17.

setzungsverhältnis verringert als auch die Frequenzunabhängigkeit verschlechtert.

Die Frequenzabhängigkeit eines Übertragers soll wie folgt definiert werden (Abb. 17):

$$\varDelta\,\omega = \frac{\left(\dfrac{V_2}{V_1}\right)\text{max} - \left(\dfrac{V_2}{V_1}\right)\omega}{\left(\dfrac{V_2}{V_1}\right)\text{max}} \cdot 100. \qquad (7)$$

Es wird demnach der Differenzbetrag des Übersetzungsverhältnisses bei der betrachteten Frequenz von dem maximalen Übersetzungsverhältnis zu letzterem ins Verhältnis gesetzt. Das Ziel der frequenzunabhängigen Dimensionierung des Übertragers besteht nun darin, diesen Differenzbetrag zu verkleinern, und zwar ist bei Musikübertragungen dieses Verfahren gefordert bis zu einer Frequenz herab von mindestens $\omega = 200$.

Wenn wir nochmals die Formel (2) der angepaßten Frequenz be-

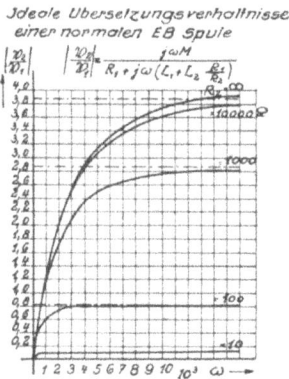

Abb. 18.

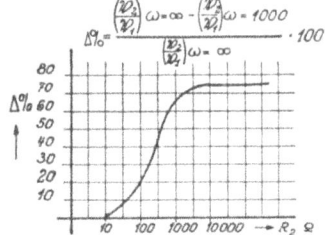

Abb. 19.

trachten, so sehen wir, daß sich ω_a dann verkleinern läßt, wenn bei gegebenen Widerständen der sekundäre Widerstand verkleinert wird.

In dem folgenden Kurvenbild (Abb. 18) ist dieses Verfahren an einer normalen EB-Spule (EB = Einzelbatteriesystem) durchgerechnet.

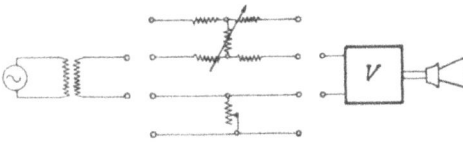

Abb. 20.

Abhängig von der sekundären Belastung sind die Spannungsübersetzungsverhältnisse gezeichnet. Wir erkennen, daß z. B. für die Frequenz $\omega = 1000$ der Differenzbetrag wesentlich mit der Verkleinerung von R_2 auf Kosten des Gesamtübersetzungsverhältnisses abnimmt.

In der Kurve der Abbildung 19 sind sodann die Werte der Verzerrung für $\omega = 1000$ ausgewertet.

Das Ergebnis entspricht den vorhin angegebenen allgemeinen Grundsätzen. Zur Erläuterung dieser Vorgänge kann zweckmäßig die Wirkung der Belastung eines Übertragers durch folgenden Versuch näher betrachtet werden.

Eine Versuchsschaltung ist nach folgendem Schema (Abb. 20) aufgebaut:

Der Strom einer in der Tonhöhe veränderlichen Tonfrequenzquelle wird über einen Übertrager und einerseits über eine in der Dämpfung veränderliche Kunstleitung geführt, deren Wellenwiderstand im primär belasteten Zustand des Übertragers diesem angepaßt ist; andererseits ist der Übertrager mit einem rein Ohmschen Widerstand belastet, dessen Größe in Verbindung mit der künstlichen Verlängerungsleitung so eingestellt ist, daß die Lautstärke eines hohen Tones ($f = \sim 2400$) auf beiden Übertragungswegen gleich groß ist.

Wird dann ein tiefer Ton ($f = \sim 320$) über den Übertragungskreis, der nicht verändert wird, gegeben, so gibt der Versuch den dargestellten Verhältnissen recht; es läßt sich feststellen, daß über dem Zweig, welcher die künstliche Dämpfung enthält, der Grundton unterdrückt wird, während der Belastungswiderstand die tiefen Frequenzen ungehindert zur Auswirkung kommen läßt.

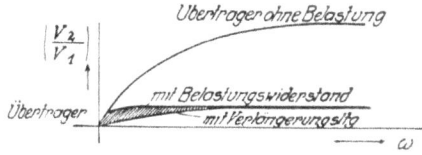

Abb. 21.

Im Kurvenbild (Abb. 21) läßt sich dieser Vorgang in folgender Weise darstellen:

Für die Dimensionierung der Übertrager innerhalb der Übertragungsschaltungen ergeben sich folgende Richtlinien:

Der Übertrager erhält zur sekundären Belastung parallel einen Belastungswiderstand. Der sich dadurch ergebende Gesamtabfall des Übersetzungsverhältnisses wird durch Energieüberschuß bzw. Verstärkung ausgeglichen (Abb. 22).

Auch hier sehen wir wieder das bereits angegebene Grundprinzip für Übertragungsschaltung in Erscheinung treten: hochwertige Übertragung ist nur möglich bei Aufwendung genügender Energie.

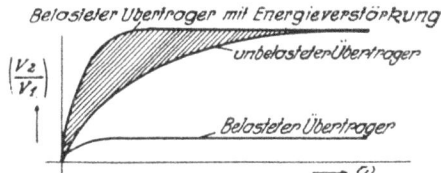

Abb. 22.

Aus der Formel (2) für die angepaßte Frequenz läßt sich erkennen, daß ω_a mit Erhöhung von L_2 und L_1 ebenfalls verkleinert werden kann. Von diesem Verfahren wird man zweckmäßig Gebrauch machen, wenn es sich um nur gering übersetzte Übertrager handelt; es ist im Rahmen der technisch möglichen Selbstinduktion für die geforderten tiefen Anpassungsfrequenzen bei höher übersetzten Übertragern von geringerer Bedeutung. Wird nur eine Selbstinduktion unter Vernachlässigung des Maximalangleiches vergrößert, um den Forderungen der Verkleinerung von ω_a gerecht zu werden, so spricht man von überangepaßten Übertragern.

Im allgemeinen Fall wird zweckmäßig von beiden Mitteln Gebrauch zu machen sein.

Sollen L_2 und L_1 vergrößert werden, so tritt eine Schwierigkeit auf, welche diesem Ziel gewisse Grenzen setzt. Bei gegebenem Wicklungsraum müssen wir, um die Selbstinduktion zu erhöhen, die Windungszahl vergrößern und erhalten entsprechend erhöhte innere Widerstände, wodurch andererseits die Frequenzabhängigkeit des Übertragers verschlechtert wird. Außerdem ist noch ein weiterer Punkt zu berücksichtigen. Wir verwenden Übertrager in vielen Fällen im Ausgangskreis eines Verstärkerrohres. Neben der Anpassung des inneren Widerstandes des Rohres an den Verbraucherwiderstand auf Energiemaximum, hat dieser Übertrager die Trennung des Hochspannungsgleichstromkreises des Rohres von dem Niederspannungskreis der Entnahmeschaltung zu bewerkstelligen, sofern man nicht einen Gleichstromableitungskreis verwendet, der jedoch in allen Fällen einen mehr oder minder großen Energieverlust bedingt. Der Übertrager ist dementsprechend auf der Hochspannungsseite, welche mit Rücksicht auf den hohen Innenwiderstand des Rohres entsprechend der Forderung der Anpassung auf Frequenzunabhängigkeit mit hoher Selbstinduktion ausgestattet sein muß, von Gleichstrom durchflossen. Wir erhalten dadurch eine magnetisierende Kraft und müssen den Eisenkreis so dimensionieren, daß die Permeabilität des Eisens und damit die Selbstinduktion der Wicklung in den vorkommenden Grenzen der Betriebsstromstärke mit der Gleichstrombelastung sich nicht ändert. Die prinzipielle Abhängigkeit der Feldstärke vom magnetisierenden Strom ergibt sich aus

$$\mathfrak{H} = \frac{4\pi}{10} \cdot J \cdot w \cdot \frac{1}{l}$$

Die Feldstärke ist umgekehrt proportional der Länge des Eisenweges; es werden also mit Rücksicht auf die Vormagnetisierung große Eisenwege verlangt. Außerdem ist die Selbstinduktion selbst, sinngemäß der Formel zur Bestimmung der Selbstinduktion eines Ring-Solenoides $L = \frac{4\pi \cdot w^2 \cdot q}{l \cdot 10^9} \cdot \mu$ ebenfalls umgekehrt proportional der Länge des Eisenweges. Wir müßten also, entsprechend der Forderung hoher Selbstinduktion, den Eisenweg verkürzen. Die Berücksichtigung von beiden Forderungen in Verbindung mit der Notwendigkeit geringer innerer Widerstände ergeben für die Dimensionierung der Übertrager bestimmte Richtlinien, welche sich im allgemeinen in einer wesentlichen Vergrößerung der äußeren Abmessungen des Eisenkreises geltend machen. Ein zweckmäßiges Mittel, die schädlichen Einwirkungen der Vormagnetisierung abzuschwächen, besteht in Anordnung eines Luftspaltes im Eisenkreis. Es bestehen bestimmte Abhängigkeiten von erreichbarer Induktivität, günstigsten Streuungsverhältnissen und der Breite des Luftspaltes[1].

Nach Errechnung der Selbstinduktionswerte im Leerlauf erübrigt sich nun die angenäherte Bestimmung des Zusammenhanges von Selbst-

---

[1] Feldtkeller und Bartels, „Über das Verhalten von Übertragern zwischen Ohmschen Widerständen". ENT 1928, H. 6.

induktion und Wicklungsdaten. Man bestimmt für den verwendeten
Eisenkreis durch Messung die Einheitszahl p. p bezeichnet jene Windungszahl, welche für diesen Eisenkreis der Selbstinduktion von 1 Henry
entspricht. p ist abhängig von Lage und Durchmesser der Wicklung,
von Querschnitt und Länge des Eisenkreises; p wird für die hier verlangte Genauigkeit für Übertrager geringeren Übersetzungsverhältnisses
für beide Wicklungen gleich groß angenommen, für Übertrager höheren
Übersetzungsverhältnisses entscheiden Vor- und Kontrollmessungen
über die Richtigkeit der Annahme von p. Aus der Beziehung $\dfrac{L_1}{L_2} = \dfrac{n_1^2}{n_2^2}$
kann nun mit Hilfe des Mittelwertes von p die Wicklungszahl für die
errechneten Selbstinduktionswerte bestimmt werden.

Die vorstehenden prinzipiellen Abhängigkeiten für die Anpassung
eines Übertragers auf Energiemaximum und auf möglichst geringe Frequenzabhängigkeit beziehen sich nur auf ideale Übertrager, d. h. auf
Übertrager, welche verlustfrei gedacht sind. Die Verlustwiderstände,
die im wesentlichen bei Übertragern auftreten können, werden verursacht durch Hysteresis und Wirbelströme, Ohmschen Widerstand, Wicklungskapazität und Streufeld. Sämtliche Verlustarten beeinflussen den
Frequenzgang des Übertragers. Bei den verhältnismäßig geringen
Magnetisierungen kommen Hysteresis- und Wirbelstromverluste, trotzdem die ersteren der ersten Potenz und die letzteren der zweiten Potenz
der Frequenz proportional sind, nur in verhältnismäßig geringem Maße
in Betracht. Den Einfluß des frequenzunabhängigen Verlustwiderstandes
haben wir bereits vorhin dahin festgestellt, daß das Gesamtübersetzungsverhältnis verringert und die Frequenzabhängigkeit verschlechtert wird.
Durch Aufwand von Energie im Überschuß kann die Wirkung dieser
Verlustarten in praktisch brauchbaren Grenzen kompensiert werden.
Die weitaus gefährlichsten Verlusteigenschaften der Übertrager sind
Wicklungskapazität und Streuung. Sie bedingen Resonanzfälle, d. h. sie
beeinflussen das Übersetzungsverhältnis in der Weise, daß nicht für
$\omega = \infty$ das maximale Übersetzungsverhältnis erreicht wird, sondern
für die Resonanzfrequenz ω_r, deren Einfluß sich um so ungünstiger aus-
wirkt, je tiefer sie zu liegen kommt.
(Resonanz = Übereinstimmung
der erzwungenen Schwingung mit
der Eigenschwingung des Systems.)

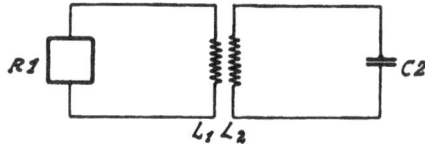

Abb. 23.

Um die prinzipiellen Vor-
gänge bei den Resonanzfällen
überblicken zu können, wollen wir die Kondensatorresonanz betrachten.
Sie stellt einen Grenzfall des Einflusses der Wicklungskapazität dar;
es werden die Teilkapazitäten von Wicklung zu Wicklung auf die beiden
Enden konzentriert gedacht. Das prinzipielle Schema zeigt Abb. 23.

Wollen wir bei dem kapazitätsbelasteten Übertrager das Verhältnis der Spannungen aufstellen, so erhalten wir folgende Formel:

$$\frac{\mathfrak{B}_2}{\mathfrak{B}_1} = \frac{j\,\omega\,M}{R_1\,(1 - \omega^2\,L_2\,C_2) + j\,\omega\,L_1}.$$

Der Wert des Bruches wird dann ein Maximum, wenn die Differenz im Nenner gleich Null wird. Daraus ergibt sich die Resonanzbedingung zu:

$$1 - \omega_r^2\,L_2\,C_2 = 0; \quad \text{d. h.} \quad \omega_r = \sqrt{\frac{1}{L_2\,C_2}}.$$

Außerdem ist daraus zu erkennen, daß für den Resonanzpunkt der Übertrager das maximale Übersetzungsverhältnis, welches wir oben für $R_1 = 0$ festgestellt haben, erreicht. Im Kurvenbild dargestellt erhalten wir folgende Abhängigkeit (Abb. 24 K 1).

Die Wirkung der Kapazität läßt sich verringern und hinsichtlich ihrer Beeinflussung der höheren Frequenzen günstiger gestalten, wenn zu ihr ein Ohmscher Widerstand in Reihe geschaltet wird (Abb. 24 K 2). Wir können nun dieses Verhalten dazu benützen, einen schlecht angepaßten Übertrager in seinem Übertragungsmaß der tiefen Frequenzen zu verbessern.

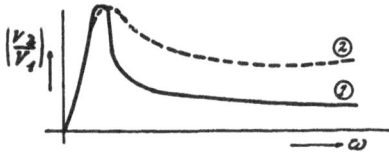

Abb. 24.

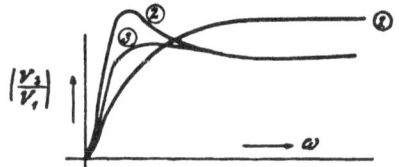

Abb. 25.

In der Abbildung 25 ist die Übersetzungskurve eines Übertragers im betriebsmäßigen Zustand (Abb. 25 K 1) und darüber die Übersetzungskurve eines weiteren Schaltkreises mit Übertrager, welcher mit Zusatzkapazität und Reihenwiderstand ausgerüstet ist, dargestellt (Abb. 25 K 2). Wir treffen die Annahme, daß die beiden Kreise belastungslos gekoppelt, d. h. ohne Rückwirkung aufeinander in ihrer Wirkung hintereinander geschaltet werden; es ergibt sich eine resultierende Kurve (Abb. 25 K 3), welche gegenüber der Kurve des ersten Übertragers einen Gewinn an tiefen Frequenzen in Erscheinung treten läßt. Dieser Vorgang wird prinzipiell dazu benützt, sog. Entzerrungsmittel in Schaltkreisen prinzipieller Frequenzabhängigkeit anzubringen. Es ist naturgemäß möglich, die Forderung belastungsloser Kopplung zu umgehen, wenn die beiden Schaltkreise von vornherein unter Berücksichtigung ihrer gegenseitigen Beeinflussung dimensioniert sind. Eine belastungslose Kopplung ließe sich beispielsweise vornehmen durch Schaltung eines Verstärkerrohres zwischen die beiden Schaltkreise, welches gleichzeitig die unter Um-

ständen notwendige Energie zur Kompensierung der Verluste der Entzerrungsschaltungen aufzubringen hätte.

Selbstinduktion und Kapazität sind in ihrer frequenzabhängigen
Widerstandswirkung reziprok zu betrachten, d. h. die Wirkung einer
parallel geschalteten Kapazität
wird prinzipiell mit der Wirkung
einer in Serie geschalteten Selbstinduktion übereinstimmen. Wir
können für diese Betrachtungen
in roher Annäherung das Streufeld eines Übertragers nach Abb. 26

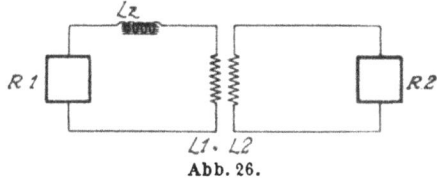

Abb. 26.

darstellen durch eine in Serie zur Arbeitswicklung geschaltete Verlust-
Selbstinduktion.

Die Übersetzung dieses Schaltkreises ergibt sich nach folgender
Formel:

$$\frac{\mathfrak{B}_2}{\mathfrak{B}_1} = \frac{j\,\omega\,M}{R_1 + j\,\omega\left(L_1 + L_z + \frac{L_2}{R_2}\cdot R_1\right) - \omega^2\,L_z\,\frac{L_2}{R_2}}.$$

Der Resonanzpunkt, der sich daraus ergibt, bestimmt sich zu

$$\omega_r = \sqrt{\frac{R_1}{L_z \cdot \frac{L_2}{R_2}}}.$$

Das Übersetzungsverhältnis für die Resonanzfrequenz ist stets
kleiner als für die Resonanzfrequenz bei Kondensatorresonanz. Außerdem haben wir weiteren prinzipiellen Unterschied im Kurvenbild zu
bemerken (Abb. 27).

Während die Kondensatorresonanz eine scharfe Spitze gibt (Abb. 27
K. 1), sehen wir bei Selbstinduk-
tionsresonanz einen breiten Resonanzrücken (Abb. 27 K. 2). Die
Folgerung daraus führt zu dem

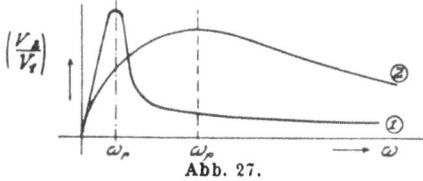

Abb. 27.

Ergebnis, daß hinsichtlich des Einflusses der Verlustwiderstände bei
Übertrager-Dimensionierungen neben dem Streuungskoeffizienten auch
die Wicklungskapazität in Betracht zu ziehen ist.

An dieser Stelle ist es notwendig, nochmals einige Bemerkungen über
das akustische Verhalten des Klangbildes zu machen. Wenn eine Übertragungsschaltung in der Weise dimensioniert ist, daß die tiefen Frequenzen mit annähernd gleichem Wirkungsgrad wie die hohen übertragen werden, so wird in den meisten Fällen der Eindruck geweckt
werden, als ob die Verlustwiderstände so in Erscheinung treten, daß die

hohen Frequenzen in ihrer Wirkung benachteiligt würden; dies ist jedoch nicht durch physikalische Erscheinungen begründet, sondern stellt eine akustische Eigenschaft des Übertragungsklanges dar. Man bezeichnet dies als sog. Maskierungserscheinung. Ein Hinzutreten in unmittelbarem Vergleich der ergänzenden tiefen Frequenzen zu einem Klangbild, das einen Frequenzgang zugunsten der hohen Frequenzen aufweist, kann verursachen, daß die hohen Frequenzen in ihrer Energiewirkung auf die Gehörempfindung abgestumpft klingen, daß sogar unter Umständen ein Auslöschen bestimmter Frequenzzonen eintritt. Diese Eigenschaft an sich stellt dementsprechend noch kein Kriterium für Auftreten eines Resonanzpunktes dar. Es sind im Gegenteil bei Durchdimensionierung eines Schaltkreises nach diesen Richtlinien Kontrollmessungen notwendig, um die physikalische Wirkungsweise hauptsächlich der von vornherein schwer zu erfassenden Verlustwiderstände vollständig zu erkennen.

Es soll an dieser Stelle die Berechnung eines Beispiels zur überschlägigen Bestimmung eines gleichstromvorbelasteten Übertragers erfolgen.

$$\text{Gegeben:} \quad R_1 = 25\,000\ \Omega$$
$$R_2 = 600\ \Omega$$
$$\omega_a = 200$$
$$\text{Gesucht:} \quad L_1 \text{ und } L_2.$$

Bei direkter Angleichung der beiden Widerstände aufeinander, also bei Verzicht auf Anordnung eines Übertragers, ergibt sich das Verhältnis der Spannung zu:

$$\frac{\mathfrak{B}_2}{\mathfrak{B}_1} = \frac{R_2}{R_1 + R_2} = \frac{600}{25\,600} = 0{,}0235;$$

das maximal erreichbare Übersetzungsverhältnis ist gegeben zu:

$$\frac{\mathfrak{B}_2}{\mathfrak{B}_1} = \frac{1}{2}\sqrt{\frac{R_2}{R_1}} = \frac{1}{2}\sqrt{\frac{600}{25\,000}} = \frac{1}{2}\sqrt{0{,}024} = \frac{1}{2}\cdot 0{,}155 = 0{,}0775.$$

Bestimmung von L_1 und L_2:

$$\text{Gleichung 1.)} \quad \frac{L_1}{R_1} = \frac{L_2}{R_2},$$

$$\text{Gleichung 2.)} \quad \omega_a = \frac{1}{\dfrac{L_1}{R_1} + \dfrac{L_2}{R_2}},$$

hieraus:
$$L_1 = \frac{R_1}{2\cdot 200} = 62{,}5\ \text{H}$$

bzw.
$$L_2 = \frac{R_2}{2\cdot 200} = 1{,}5\ \text{H}.$$

Kontrolle über: $M = \sqrt{L_1 L_2}$

$$U_{max} = \frac{M}{L_1 + L_2 \dfrac{R_1}{R_2}} = \frac{9,69}{62,5 + 1,5 \cdot \dfrac{25000}{600}} = \frac{9,69}{125,0} = 0,0774.$$

Unter Voraussetzung einer Einheitszahl $p = 1750$ UW pro 1 H ergeben sich folgende Werte für die Windungszahlen L_1 und L_2:

$$n_1 = 1750 \cdot \sqrt{62,5} = 1750 \cdot 7,9 = 13800 \text{ UW}$$
$$n_2 = 1750 \cdot \sqrt{1,5} = 1750 \cdot 1,225 = 2140 \text{ UW}.$$

Bei $n_1 = 13800$ UW und einer Gleichstromvorbelastung von 0,005 Amp. erhält man bei einer wirksamen Eisenweglänge von 26 cm eine Feldstärke von

$$\mathfrak{H} = \frac{4\pi}{10} \cdot J \cdot n_1 \cdot \frac{1}{l} = \frac{4\pi}{10} \cdot 0,005 \cdot 13800 \cdot \frac{1}{26} = 3,3 \text{ Gauß}.$$

Diese Größe der Feldstärke ist hinsichtlich Veränderung der Permeabilität bei den in Betracht kommenden Eisensorten noch zulässig; als obere Grenze kann man ca.

$$\mathfrak{H} = 4,5 \text{ Gauß}$$

annehmen.

Ist man aus irgendwelchen Gründen zur Verwendung kleinerer Eisenwege gezwungen, so erhält man größere Feldstärke; damit muß die primäre Selbstinduktion verringert werden. Die angepaßte Frequenz ω_a wird entsprechend erhöht. Um ω_a wieder erniedrigen zu können, muß man hier zum künstlich vorbelasteten Übertrager (Abb. 28) übergehen, welcher der Formel genügt:

$$U_{max} = \frac{M}{+ L_2 \cdot L_1 \dfrac{R_1}{\dfrac{R_k \cdot R_2}{R_k + R_2}}}.$$

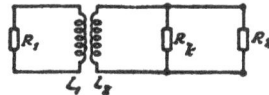

Abb. 28.

Damit verringert man das Gesamtübersetzungsverhältnis, verringert jedoch auch ω_a. Die Leistungsangleichung wird nicht erreicht; die sekundäre Selbstinduktion ist größer, als dem Leistungsangleich entsprechen würde (überangepaßter Übertrager).

Sowohl für die Verstärkereinrichtungen des Regelfernsprechverkehrs als auch für die Verstärker der Übertragungstechnik müssen Mittel zur Verwendung gelangen, welche gestatten, die Gesamtlautstärke in weiten Grenzen zu regulieren. An Hand der Besprechung dieser Regulier-Vorrichtungen soll ein zweites Beispiel von Schaltkreisen mit linearer Verzerrung besprochen werden.

Prinzipiell betrachtet, werden zwei Mittel zur Lautstärkeregulierung angewandt; eines davon, der Parallelwiderstand, wurde bereits oben besprochen. Wir haben gesehen, daß man damit in geeigneter Verbindung mit einer Übertragungsschaltung neben der Beeinflussung des Gesamtübersetzungsverhältnisses die Frequenzabhängigkeit zugunsten der tiefen Frequenzen verbessern kann. Eine zweite Art der Lautstärkeregulierung besitzen wir, soweit wir von Eingriffen innerhalb der Verstärkerschaltungen absehen, im Potentiometer, im Spannungsteiler. Der Spannungsteiler muß immer dann Verwendung finden, wenn es sich darum handelt, die Lautstärke eines Verbraucherkreises zu verändern, ohne daß weitere am gleichen Generator angeschaltete Verbraucherkreise mit beeinflußt werden. Er besitzt den Vorzug, daß bei geeigneter Dimensionierung für den Verbraucher ein von seiner Stellung annähernd unabhängiger Eingangswiderstand in Rechnung zu setzen ist. Ein weiteres Mittel zur Lautstärkeregulierung, die sog. künstliche Leitung (Verlängerungsleitung), ist in ihren prinzipiellen Eigenschaften durch die beiden vorliegenden Widerstandsschaltungen darzustellen.

Hinsichtlich ihres Einflusses auf die Frequenzabhängigkeit eines Übertragungskreises weisen beide Lautstärkeregulierungseinrichtungen wesentliche Unterschiede auf. Es sollen an Hand eines Beispieles die angepaßten Frequenzen zweier Schaltkreise, welche einerseits mit Hilfe eines Parallelwiderstandes, andererseits mit Hilfe eines Spannungsteilers auf gleiche Gesamtlautstärke (für $\omega = \infty$) gebracht werden, verglichen werden (Abb. 29).

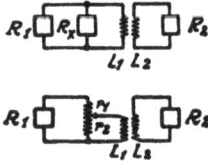

Abb. 29.

$$\frac{\mathfrak{B}_2}{\mathfrak{B}_1} = \frac{i \omega M}{R_1 + i \omega \left[L_1 + R_1 \left(\frac{L_1}{R_x} + \frac{L_2}{R_2} \right) \right]}$$

$$\frac{\mathfrak{B}_2}{\mathfrak{B}_1} = \frac{i \omega M}{R_1 + r_1 + i \omega \left[L_1 + \frac{L_1}{r_2} (R_1 + r_1) + \frac{L_2}{R_2} (R_1 + r_1) \right]}.$$

Aus den Beziehungen der beiden Übersetzungsverhältnisse läßt sich errechnen, welcher Widerstand R_x einzuschalten ist, damit $\mathfrak{B}_2$ bei gleicher Anfangsspannung in beiden Fällen die gleiche Größe erreicht.

$$\frac{1}{R_x} = \frac{1}{r_2} \left[1 + \frac{r_1}{R_1} + \frac{r_1 r_2 L_2}{R_1 R_2 L_1} \right].$$

Die Frequenzabhängigkeit der beiden Kreise, d. h. die Größe der angepaßten Frequenz ω_a bestimmt sich nach folgenden Formeln:

$$\omega_{a_1} = \frac{R_1}{L_1 + R_1 \left(\frac{L_1}{R_x} + \frac{L_2}{R_2} \right)} ; \quad \omega_{a_2} = \frac{R_1 + r_1}{L_1 + \left(\frac{L_1}{r_2} + \frac{L_2}{R_2} \right) (R_1 + r_1)}.$$

Wenn wir nun in die Gleichung für ω_{a1} den oben bestimmten Wert für R_x einsetzen, so können wir das Verhältnis der beiden angepaßten Frequenzen ω_{a1} zu ω_{a2} bestimmen zu:

$$\frac{\omega_{a_1}}{\omega_{a_2}} = \frac{R_1}{R_1 + r_1}.$$

Daraus ergibt sich $\omega_{a1} < \omega_{a2}$, d. h. die Lautstärkeregulierung mit Spannungsteiler ist stets hinsichtlich Berücksichtigung der tiefen Frequenzen ungünstiger als jene mit Parallelwiderstand.

Die Spannungsteiler werden im allgemeinen als Stufenwiderstände ausgebildet. Es erübrigt sich noch die Aufstellung einer Rechnungsart zur Bestimmung der Werte der Stufenwiderstände. Nach Abb. 30 kann folgende Beziehung aufgestellt werden:

$$\frac{\mathfrak{V}_2}{\mathfrak{V}_1} = \frac{r_2 R_2}{(R_2 + r_2)(\varrho + R_1) - r_2^2}.$$

Im Kurvenbild (Abb. 31) dargestellt, erhalten wir die Abhängigkeit auf Grund des rechnerischen Zusammenhanges und können nun abhängig

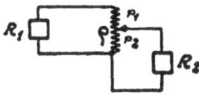

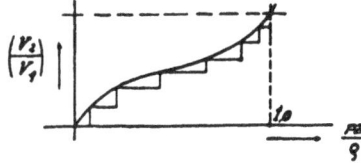

Abb. 30.   Abb. 31.

von dem Verhältnis $\dfrac{r_2}{\varrho}$ die Gesamtübersetzungsverhältnisse in gleiche Teile (n Stufen) einteilen und gelangen damit zur Bestimmung der Teilwiderstände r_2. Es wird darauf hingewiesen, daß für $\dfrac{r_2}{\varrho} = 1$ ein Maximalwert für $\dfrac{\mathfrak{V}_2}{\mathfrak{V}_1}$ erreicht wird, welcher bestimmt ist durch die Werte von R_1, R_2 und ϱ. Für $\varrho = \infty$ erhalten wir den Maximalwert für $\dfrac{\mathfrak{V}_2}{\mathfrak{V}_1} = \dfrac{R_2}{R_1 + R_2}$. Zur Erhöhung dieses Übersetzungsverhältnisses kann nur ein Übertrager Verwendung finden. Beim Übertrager ergibt sich das Maximalübersetzungsverhältnis zu $\dfrac{\mathfrak{V}_2}{\mathfrak{V}_1} = \dfrac{1}{2}\sqrt{\dfrac{R_2}{R_1}}$, d. h. nur für den Wert $R_1 = R_2$ sind beide Maximalwerte gleich groß und zwar gleich $\tfrac{1}{2}$; für alle anderen Werte für R_1 und R_2 ergibt der Übertrager stets ein größeres Übersetzungsverhältnis als die direkte Angleichung beider Widerstände zueinander.

Die nichtlineare Verzerrung unterscheidet sich gegenüber der linearen Verzerrung dadurch, daß die Energie, welche zur Verzerrung notwendig ist, aus der primären Energiequelle entnommen wird. Es werden in den vorhandenen Klang durch die Übertragungsglieder nicht im ursprünglichen Klang enthaltene Frequenzen hineingetragen. Das Ergebnis ist wiederum Veränderung der Wirkungsgradgleichheit. Nichtlineare Verzerrung tritt auf, wenn Anstoß und Wirkung nicht proportional sind, also bei allen Schaltelementen, bei denen zwischen Spannungen und Strömen nichtlineare Beziehungen herrschen (Röhren, Übertrager mit Vormagnetisierung). Bezeichnen wir die Endamplitude mit v, die Anfangsamplitude mit u, so können wir allgemein folgende Beziehung aufstellen:

$$v = a_0 + a_1 u + a_2 u^2 + a_3 u^3 + \cdots .$$

Für die reine Sinusschwingung erhalten wir für $u = u_0 \sin \omega t$

$$v = a_0 + a_1 u_0 \sin \omega t + a_2 u_0^2 \sin^2 \omega t + a_3 u_0^3 \sin^3 \omega t + \cdots$$

Nach den allgemeinen Beziehungen der Potenzen einer Sinusschwingung:

$$\sin^n \omega t = \left(\frac{1}{2i}\right)^{n-1} \left[\sin n \omega t - \binom{n}{1} \sin (n-2) \omega t + \binom{n}{2} \sin (n-4) \omega t \right.$$
$$\left. - \binom{n}{3} \sin (n-6) \omega t + \cdots \right].$$

(Gleichung gilt für n als ungerade Zahl) erkennen wir, daß zu den ursprünglichen Schwingungen harmonische Schwingungen höherer Frequenz hinzutreten. Wir wollen den speziellen Fall betrachten, daß zwischen End- und Anfangsamplitude Abhängigkeit 1. und 3. Ordnung besteht. Es ist dann anzusetzen:

$$v = a_1 u + a_3 u^3 .$$

Für $u = u_0 \sin \omega t$ bestimmt sich nach Umformung

$$v = \left(u_0 a_1 + \frac{3}{4} a_3 u_0^3\right) \sin \omega t - \frac{1}{4} a_3 u_0^3 \sin 3 \omega t .$$

Zunächst erscheint die Endspannung nach der linearen Verzerrung entsprechend a_1 und a_3 abhängig von ω, außerdem tritt die neue Frequenz $3 \omega t$, abhängig von a_3 hinzu. Es kann auf diesem Wege also der Energieinhalt der Obertöne verstärkt werden, was unter Umständen ausgesprochene Änderungen der Klangfarben zur Folge haben kann. Wir haben vorhin gesehen, daß die Flöte obertonarm ist und zwar mit annähernd gleichem Energieinhalt für die einzelnen Stufen. Die Violine ist reich an Obertönen für bestimmte Vielfache des Grundtones. Es kann auf Grund nichtlinearer Verzerrung in dem Energieinhalt dieser Obertöne eine Veränderung in der Weise eintreten, daß die Verhältnisse der Obertöne zueinander in die Größenordnung der Verhältnisse der Obertöne der Flöte gelangen, so daß wir, da ja alle Energieinhalte nur relativ zu beurteilen sind, eine Annäherung der Klangfarbe der Violine an jene der Flöte erhalten. Es muß jedoch ausdrücklich darauf hingewiesen werden, daß die nichtlineare Verzerrung, auch Amplitudenverzerrung genannt, für das Werturteil der Übertragungsgüte von untergeordneter Bedeutung ist.

Nach Helmholtz[1]) ist das Ohr an sich zur Erzeugung von Verzerrung 2. Ordnung geeignet. „Es kommen hierzu der unsymmetrische Bau des Trommelfells und die lose Beschaffenheit des Hammer-Amboß-gelenkes in Betracht. Die nach außen konvexen Radialfasern des Trommelfells erleiden eine stärkere Spannungsänderung, wenn sie eine Schwingung von mäßiger Amplitude nach innen machen, als wenn die Schwingung nach außen geht.“

„Bei asymmetrisch gebauten schwingenden Körpern sind die Störungen der ersten Potenz der Amplitude proportional, bei symmetrisch gebauten erst der zweiten Potenz dieser Größe.“

Diese Erscheinung weist ebenso wie die lose Beschaffenheit des Hammer-Amboßgelenkes, welche die Rückwärtsbewegung dieses Gelenkes relativ zur erregenden Amplitude nicht mehr zwangläufig gestaltet, auf Nichtproportionalität von Schallenergie und Amplitude, also auf Frequenzabhängigkeit 2. Ordnung hin.

„Eine einfachen pendelartigen Schwingungen entsprechende einfach periodische Kraft erregt nur dann und solange einfache Sinus-schwingungen in einem elastischen Körper, auf den sie wirkt, als die durch die Abweichungen des erregten Körpers von seiner Gleichgewichtslage wachgerufenen elastischen Kräfte diesen Abweichungen selbst proportional bleiben, was bei verschwindend kleiner Größe derselben immer der Fall ist.

Werden die Amplituden der Schwingungen so groß, daß merkliche Abweichungen von dieser Proportionalität eintreten, so treten zu den Schwingungen des erregenden Tones noch solche hinzu, welche seinen harmonischen Obertönen entsprechen.“ Diese Betrachtungen erstrecken sich auf die Beurteilung der nichtlinearen Verzerrung für den Einzelklang.

Beim Zusammenklang mehrerer Töne ist mit der nichtlinearen Verzerrung zwangläufig das Auftreten von Kombinationstönen verbunden.

Aus der Theorie der Kombinationstöne[2]) folgt: Wenn ein Punkt von der Masse m, dessen Direktionskraft von der Ausbiegung linear und quadratisch abhängt, von zwei Wellenzügen von der Frequenz p und q und der Intensität w und v beeinflußt wird, so entstehen neben dem Eigenton des mitschwingenden Körpers die Frequenzen $2p$, $2q$, $(p-q)$ und $(p+q)$. $(p-q)$ und $(p+q)$ sind dem Produkt der Intensitäten w

---

[1]) Helmholtz, „Die Lehre von den Tonempfindungen usw.“, a. a. O. S. 262 ff.

[2]) Helmholtz, a. a. O. S. 652, Beilage XII.

und ν proportional, steigen also bei vermehrter Energie der primären Töne schneller an als diese selbst. Ist der Eigenton tiefer als $p + q$, so wird nur $p - q$ gehört.

Experimentell und der Erfahrung nach lassen sich die Entstehung von Kombinationstönen durch das Ohr beobachten, wenn zwei starke Sopranstimmen reine Terzengänge ausführen. Es tritt entsprechend der Frequenzdifferenz ($p - q$) ein tiefer, schnarrender Ton auf, dessen Frequenz naturgemäß von den erregenden Frequenzen abhängig ist und der sowohl im Originalklang wie im übertragenen Klang in Erscheinung tritt.

Wird auch der tiefere Kombinationston durch das Ohr gehört, so tritt er hier nicht so unangenehm und störend auf wie in einer Übertragungsschaltung, in der vollausgesteuerte, wenn auch nicht übersteuerte Röhren verwendet werden. Eine durch das Ohr feststellbare Klangfarbenänderung durch künstliche Obertonreihen tritt hier noch nicht ein. Diese Erscheinung kann in verstärktem Maß bei Übertragung über Modulationsschaltungen beobachtet werden; sie tritt hier auch auf bei Instrumentalklängen, insbesonders bei hohen Streichern oder Bläsern bei Zusammenklang eines in einem einfachen Verhältnis stehenden Intervalls. Man kann diese Erscheinung als Kriterium für die Beurteilung einer Übertragungsschaltung vom Standpunkt der Frequenzabhängigkeit 2. Ordnung benützen. Abhilfe und Mittel zu ihrer Beseitigung bestehen in Verkleinerung des Steuerbereiches der Sende- bzw. Verstärkerröhren; mit anderen Worten: Wie die Frequenzabhängigkeit 1. Ordnung ist jene 2. Ordnung nur ein Problem des Energieaufwandes und damit der Wirtschaftlichkeit.

Wenn wir also erkannt haben, daß das Ohr selbst geeignet ist zur Erzeugung von Frequenzabhängigkeit 2. Ordnung, so ergibt sich daraus zwangläufig, daß für die Beurteilung der Übertragungsgüte diese Verzerrungsart nicht von ausschlaggebender Bedeutung sein kann, solange nicht grobe Dimensionierungsfehler vorliegen. Solche Fehler können auftreten, wenn z. B. einem Verstärkerrohr größere Leistungen zugeführt werden, als es zur Übertragung verarbeiten kann.

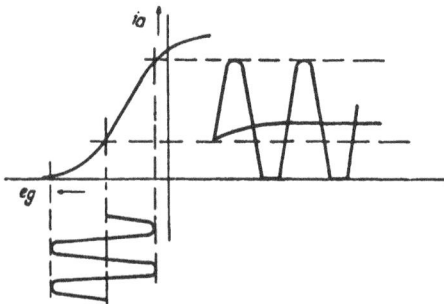

Abb. 32.

Wenn wir uns die Arbeitskennlinie eines Verstärkerrohres betrachten und die Annahme treffen, daß die Besprechungsspannung am Gitter die Arbeitskennlinie zunächst nach unten überschreitet, so sehen wir aus Abb. 32, daß die Abbildung des negativen Teiles der Schwingungsform verhindert wird.

Sinngemäß tritt die gleiche Erscheinung auf, wenn der Arbeitspunkt so gewählt wird, daß die Charakteristik nach oben überschritten
wird (Abb. 33).

Wir haben hier ausgesprochene Verzerrung 2. Ordnung zu erwarten. An der Messung des Anodengleichstromes kann die Lage des
günstigsten Arbeitspunktes er-
mittelt werden. Nach Abb. 32
wird der Integralwert des Be-
sprechungsstromes, welcher
sich dem statischen Gleichstrom überlagert, jenen erhöhen, nach Abb. 33 erniedrigen, d. h.: Ansteigen des Anodenstromes bei Übersteuerung
des Verstärkers zeigt an, daß

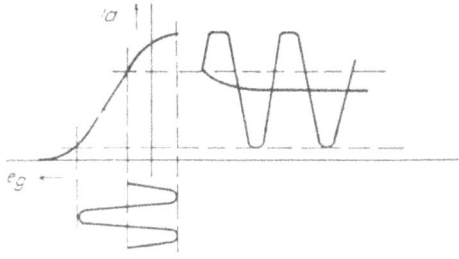

Abb. 33.

die Gittervorspannung zu hoch im negativen Sinn ist. Erniedrigung des
Anodenruhestromes meldet zu kleine Gittervorspannung im gleichen
Sinne. Wir haben hier ein Mittel in der Hand, neben Beurteilung der
nichtlinearen Verzerrung die dynamisch richtige Gittervorspannung experimentell in erster Annäherung zu bestimmen.

II. Die Theorie der Fernsprechleitung.

Um die relative Richtung gerichteter Größen zueinander auch
rechnerisch festlegen zu können, benutzt man ein Koordinatensystem,
dessen wagrechte Linie die reellen, dessen senkrechte Linie die imaginären Zahlen darstellt (Abb. 34).

Die gerichtete Größe $\mathfrak{P}$ setzt sich in diesem Koordinatensystem
folgendermaßen zusammen:

$$\mathfrak{P} = P \cdot \cos \varphi + i \cdot P \cdot \sin \varphi$$
$$= P \cdot (\cos \varphi + i \sin \varphi).$$

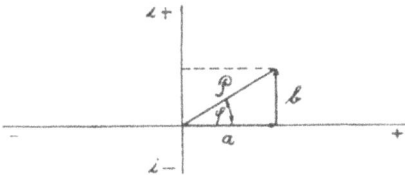

Abb. 34.

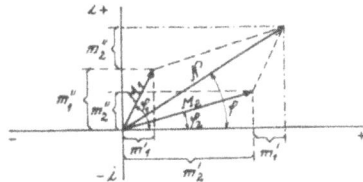

Abb. 35.

Es ist üblich, die gerichteten Größen mit deutschen Buchstaben zu
bezeichnen.

P wird absoluter Betrag, der Winkel φ Argument genannt.

Summe bzw. Differenz zweier gerichteter Größen werden gebildet, in-
dem man Summe bzw. Differenz der reellen und imaginären Komponenten bildet. In der Abbildung 35 ist ein Beispiel gezeigt.

Die Größen $\mathfrak{M}_1$ und $\mathfrak{M}_2$ sollen addiert werden.

$$\mathfrak{M}_1 = M_1 \cos \varphi_1 + i\, M_1 \sin \varphi_1$$
$$\mathfrak{M}_2 = M_2 \cos \varphi_2 + i\, M_2 \sin \varphi_2$$
$$m_1' = M_1 \cos \varphi_1; \quad m_2' = M_2 \cos \varphi_2$$
$$m_1'' = M_1 \sin \varphi_1; \quad m_2'' = M_2 \sin \varphi_2$$
$$\mathfrak{N} = N \cos \varphi + i\, N \sin \varphi$$
$$= (m_1' + m_2') + i\,(m_1'' + m_2'')$$
$$= M_1 \cos \varphi_1 + M_2 \cos \varphi_2 + i\,(M_1 \sin \varphi_1 + M_2 \sin \varphi_2).$$

Für Multiplikation und Division führt man zweckmäßig die Größe $P \cdot (\cos \varphi + i \sin \varphi)$ in eine andere Form über. Durch Reihenentwicklung ist zu beweisen, daß

$$\cos \varphi + i \sin \varphi = e^{i\varphi},$$

wobei e die Basis der natürlichen Logarithmen bedeutet ($e = 2{,}71828$). Die Form $a + ib$ läßt sich in einfacher Weise durch absoluten Betrag und Argument ausdrücken (Abb. 34).

Wir setzen an

$$\mathfrak{P} = a + ib = P \cdot e^{i\varphi}.$$

Nach dem pythagoräischen Lehrsatz ist

$$P = \sqrt{a^2 + b^2}$$

bzw. $P \cdot \cos \varphi = a$; daraus $P^2 \cdot \cos^2 \varphi = a^2$

und $P \cdot \sin \varphi = b$; „ $P^2 \cdot \sin^2 \varphi = b^2$

$$P^2 \cdot (\cos^2 \varphi + \sin^2 \varphi) = a^2 + b^2; \quad P = \sqrt{a^2 + b^2}.$$

Aus den Gleichungen für a und b folgt durch Division

$$\operatorname{tg} \varphi = \frac{b}{a}$$

bzw. $\quad \varphi = \operatorname{arc\,tg} \dfrac{b}{a}.$

Die gerichtete Größe $\mathfrak{P}$ wird entsprechend

$$\mathfrak{P} = \sqrt{a^2 + b^2} \cdot e^{i \operatorname{arc\,tg} \frac{b}{a}} = P \cdot e^{i\varphi}.$$

Das Produkt zweier gerichteter Größen $\mathfrak{P}_1 \mathfrak{P}_2$ beträgt demnach

$$\mathfrak{P}_1 \cdot \mathfrak{P}_2 = P_1 P_2 \cdot e^{i(\varphi_1 + \varphi_2)}.$$

Für die Division gelten die gleichen Regeln sinngemäß.

$$\frac{\mathfrak{P}_1}{\mathfrak{P}_2} = \frac{P_1}{P_2} \cdot e^{i(\varphi_1 - \varphi_2)}.$$

Für die Bildung von Summe und Differenz zweier gerichteter Größen wird man also die reellen und imaginären Komponenten, für Multiplikation und Division die Absolutwerte und die Argumente verwenden. Die Umrechnung von einer Form in die andere ist nach obigen Formeln durchzuführen.

In einer Gleichung, welche gerichtete Größen in der Form der aufgelösten Komponenten enthält, sind stets die reellen und imaginären Teile der beiden Seiten gleich groß.

Aus der besprochenen Koordinatenanordnung geht die Bedeutung der Zahl i aus folgender Überlegung hervor: Der Punkt $+ i$ ist dargestellt durch die Form $i = 1 \cdot e^{\frac{i\pi}{2}}$; durch Quadrieren erhält man $i^2 = e^{i\pi}$; entsprechend dem Argument $\pi = 180^0$ liegt dieser Punkt auf der Achse der reellen Zahlen bei $- 1$,

$$\text{d. h.} \quad i^2 = - 1 \quad \text{bzw.} \quad i = \sqrt{- 1} \,.$$

In der Elektrotechnik findet man manchmal zur Unterscheidung der Bezeichnung für Augenblickswert des Stromes an Stelle des Buchstabens i das deutsche j verwendet.

Jede Klangkurve, welche periodische Vorgänge darstellt, kann nach den Regeln der Fourierschen Reihenentwicklung in eine Reihe von Einzelschwingungen sinusförmiger Natur zerlegt werden.

Die sinusförmige Wechselspannung e wird dargestellt durch $e = E_m \sin \omega t$.

e bedeutet den Augenblickswert, E_m den Maximalwert der Spannung.

Die Kreisfrequenz ω ergibt sich zu $\omega = 2 \pi f$, wobei f die Schwingungszahl/sek (Hertz) darstellt. Entsprechend ist bei den sinngemäßen Bezeichnungen anzusetzen:

$$i = J_m \cdot \sin \omega t \,.$$

Der quadratische Mittelwert (Effektivwert) E ergibt sich aus E_m zu $E = \dfrac{E_m}{\sqrt{2}}$ bzw. $J = \dfrac{J_m}{\sqrt{2}}$.

Verursacht die Spannung $e = E_m \sin \omega t$ den Strom $i = J_m \cdot \sin \omega t$ in einem Stromkreis, so ist der Momentanwert der Leistung gegeben zu

$$w = e \cdot i = \frac{E_m \cdot J_m}{2} \left(\cos \varphi - \cos \left(2 \omega t - \varphi \right) \right) \text{ Watt}$$

und der Mittelwert der Leistung zu

$$W = \frac{E_m \cdot J_m}{2} \cdot \cos \varphi = E \cdot J \cdot \cos \varphi \,.$$

Der Winkel φ bedeutet die Phasenverschiebung zwischen Strom und Spannung.

Ist der Stromkreis mit Selbstinduktion L (Henry) behaftet, so ergibt sich eine Selbstinduktionsspannung

$$e_s = -L \frac{di}{dt},$$

zu deren Überwindung eine Spannung zugeführt werden muß von der Größe

$$e_L = -e_s = L \cdot \frac{di}{dt}.$$

Befindet sich im Stromkreis eine Kapazität C (Farad) mit der elektrischen Ladung Q (Coulomb), so kann sich ein Strom i ausbilden von der Größe

$$i = \frac{dQ}{dt} = C \cdot \frac{de_c}{dt}$$

bzw.
$$\frac{de_c}{dt} = \frac{1}{C} \cdot i.$$

Im Integralwert ausgedrückt erhält man

$$e_c = \int \frac{1}{C} \cdot i \cdot dt.$$

Damit lassen sich nun die Wechselstromausgleichgesetze festlegen:

1. Rein Ohmscher Widerstand: (Abb. 36)

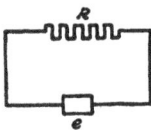

$$e = i \cdot R = J_m \sin \omega t \cdot R = E_m \cdot \sin \omega t.$$

In Effektivwerten ausgedrückt

$$\mathfrak{E} = \mathfrak{J} \cdot R.$$

Abb. 36.

Als gerichtete Größen werden $\mathfrak{E}$ und $\mathfrak{J}$ deutsch geschrieben; die Phasenverschiebung ist $\varphi = 0$.

2. Reine Selbstinduktion: (Abb. 37)

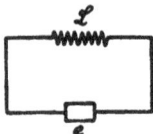

$$i = J_m \cdot \sin \omega t,$$

$$e = L \cdot \frac{di}{dt} = \omega L \cdot J_m \cdot \cos \omega t,$$

Abb. 37.

$$E_m \cdot \sin \omega t = \omega L \cdot J_m \left(\sin \omega t + \frac{\pi}{2} \right).$$

Für Effektivwerte und gerichtete Größen dargestellt erhält man

$$\mathfrak{E} = i \cdot \mathfrak{J} \cdot \omega L. \tag{7}$$

Der Strom $\mathfrak{J}$ eilt der Spannung $\mathfrak{E}$ um $\frac{\pi}{2}$ (90°) nach. In der Darstellung im allgemeinen Zahlenkreuz entspricht dies dem Faktor i bei $\mathfrak{J} \cdot \omega L$; die reelle Komponente ist dabei gleich 0.

(Andere Art der Betrachtung für gerichtete Werte:

$$\mathfrak{J} = J_o \cdot e^{i\omega t},$$

$$\frac{d\mathfrak{J}}{dt} = J_0 \cdot e^{i\omega t} \cdot i\omega,$$

$$\mathfrak{E} = L \frac{d\mathfrak{J}}{dt} = i\omega L \mathfrak{J} .)$$

3. Reine Kapazität: (Abb. 38)

$$e = \int_0^t \frac{1}{C} \cdot i \, dt = \int \frac{1}{C} \cdot J_m \sin \omega t \cdot dt$$

$$= \frac{J_m}{C} \cdot \int \sin \omega t \cdot dt$$

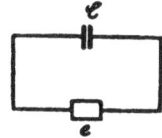

Abb. 38.

$$\int_0^t \sin \omega x \, dx = -\frac{\cos ax}{a} + \varkappa \qquad \varkappa = 0$$

$$-\cos x = \sin\left(x - \frac{\pi}{2}\right)$$

$$e = -\frac{J_m}{\omega C} \cdot \cos \omega t; \quad E_m \cdot \sin \omega t = \frac{J_m}{\omega C} \cdot \sin\left(\omega t - \frac{\pi}{2}\right).$$

In Effektivwerten und gerichteten Größen dargestellt erhält man:

$$i C \omega \mathfrak{E} = \mathfrak{J}.$$

Die Spannung $\mathfrak{E}$ eilt dem Strom $\mathfrak{J}$ um $\frac{\pi}{2}$ nach.

Daraus:

$$\mathfrak{E} = \mathfrak{J} \cdot \frac{1}{i\omega C}. \qquad (8)$$

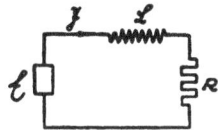

Abb. 39.

Aus diesen Grundformeln lassen sich die Beziehungen einfacher Schaltkreise leicht ableiten.

1. Widerstand und Selbstinduktion in Serienschaltung: (Abb. 39)

$$\mathfrak{E} = \mathfrak{J} (R + i\omega L). \qquad (9)$$

4*

Der Absolutwert W des gerichteten Widerstandes ist

$$W = \sqrt{R^2 + \omega^2 L^2},$$

das Argument ergibt sich zu

$$\operatorname{tg} \varphi = \frac{\omega L}{R}.$$

Der Winkel φ ist die Phasenverschiebung zwischen Strom und Spannung.

2. Widerstand, Selbstinduktion und Kapazität in Serienschaltung: (Abb. 40)

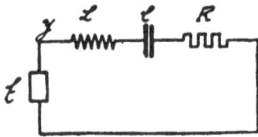

Abb. 40.

$$\mathfrak{E} = \mathfrak{J} \cdot \left(R + i\,\omega L + \frac{1}{i\,\omega C} \right).$$

Umformung: $\dfrac{1}{i\,\omega C} \cdot \dfrac{i}{i} = i\,\dfrac{1}{i^2\,\omega C} = -i\,\dfrac{1}{\omega C}$

$$\mathfrak{E} = \mathfrak{J} \cdot \left(R + i\left(\omega L - \frac{1}{\omega C} \right) \right) \qquad (10)$$

$$= \mathfrak{J} \cdot \mathfrak{W}.$$

Absolutwert $W = \sqrt{R^2 + \left(\omega L - \dfrac{1}{\omega C} \right)^2}.$

Argument: $\operatorname{tg} \varphi = \dfrac{\omega L - \dfrac{1}{\omega C}}{R}.$

Max. Wert des Stromes für

$$\omega L - \frac{1}{\omega C} = 0;$$

bzw. $\omega L = \dfrac{1}{\omega C};$

und $\omega = \sqrt{\dfrac{1}{LC}}.$

Wir erhalten Spannungsresonanz (Kurzschluß für den Stromkreis, wenn L und C allein vorhanden wären).

3. Widerstand, Selbstinduktion und Kapazität in Parallelschaltung:
(Abb. 41)

$$\mathfrak{E} = \mathfrak{J}_1 \cdot R \qquad\qquad \mathfrak{J}_1 + \mathfrak{J}_2 + \mathfrak{J}_3 = \mathfrak{J};$$

$$= \mathfrak{J}_2 \cdot i\,\omega\,L$$

$$= \mathfrak{J}_3 \cdot \frac{1}{i\,\omega\,C} \qquad\qquad \frac{\mathfrak{E}}{R} + \frac{\mathfrak{E}}{i\,\omega\,L} + \mathfrak{E}\cdot i\,\omega\cdot C = \mathfrak{J}$$

$$\mathfrak{E} = \mathfrak{J}\cdot\frac{1}{\dfrac{1}{R} + \dfrac{1}{i\,\omega\,L} + i\,\omega\,C};$$

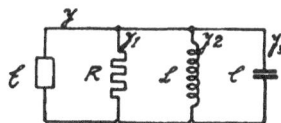

Abb. 41.

$$= \mathfrak{J}\cdot\frac{1}{\dfrac{1}{R} + i\left(\omega\,C - \dfrac{1}{\omega\,L}\right)};$$

$$= \mathfrak{J}\cdot\frac{1}{\dfrac{1}{R} + i\,\dfrac{1}{\mathfrak{W}}}; \qquad \frac{1}{\mathfrak{W}} = \omega\,C - \frac{1}{\omega\,L};$$

$$\mathfrak{W} = \frac{1}{\omega\,C - \dfrac{1}{\omega\,L}};$$

Umformung: $\quad\dfrac{1}{i\,\omega\,L} = \dfrac{1}{i\,\omega\,L}\cdot\dfrac{i}{i} = -\,i\,\dfrac{1}{\omega\,L}.$

Resonanzbedingung für $\quad\omega\,C - \dfrac{1}{\omega\,L} = 0; \quad \omega = \sqrt{\dfrac{1}{L\,C}}.$

Wir erhalten Stromresonanz (Widerstand $= \infty$ für den Stromkreis, wenn L und C allein vorhanden wären).

Der Phasenverschiebungswinkel ergibt sich aus

$$\mathfrak{J} = \mathfrak{E}\cdot\left[\frac{1}{R} + i\left(\omega\,C - \frac{1}{\omega\,L}\right)\right] \tag{11}$$

$$\text{zu}\quad \operatorname{tg}\varphi = \left(\omega\,C - \frac{1}{\omega\,L}\right)\cdot R.$$

Jede elektrische Fernmeldeleitung besteht aus einer metallischen
Hin- und Rückleitung. Schaltanordnungen für Fernmeldeleitungen, bei
welchen der Schließungskreis über Erde gebildet wird, sollen in diesem
Zusammenhang nicht besprochen werden.

Die Eigenschaften der Leitung sind durch ihre vier Leitungskonstanten bestimmt; diese sind Widerstand R, Ableitung G, Induktivität L und Kapazität C. Die Leitungskonstanten werden auf die Einheit der Leitungslänge (1 km) bezogen.

1. Der Widerstand R ist für Gleichstrom gleich dem Ohmschen Widerstand von Hin- und Rückleitung, für Wechselstrom treten durch die Wirkung der Wirbelströme in den Leitungen oder in benachbarten Leitern oder in eingeschalteten Spulen (Pupinspulen) zusätzliche Verluste auf, welche den Widerstand erhöhen.

Man rechnet allgemein

a) bei oberirdischen Leitungen $R = \dfrac{0,48}{(2\varrho)^2}\,\Omega/\text{km}$; errechnet mit einem spezifischen Leitwert von $K = 53,0$.

b) bei unterirdischen Leitungen $R = \dfrac{0,44}{(2\varrho)^2}\,\Omega/\text{km}$; errechnet mit einem spezifischen Leitwert von $K = 57,0$.

2ϱ ist der Drahtdurchmesser; die Formeln gelten für Kupfer- und Bronzeleitungen.

2. Die Ableitung G ist gleich dem reziproken Werte des Isolationswiderstandes zwischen Hin- und Rückleitung. Bei Wechselstrom ergeben sich höhere Werte als bei Gleichstrom, da bei Wechselstrom zusätzliche Verluste im Dielektrikum auftreten. Die Ableitung wird gemäß ihrer Definition in Siemens/km gemessen.

a) bei oberirdischer Leitung:

$G \leqq 0,1 \cdot 10^{-6}$ S/km bei gutem Zustand der Leitung und trokkenem Wetter,

$= 0,5 \cdot 10^{-6}$ S/km bei feuchter Witterung.

b) bei Kabelleitungen:

$G = 0,5$ bis $0,7 \cdot 10^{-6}$ S/km abhängig von Material und Bauart. Garantiewerte: $0,8$ bis $1,0 \cdot 10^{-6}$ S/km, welche im allgemeinen unterschritten werden.

3. Die Induktivität L wird in Henry/km gemessen. Sie wird verursacht durch die magnetische Verkettung der beiden Leiter zueinander.

Durch das magnetische Feld wird ein magnetischer Fluß von der Größe $\Phi = L \cdot J$ durch die von den Leitern begrenzte Fläche erzeugt, wobei J die Stromstärke im Leiter bedeutet und die betrachtete Leitungslänge gleich 1 km ist.

a) bei oberirdischer Leitung:

$$L = 4\left(\ln\frac{a}{\varrho} + 0{,}25\right)\cdot 10^{-4}\ \text{H/km}.$$

a = gegenseitiger Abstand der beiden Leitungsäste in cm,

$2\,\varrho$ = Leiterdurchmesser in cm.

b) bei Kabelleitungen wie unter a.

4. Zwischen den beiden Leitern besteht auch ein elektrisches Feld. Zwischen den positiven und negativen Ladungen spannen sich die elektrischen Feldlinien. Die auf 1 km Leitung aufgesammelte Ladung beträgt $Q = CV$, wobei C die Kapazität in Farad/km bedeutet. (V = Spannung in Volt).

a) bei oberirdischer Leitung:

$$C = \frac{0{,}012}{\log\dfrac{a}{\varrho}}\cdot 10^{-6}\ \text{F/km},$$

b) bei Kabelleitungen:

$$C = \frac{0{,}019}{\log\left(\dfrac{0{,}43\cdot\sqrt{q}}{\varrho}\cdot\left(1 - 0{,}56\dfrac{\varrho}{\sqrt{q}}\right)\right)}\cdot 10^{-6}\ \text{F/km}.$$

Hier bedeuten: q den Raum in cm² innerhalb des Kabels, welcher auf eine Doppelleitung entfällt; die übrigen Größen wie unter 3.

In der folgenden Tabelle sind einige Richtwerte für die Größenordnung der elektrischen Eigenschaften der Fernmeldeleitungen angegeben.

Bezeichnung der Leitungen	Leiter-Durchm. · m/m	R Ohm/km	L H/km	C F·10⁻⁶ km	G S·10⁻⁶ km
Oberirdische Fernsprech-	2,0	15,66	0,0022	0,0054	0,5
leitung aus Bronzedraht	3,0	5,28	0,0020	0,0060	0,5
	4,0	3,00	0,0019	0,0064	0,5
	5,0	1,90	0,0018	0,0067	0,5
Teilnehmeranschlußkabel	0,8	72,0	0,0007	0,031	0,55
Fernleitungskabel	0,9	54,0	0,0007	0,031	0,55
	1,4	22,5	0,0007	0,032	0,55
	2,0	11,0	0,0007	0,037	0,70

Die Leitungskonstanten kann man sich in ihrer Verteilung über die Leitung nach Abb. 42 vorstellen.

Es läßt sich hieraus ohne weiteres erkennen, daß eine Leitung um so ungünstigere Übertragungsverhältnisse zeigen muß, je größer die Konstanten R, G und C sind. Über die Einwirkung der Größe von L werden wir noch Näheres hören; wir werden sehen, daß bei Leitungen mit großer Kapazität die Selbstinduktion künstlich erhöht wird, um die schädliche Wirkung der Kapazität innerhalb eines bestimmten Frequenzbandes zu kompensieren.

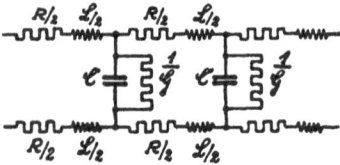

Abb. 42.

Die Übertragungsfähigkeit einer Leitung wird bestimmt durch das sog. Dämpfungsmaß. Man rechnet im Durchschnitt mit einer abgegebenen Leistung von 2 mW des Fernsprechapparates (0,1 mW min. Wert bis 15 mW max. Wert). Für einen einwandfreien Empfang ist mindestens eine elektrische Sprechleistung von 0,002 mW anzusetzen[1]). Die Definition des Dämpfungsmaßes bestimmt sich aus der Gleichung $\dfrac{N_a}{N_e} = e^{2b}$

$$\frac{N_a}{N_e} = \text{reziproker Wert des Wirkungsgrades.}$$

Das Dämpfungsmaß wird neuerdings auch mit n bezeichnet und erhält die Benennung Neper (von Napier, schottischer Mathematiker).

Die Leistungsverluste, welche auf die Zwischenapparate (Vermittlungsstellen) sowie auf die Zusatzdämpfung durch Reflektion bei Zusammenschaltung mehrerer Leitungsstücke verschiedenen Wellenwiderstandes entfallen, sind hierbei in diesem Wert enthalten (Ersatzleitung). Es berechnet sich

$$b = \frac{1}{2} \ln \frac{N_a}{N_e} = 1{,}15 \cdot \log_{10} \cdot \frac{2}{0{,}002} = \sim 3{,}5$$

$(\log_{10}(x) = \log_{10}(e) \cdot \ln(x); \quad \log_{10}(e) = 0{,}4343).$

Rechnet man nun auf die Verluste in den Vermittlungsstellen und in der Anschlußleitung zum Teilnehmer auf jeder Seite rund $b = 1{,}0$, so verbleiben als zulässiges Dämpfungsmaß der Fernleitung rund $b = 1{,}5$.

b kann als Dämpfungsmaß einer homogenen Fernleitung auf die Längeneinheit (1 km) reduziert werden. Dieses Maß bezeichnet man als spezifische Dämpfung

$$b = \beta l.$$

---

[1]) K. W. Wagner, „Das Fernsprechen auf weite Entfernung", aus: Das Fernsprechen im Weitverkehr. Deutsche Beiträge zur Frage des europäischen Fernsprechnetzes. Zusammengestellt im Reichspostministerium Berlin 1923. Verlag Wilhelm Ernst u. Sohn, Berlin.

Die Reichweite einer Leitung ermittelt sich dann aus der Beziehung

$$l = \frac{1,5}{\beta} \cdot$$

Damit erhalten wir für eine 4 mm-oberirdische Leitung eine Reichweite von

$$l = \frac{1,5}{0,00314} = 480 \text{ km bei } \beta = 0,00314;$$

für eine 0,8 mm-Teilnehmeranschlußleitung

$$l = \frac{1,5}{0,075} = 20 \text{ km bei } \beta = 0,075.$$

Die Kosten einer Leitung sind in erster Linie bedingt durch das aufgewendete Leitungskupfer, dessen Gewicht vom Durchmesser der Leitung abhängig ist. Wir können, um die Reichweite zu verbessern bzw. die spez. Dämpfung zu erniedrigen, den Kupferquerschnitt erhöhen. Neben elektrischen Nachteilen (Vergrößerung der Kapazität) setzt diesem Vorgang der notwendige finanzielle Aufwand eine ganz bestimmte Grenze.

Wir müssen nach anderen Mitteln suchen, die Reichweite zu verbessern und besitzen diese einerseits in Anwendung der Fernsprechverstärker und andererseits in der Erhöhung der Selbstinduktion der Leitungen.

Um den letzteren Vorgang verstehen zu können, soll die Theorie der Schwingungsvorgänge auf den Fernsprechleitungen näher betrachtet werden. Die folgenden Darstellungen sind aufgebaut auf der Theorie der Fernmeldeleitungen nach Prof. F. Breisig[1]), zusammengestellt von Oberregierungsrat Prof. G. Baumgartner, München.

Zur Betrachtung der Vorgänge der Übertragung sinusförmiger Wechselströme in einer homogenen Leitung denken wir uns an irgendeiner Stelle der Leitung, die durch ihren Abstand x vom Leitungsanfang bestimmt sei, einen Querschnitt 1 2 (Abb. 43).

Den an dieser Stelle fließenden Strom nennen wir $\mathfrak{J}$, die Spannung zwischen den Punkten 1 und 2 sei $\mathfrak{V}$. In einem sehr geringen

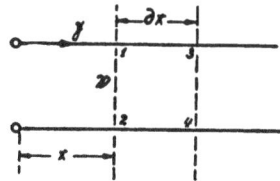

Abb. 43.

Abstand ∂x legen wir einen zweiten Querschnitt 3 4. Für das Leitungsstück ∂x sind die elektrischen Konstanten $R \, \partial x$, $C \, \partial x$, $L \, \partial x$ und $G \, \partial x$.

---

[1]) Dr. F. Breisig, „Theoretische Telegraphie". Fr. Vieweg u. Sohn, Braunschweig.

Die Spannung $\mathfrak{B}$ erleidet in diesem Leiterstück infolge des Widerstandes $R\,\partial x$ einen Verlust $R\,\partial x\,\mathfrak{J}$ und infolge der Selbstinduktion einen solchen von $i\omega L\,\partial x\,\mathfrak{J}$. Der Gesamtverlust beträgt demnach

$$\partial\mathfrak{B} = (R + i\,\omega\,L)\,\partial x\,\mathfrak{J}$$

[siehe Gleichung (9)].

Die Stromstärke erleidet ebenfalls einen Verlust durch die Ableitung $G\,\partial x$ und durch die Kapazität $C\,\partial x$.

Der Gesamtverlust wird

$$-\partial\mathfrak{J} = (G + i\,\omega\,L)\,\partial x\,\mathfrak{B} \qquad \left(\text{siehe Gl. (11) für } G = \frac{1}{R} \text{ u. } L = \infty\right).$$

Damit ergibt sich:

$$-\frac{\partial\mathfrak{B}}{\partial x} = \mathfrak{J}\,(R + i\,\omega\,L), \tag{12}$$

$$-\frac{\partial\mathfrak{J}}{\partial x} = \mathfrak{B}\,(G + i\,\omega\,C). \tag{13}$$

Die Gleichungen (12) und (13) stellen die Grundgleichungen für die Fortpflanzung von sinusförmigen Wechselströmen der Frequenz ω über eine Fernsprechleitung dar.

Aus diesen Gleichungen können alle jene Beziehungen abgeleitet werden, welche die Fortpflanzung der Wechselströme über die Leitung kennzeichnen.

Wir differenzieren Gleichung (12) nach x und erhalten

$$-\frac{\partial^2\mathfrak{B}}{\partial x^2} = \frac{\partial\mathfrak{J}}{\partial x}\cdot(R + i\,\omega\,L)$$

und daraus aus Gleichung (13)

$$\frac{\partial^2\mathfrak{B}}{\partial x^2} = (R + i\,\omega\,L)\,(G + i\,\omega\,C)\cdot\mathfrak{B}. \tag{14}$$

Diese Gleichung wird die Telegraphengleichung genannt. Wir setzen

$$\gamma = \sqrt{(R + i\,\omega\,L)\,(G + i\,\omega\,C)}$$

und bezeichnen γ als Fortpflanzungskonstante.

Gleichung (14) geht über in

$$\frac{\partial^2\mathfrak{B}}{\partial x^2} = \gamma^2\cdot\mathfrak{B}.$$

Zur Integration dieser Gleichung setzen wir

$$\mathfrak{V} = \mathfrak{A} \cdot e^{mx}$$

$$\frac{\partial \mathfrak{V}}{\partial x} = \mathfrak{A} \cdot e^{mx} \cdot m$$

$$\frac{\partial^2 \mathfrak{V}}{\partial x^2} = \mathfrak{A} \cdot e^{mx} \cdot m^2.$$

In die Differentialgleichung eingesetzt, erhält man

$$\mathfrak{A} \cdot e^{mx} \cdot m^2 = \gamma^2 \cdot \mathfrak{V},$$

hieraus

$$\gamma^2 = m^2$$

$$m = \pm \gamma; \qquad m_1 = + \gamma; \qquad m_2 = - \gamma.$$

Wir können nun entsprechend der zwei Werte m_1 und m_2 ansetzen:

$$\mathfrak{V} = \mathfrak{A}_1 \cdot e^{m_1 x} + \mathfrak{A}_2 \cdot e^{m_2 x}$$

bzw. $\quad \mathfrak{V} = \mathfrak{A}_1 \cdot e^{\gamma x} + \mathfrak{A}_2 \cdot e^{-\gamma x}.$ \hfill (15)

Für die Bestimmung von $\mathfrak{J}$ differenzieren wir Gleichung (15) nochmal:

$$\frac{\partial \mathfrak{V}}{\partial x} = \gamma \cdot \mathfrak{A}_1 \cdot e^{\gamma x} - \gamma \mathfrak{A}_2 \cdot e^{-\gamma x}.$$

Aus Gleichung (12)

$$- \frac{\partial \mathfrak{V}}{\partial x} = \mathfrak{J} \cdot (R + i \omega L)$$

ergibt sich

$$- \gamma \mathfrak{A}_1 \cdot e^{\gamma x} + \gamma \mathfrak{A}_2 \cdot e^{-\gamma x} = \mathfrak{J} \cdot (R + i \omega L)$$

$$\mathfrak{J} = \sqrt{\frac{(R + i \omega L)(G + i \omega C)}{(R + i \omega L)^2}} \cdot (- \mathfrak{A}_1 \cdot e^{\gamma x} + \mathfrak{A}_2 \cdot e^{-\gamma x})$$

$$\mathfrak{J} = \sqrt{\frac{G + i \omega C}{R + i \omega L}} \cdot (- \mathfrak{A}_1 \cdot e^{\gamma x} + \mathfrak{A}_2 \cdot e^{-\gamma x}).$$

Wir setzen

$$\mathfrak{Z} = \sqrt{\frac{R + i \omega L}{G + i \omega C}} \hfill (16)$$

und bezeichnen $\mathfrak{Z}$ als Wellenwiderstand oder Charakteristik der Leitung. Es ergibt sich

$$\mathfrak{Z} \cdot \mathfrak{J} = - \mathfrak{A}_1 e^{\gamma x} + \mathfrak{A}_2 \cdot e^{-\gamma x}. \hfill (17)$$

Die Konstanten $\mathfrak{A}_1$ und $\mathfrak{A}_2$ sind durch die Spannung am Anfang $\mathfrak{B}_a$ und den Strom am Anfang $\mathfrak{J}_a$ zu definieren. Wir setzen entsprechend $x = 0$ und erhalten

$$\mathfrak{B}_a = \mathfrak{A}_1 + \mathfrak{A}_2$$

$$3 \cdot \mathfrak{J}_a = -\mathfrak{A}_1 + \mathfrak{A}_2\,.$$

Hieraus

$$\mathfrak{A}_1 = \frac{1}{2} \cdot (\mathfrak{B}_a - 3\,\mathfrak{J}_a)$$

$$\mathfrak{A}_2 = \frac{1}{2}\,(\mathfrak{B}_a + 3\,\mathfrak{J}_a)\,.$$

Durch Einsetzen in Gleichung (15) und (17) erhalten wir

$$\mathfrak{B} = \frac{e^{\gamma x}}{2} \cdot (\mathfrak{B}_a - 3\,\mathfrak{J}_a) + \frac{e^{-\gamma x}}{2}(\mathfrak{B}_a + 3\,\mathfrak{J}_a)$$

und

$$3\,\mathfrak{J} = + \frac{e^{\gamma x}}{2}(3\,\mathfrak{J}_a - \mathfrak{B}_a) + \frac{e^{-\gamma x}}{2}(\mathfrak{B}_a + 3\,\mathfrak{J}_a),$$

$$\mathfrak{B} = \mathfrak{B}_a \cdot \frac{e^{\gamma x} + e^{-\gamma x}}{2} - 3\,\mathfrak{J}_a \cdot \frac{e^{\gamma x} - e^{-\gamma x}}{2} \tag{18}$$
$$= \mathfrak{B}_a \operatorname{\mathfrak{Cof}} \gamma x - 3\,\mathfrak{J}_a \operatorname{\mathfrak{Sin}} \gamma x\,.$$

$$\mathfrak{J} = \mathfrak{J}_a \cdot \frac{e^{\gamma x} + e^{-\gamma x}}{2} - \frac{\mathfrak{B}_a}{3} \cdot \frac{e^{\gamma x} - e^{-\gamma x}}{2} \tag{19}$$
$$= \mathfrak{J}_a \operatorname{\mathfrak{Cof}} \gamma x - \frac{\mathfrak{B}_a}{3} \operatorname{\mathfrak{Sin}} \gamma x\,.$$

Die Beziehungen $\dfrac{e^{\gamma x} + e^{-\gamma x}}{2} = \operatorname{\mathfrak{Cof}} \gamma x$; $\dfrac{e^{\gamma x} - e^{-\gamma x}}{2} = \operatorname{\mathfrak{Sin}} \gamma x$ mit den entsprechenden Verhältniswerten $\operatorname{\mathfrak{Tang}} \gamma x = \dfrac{\operatorname{\mathfrak{Sin}} \gamma x}{\operatorname{\mathfrak{Cof}} \gamma x}$ und $\operatorname{\mathfrak{Cotang}} \gamma x = \dfrac{\operatorname{\mathfrak{Cof}} \gamma x}{\operatorname{\mathfrak{Sin}} \gamma x}$ werden als hyperbolische Funktionen bezeichnet. Wie bei den normalen trigonometrischen Funktionen der Kreis, stellt hier die gleichseitige Hyperbel die Grundlage der gegenseitigen Beziehungen dar.

Wir betrachten nun die Verhältnisse am Ende der Leitung und setzen $x = l$. Wir erhalten Endspannung und Endstrom $\mathfrak{J}_e$ aus Gleichung (18) und (19)

$$\mathfrak{B}_e = \mathfrak{B}_a \cdot \operatorname{\mathfrak{Cof}} \gamma l - 3\,\mathfrak{J}_a \cdot \operatorname{\mathfrak{Sin}} \gamma l\,, \tag{20}$$

$$\mathfrak{J}_e = \mathfrak{J}_a \cdot \operatorname{\mathfrak{Cof}} \gamma l - \frac{\mathfrak{B}_a}{3} \cdot \operatorname{\mathfrak{Sin}} \gamma l\,. \tag{21}$$

Wir isolieren nun die Leitung am Ende, d. h. wir setzen $\mathfrak{J}_e = 0$

$$\mathfrak{J}_a \operatorname{\mathfrak{Cof}} \gamma l - \frac{\mathfrak{V}_a}{\mathfrak{Z}} \cdot \operatorname{\mathfrak{Sin}} \gamma l = 0 \, .$$

Hieraus

$$\frac{\mathfrak{V}_a}{\mathfrak{J}_a} = \mathfrak{Z} \cdot \frac{\operatorname{\mathfrak{Cof}} \gamma l}{\operatorname{\mathfrak{Sin}} \gamma l} = \mathfrak{Z} \cdot \operatorname{\mathfrak{Cotang}} \gamma l \, .$$

Der Widerstand

$$\frac{\mathfrak{V}_a}{\mathfrak{J}_a} \quad \text{für } \mathfrak{J}_e = 0$$

wird als Leerlaufwiderstand $\mathfrak{U}_1 = \mathfrak{Z} \operatorname{\mathfrak{Cotang}} \gamma l$ bezeichnet. Für kurzgeschlossenes Ende ($\mathfrak{V}_e = 0$) erhalten wir

$$\mathfrak{V}_a \operatorname{\mathfrak{Cof}} \gamma l - \mathfrak{Z} \mathfrak{J}_a \operatorname{\mathfrak{Sin}} \gamma l = 0 \, .$$

Hieraus

$$\frac{\mathfrak{V}_a}{\mathfrak{J}_a} = \mathfrak{Z} \cdot \frac{\operatorname{\mathfrak{Sin}} \gamma l}{\operatorname{\mathfrak{Cof}} \gamma l} = \mathfrak{Z} \cdot \operatorname{\mathfrak{Tang}} \gamma l \, .$$

Der Kurzschlußwiderstand $\mathfrak{U}_2$ ergibt sich zu $\mathfrak{U}_2 = \mathfrak{Z} \cdot \operatorname{\mathfrak{Tang}} \gamma l$. Multipliziert man die Werte von $\mathfrak{U}_1$ und $\mathfrak{U}_2$, so erhält man

$$\mathfrak{U}_1 \, \mathfrak{U}_2 = \mathfrak{Z}^2 \cdot \operatorname{\mathfrak{Tang}} \gamma l \cdot \operatorname{\mathfrak{Cotang}} \gamma l = \mathfrak{Z}^2 \, .$$

$$\sqrt{\mathfrak{U}_1 \, \mathfrak{U}_2} = \mathfrak{Z} \, , \tag{22}$$

d. h. der Wellenwiderstand ist das geometrische Mittel aus Leerlauf- und Kurzschlußwiderstand einer Leitung von beliebiger Länge.

Wir wollen uns nochmal die Werte von $\mathfrak{U}_1$ und $\mathfrak{U}_2$ betrachten:

$$\mathfrak{U}_1 = \mathfrak{Z} \operatorname{\mathfrak{Cotang}} \gamma l = \mathfrak{Z} \cdot \frac{e^{\gamma l} + \dfrac{1}{e^{\gamma l}}}{e^{\gamma l} - \dfrac{1}{e^{\gamma l}}}$$

und

$$\mathfrak{U}_2 = \mathfrak{Z} \operatorname{\mathfrak{Tang}} \gamma l = \mathfrak{Z} \cdot \frac{e^{\gamma l} - \dfrac{1}{e^{\gamma l}}}{e^{\gamma l} + \dfrac{1}{e^{\gamma l}}} \, .$$

Für große Werte von l wird $\dfrac{1}{e^{\gamma l}}$ gegenüber $e^{\gamma l}$ vernachlässigbar klein und es ergibt sich

$$\mathfrak{U}_1 = \mathfrak{U}_2 = \mathfrak{Z} \, ,$$

d. h. der Wellenwiderstand ist für sehr lange Leitungen als der Scheinwiderstand definiert, welchen die Leitung ohne Rücksicht auf den Zustand ihres Endes besitzt.

Wir haben nun die Aufgabe, die Fortpflanzungskonstante γ physikalisch zu deuten.

Wir benützen Gleichung (20) und (21), um die Beziehungen zwischen $\mathfrak{B}_a$ und $\mathfrak{B}_e$ einerseits und $\mathfrak{J}_a$ und $\mathfrak{J}_e$ andererseits aufzustellen.

$$\text{I.}\quad \mathfrak{B}_e = \mathfrak{B}_a \cdot \mathfrak{Cof}\,\gamma\,l - \mathfrak{Z}\,\mathfrak{J}_a \cdot \mathfrak{Sin}\,\gamma\,l,$$

$$\mathfrak{J}_e = \mathfrak{J}_a \cdot \mathfrak{Cof}\,\gamma\,l - \frac{\mathfrak{B}_a}{\mathfrak{Z}} \cdot \mathfrak{Sin}\,\gamma\,l,$$

$$\text{II.}\quad \mathfrak{Z}\,\mathfrak{J}_e = -\,\mathfrak{B}_a\,\mathfrak{Sin}\,\gamma\,l + \mathfrak{Z}\,\mathfrak{J}_a \cdot \mathfrak{Cof}\,\gamma\,l;$$

$$\text{I.} + \text{II.}\quad \mathfrak{B}_e + \mathfrak{Z}\,\mathfrak{J}_e = \mathfrak{B}_a(\mathfrak{Cof}\,\gamma\,l - \mathfrak{Sin}\,\gamma\,l) + \mathfrak{Z}\,\mathfrak{J}_a(\mathfrak{Cof}\,\gamma\,l - \mathfrak{Sin}\,\gamma\,l)$$

$$\text{oder}\quad \mathfrak{B}_e + \mathfrak{Z}\,\mathfrak{J}_e = \mathfrak{B}_a \cdot e^{-\gamma l} + \mathfrak{Z}\,\mathfrak{J}_a \cdot e^{-\gamma l}, \tag{23}$$

$$\text{I.} - \text{II.}\quad \mathfrak{B}_e - \mathfrak{Z}\,\mathfrak{J}_e = \mathfrak{B}_a \cdot e^{\gamma l} - \mathfrak{Z}\,\mathfrak{J}_a \cdot e^{\gamma l}. \tag{24}$$

$$\text{Hieraus}\quad \mathfrak{B}_a - \mathfrak{Z}\,\mathfrak{J}_a = \mathfrak{B}_e\,e^{-\gamma l} - \mathfrak{Z}\,\mathfrak{J}_e \cdot e^{-\gamma l}$$

$$\text{und}\quad \mathfrak{B}_a + \mathfrak{Z}\,\mathfrak{J}_a = \mathfrak{B}_e\,e^{\gamma l} + \mathfrak{Z}\,\mathfrak{J}_e \cdot e^{\gamma l}.$$

Damit lassen sich nun $\mathfrak{B}_a$ und $\mathfrak{J}_a$ durch die entsprechenden Größen am Ende der Leitung ausdrücken.

Wir erhalten

$$\mathfrak{B}_a = \mathfrak{B}_e \cdot \mathfrak{Cof}\,\gamma\,l + \mathfrak{Z}\,\mathfrak{J}_e\,\mathfrak{Sin}\,\gamma\,l, \tag{25}$$

$$\mathfrak{J}_a = \frac{\mathfrak{B}_e}{\mathfrak{Z}} \cdot \mathfrak{Sin}\,\gamma\,l + \mathfrak{J}_e \cdot \mathfrak{Cof}\,\gamma\,l. \tag{26}$$

Für $\mathfrak{J}_e = 0$ (isolierte Leitung) geht Gleichung (25) über in

$$\mathfrak{B}_a = \mathfrak{B}_e \cdot \mathfrak{Cof}\,\gamma\,l = \mathfrak{B}_e\,\frac{e^{\gamma l} + e^{-\gamma l}}{2}. \tag{27}$$

Für $\mathfrak{B}_e = 0$ (kurzgeschlossene Leitung) erhalten wir aus Gleichung (26)

$$\mathfrak{J}_a = \mathfrak{J}_e \cdot \mathfrak{Cof}\,\gamma\,l = \mathfrak{J}_e\,\frac{e^{\gamma l} + e^{-\gamma l}}{2}. \tag{28}$$

Der Geltungsbereich der Gleichungen (27) und (28) ist an die Länge der Leitung nicht gebunden. Sie werden benutzt zur Messung der Größe γl.

Für sehr lange Leitungen ($e^{\gamma l}$ groß gegenüber $e^{-\gamma l}$) erhalten wir aus Gleichung (27)

$$\mathfrak{B}_a = \frac{1}{2} \cdot \mathfrak{B}_e \cdot e^{\gamma l} \tag{29}$$

für isoliertes Ende und

$$\mathfrak{J}_a = \frac{1}{2} \cdot \mathfrak{J}_e \cdot e^{\gamma l} \qquad (30)$$

für kurzgeschlossenes Ende.

Wir haben vorhin die Fortpflanzungskonstante definiert zu

$$\gamma = \sqrt{(R + i\omega L) \cdot (G + i\omega C)}.$$

Als komplexe Zahl können wir γ schreiben zu

$$\gamma = \beta + i\alpha;$$

$\mathfrak{B}_a$ und $\mathfrak{B}_e$ bzw. $\mathfrak{J}_a$ und $\mathfrak{J}_e$ sind gerichtete Größen. Wir schreiben sie nach den obigen Ausführungen zu

$$\mathfrak{B}_a = V_a \cdot e^{i\varphi_a},$$
$$\mathfrak{B}_e = V_e \cdot e^{i\varphi_e}.$$

Gleichung (29) erhält dann die Form

$$V_a \cdot e^{i\varphi_{a_1}} = \frac{1}{2} \cdot V_e \cdot e^{i\varphi_{e_1}} \cdot e^{\gamma l} = \frac{1}{2} \cdot V_e \cdot e^{i\varphi_{e_1}} \cdot e^{\beta l} \cdot e^{i\alpha l}$$

und

$$J_a \cdot e^{i\varphi_{a_2}} = \frac{1}{2} \cdot J_e \cdot e^{i\varphi_{e_2}} \cdot e^{\gamma l} = \frac{1}{2} \cdot J_e \cdot e^{i\varphi_{e_2}} \cdot e^{\beta l} \cdot e^{i\alpha l}.$$

Um für den Anfangszustand eine Definition zu treffen, wird φ_{a1} bzw. $\varphi_{a2} = 0$ gesetzt. Es handelt sich um die relative Phasenverschiebung von $\mathfrak{B}_a$ und $\mathfrak{B}_e$ bzw. $\mathfrak{J}_a$ und $\mathfrak{J}_e$, d. h.

$$V_a = \frac{1}{2} \cdot V_e \cdot e^{i\varphi_{e_1}} \cdot e^{\beta l} \cdot e^{i\alpha l},$$

$$V_a \cdot e^{-i\alpha l} = \frac{1}{2} \cdot V_e \cdot e^{\beta l} \cdot e^{i\varphi_{e_1}}.$$

Zwei gerichtete Größen sind dann gleich groß, wenn absoluter Betrag und Argument gleich groß sind, d. h.

$$V_a = \frac{1}{2} \cdot V_e \cdot e^{\beta l}$$

$$-\varphi_{e1} = \alpha l$$

bzw. für die Ströme

$$J_a = \frac{1}{2} \cdot J_e \cdot e^{\beta l}$$

und

$$\frac{J_e}{J_a} = 2 \cdot e^{-\beta l}.$$

Damit haben wir die Größe βl physikalisch definiert als maßgebenden Bestandteil für das Verhältnis der Ströme (bzw. Spannungen) am Anfang und Ende der Leitung.

Je größer $b = \beta l$ wird, um so kleiner ist der Strom, der am Ende der Leitung zur Auswirkung kommt.

β ist nur von den Leitungskonstanten abhängig und wird als Dämpfungskonstante, auch als spezifische Dämpfung bezeichnet.

$b = \beta l$ heißt bei homogener Leitung das Dämpfungsmaß. Wir haben diesen Begriff bereits am Anfang unserer Leitungsbetrachtung gestellt.

Das Dämpfungsmaß gilt in der Fernsprechtechnik als Maß für die Beurteilung von Lautstärken und Verständlichkeit.

Es gelten als Richtwerte

$$b = 1 \quad \text{Verständigung sehr gut,}$$
$$b = 2 \quad \quad \text{,,} \quad \quad \text{gut,}$$
$$b = 3 \quad \quad \text{,,} \quad \quad \text{ausreichend,}$$
$$b = 4 \quad \quad \text{,,} \quad \quad \text{mangelhaft.}$$

Die Größe αl bezeichnet den Schwingungszustand an der betrachteten Stelle der Leitung.

Nach $-\varphi_e = \alpha l$ (φ_e bezeichnet den Winkel zwischen Anfangsspannung [-strom] und Endspannung [-strom]) wird der gleiche Schwingungszustand nach $\varphi_e = 2\pi$ (360°) erreicht. Die entsprechende Länge ist $l = -\dfrac{2\pi}{\alpha}$. Für alle Punkte, die um ein ganzes Vielfaches von $\dfrac{2\pi}{\alpha}$ vom Anfang der Leitung entfernt liegen, gelten die gleichen Schwingungsverhältnisse, d. h. in diesen Punkten ist die gleiche Phase vorhanden.

Man bezeichnet α als Wellenlängenkonstante. Die Wellenlänge der Schwingung beträgt

$$\lambda = \frac{2\pi}{\alpha}.$$

Die Wellengeschwindigkeit v bestimmt sich aus der allgemeinen Geschwindigkeitsgleichung

$$v = \frac{l}{t} = \frac{2\pi}{\alpha} \cdot \frac{1}{T}.$$

Dabei bedeuten:

T Dauer einer Schwingung,

$\dfrac{1}{T}$ Schwingungen pro sek, Periodenzahl.

$$v = \frac{2\pi f}{\alpha} = \frac{\omega}{\alpha}.$$

Es wurden nun als charakteristische Größen für die Übertragung der Wechselströme über die Fernmeldeleitung festgestellt:

1. die Fortpflanzungskonstante

$$\gamma = \sqrt{(R + i\,\omega\,L)\,(G + i\,\omega\,C)},$$

2. die Dämpfungskonstante β,
3. die Wellenlängenkonstante α,
4. der Wellenwiderstand (Charakteristik)

$$\mathfrak{Z} = \sqrt{\frac{R + i\,\omega\,L}{G + i\,\omega\,C}}.$$

Dämpfungskonstante und Wellenlängenkonstante sind nun aus der Fortpflanzungskonstante zu berechnen.

Durch Umrechnung des Ausdruckes für γ für reelle und imaginäre Größen in getrennter Form erhält man über $\gamma = \beta + i\alpha$ unter Gleichsetzen der reellen und imaginären Bestandteile.

$$\beta = \sqrt{\frac{1}{2}\sqrt{(R^2 + \omega^2\,L^2)\,(G^2 + \omega^2\,C^2)} - \frac{1}{2}\,(\omega^2\,L\,C - R\,G)} \qquad (31)$$

$$\alpha = \sqrt{\frac{1}{2}\sqrt{(R^2 + \omega^2\,L^2)\,(G^2 + \omega^2\,C^2)} + \frac{1}{2}\,(\omega^2\,L\,C - R\,G)}.$$

Zerlegung des Ausdruckes

$$\gamma = \sqrt{(R + i\,\omega\,L)\,(G + i\,\omega\,C)}$$

in reellen und imaginären Teil:

$$\gamma = \sqrt{(R + i\,\omega\,L)\cdot(G + i\,\omega\,C)} = \sqrt{A\cdot e^{i\,\varphi_1}\cdot B\cdot e^{i\,\varphi_2}}.$$

$$A = \sqrt{R^2 + \omega^2\,L^2} \qquad \operatorname{tg} \varphi_1 = \frac{\omega\,L}{R},$$

$$B = \sqrt{G^2 + \omega^2\,C^2} \qquad \operatorname{tg} \varphi_2 = \frac{\omega\,C}{G},$$

$$\gamma = \sqrt{A\,B}\cdot e^{i\,\frac{\varphi_1+\varphi_2}{2}} = \sqrt{A\,B}\cdot \cos\frac{\varphi_1 + \varphi_2}{2} + i\,\sqrt{A\,B}\,\sin\frac{\varphi_1 + \varphi_2}{2}.$$

$$\beta = \sqrt{A\,B}\cdot\cos\frac{\varphi_1 + \varphi_2}{2}\,; \qquad \alpha = \sqrt{A\,B}\cdot\sin\frac{\varphi_1 + \varphi_2}{2}\,;$$

$$\cos\frac{\varphi_1 + \varphi_2}{2} = \sqrt{\frac{1 + \cos(\varphi_1 + \varphi_2)}{2}}\,;$$

$$\cos(\varphi_1 + \varphi_2) = \cos\varphi_1 \cos\varphi_2 - \sin\varphi_1 \sin\varphi_2;$$

$$\cos\varphi_1 = \frac{1}{\sqrt{1 + \mathrm{tg}^2\,\varphi_1}}; \qquad \sin\varphi_1 = \frac{\mathrm{tg}\,\varphi_1}{\sqrt{1 + \mathrm{tg}^2\,\varphi_1}};$$

$$\cos(\varphi_1 + \varphi_2) = \frac{1}{\sqrt{(1 + \mathrm{tg}^2\,\varphi_1)(1 + \mathrm{tg}^2\,\varphi_2)}} - \frac{\mathrm{tg}\,\varphi_1\,\mathrm{tg}\,\varphi_2}{\sqrt{(1 + \mathrm{tg}^2\,\varphi_1)(1 + \mathrm{tg}^2\,\varphi_2)}};$$

$$\cos\frac{\varphi_1 + \varphi_2}{2} = \sqrt{\frac{1 + \dfrac{1 - \mathrm{tg}\,\varphi_1\,\mathrm{tg}\,\varphi_2}{\sqrt{(1 + \mathrm{tg}^2\,\varphi_1)(1 + \mathrm{tg}^2\,\varphi_2)}}}{2}}$$

$$= \sqrt{\frac{1}{2} \cdot \frac{\sqrt{(1 + \mathrm{tg}^2\,\varphi_1)(1 + \mathrm{tg}^2\,\varphi_2)} + 1 - \mathrm{tg}\,\varphi_1\,\mathrm{tg}\,\varphi_2}{\sqrt{(1 + \mathrm{tg}^2\,\varphi_1)(1 + \mathrm{tg}^2\,\varphi_2)}}},$$

$$1 + \mathrm{tg}^2\,\varphi_1 = 1 + \frac{\omega^2 L^2}{R^2} = \frac{R^2 + \omega^2 L^2}{R^2} = \frac{A^2}{R^2},$$

$$1 + \mathrm{tg}^2\,\varphi_2 = 1 + \frac{\omega^2 C^2}{G^2} = \frac{G^2 + \omega^2 C^2}{G^2} = \frac{B^2}{G^2},$$

$$\cos\frac{\varphi_1 + \varphi_2}{2} = \sqrt{\frac{1}{2}\,\frac{\dfrac{AB}{RG} + 1 - \dfrac{\omega L}{R} \cdot \dfrac{\omega C}{G}}{\dfrac{AB}{RG}}}$$

$$= \sqrt{\frac{1}{2} \cdot \frac{AB + RG - \omega L \omega C}{AB}},$$

$$\beta = \sqrt{AB} \cdot \sqrt{\frac{1}{2} \cdot \frac{AB + RG - \omega L \omega C}{AB}}$$

$$= \sqrt{\frac{1}{2} \cdot \sqrt{(R^2 + \omega^2 L^2)(G^2 + \omega^2 C^2)} - \frac{1}{2}(\omega^2 LC - RG)}.$$

$$\sin\frac{\varphi_1 + \varphi_2}{2} = \sqrt{\frac{1 - \cos(\varphi_1 + \varphi_2)}{2}};$$

sinngemäß hieraus:

$$\sin\frac{\varphi_1 + \varphi_2}{2} = \sqrt{\frac{1}{2} \cdot \frac{AB - RG + \omega L \omega C}{AB}},$$

$$\alpha = \sqrt{A\,B} \cdot \sin\frac{\varphi_1 + \varphi_2}{2} = \sqrt{A\,B} \cdot \sqrt{\frac{1}{2} \cdot \frac{A\,B - R\,G + \omega^2 L\,C}{A\,B}}$$

$$= \sqrt{\frac{1}{2} \cdot \sqrt{(R^2 + \omega^2 L^2)(G^2 + \omega^2 C^2)} + \frac{1}{2}(\omega^2 L\,C - R\,G)}\,.$$

Der Absolutwert von $\mathfrak{Z}$ ergibt sich über

$$\mathfrak{Z} = Z \cdot e^{i\,\varphi} \quad \text{zu} \quad Z = \sqrt[4]{\frac{R^2 + \omega^2 L^2}{G^2 + \omega^2 C^2}}\,.$$

Der Einfluß der einzelnen Leitungskonstanten für verschiedene Leitungsarten auf die Größe von β, α und $\mathfrak{Z}$ ist verschieden.

Bei Leitungen mit hoher Selbstinduktion und hoher Kapazität sind die Glieder $\dfrac{R^2}{\omega^2 L^2}$ und $\dfrac{G^2}{\omega^2 C^2}$ klein gegen 1; man erhält

$$\beta = \frac{R}{2}\sqrt{\frac{C}{L}} + \frac{G}{2}\sqrt{\frac{L}{C}}\,. \tag{32}$$

$$\alpha = \omega\sqrt{L \cdot C}\,,$$

$$Z = \sqrt{\frac{L}{C}}\,. \tag{33}$$

Für Leitungen, bei welchen ωL gegenüber R vernachlässigbar klein ist (dünndrähtige Kabel, unpupinisierte oberirdische Leitungen) gilt

$$\beta = \sqrt{\frac{\omega\,C\,R}{2}}\,, \tag{34}$$

$$\alpha = \sqrt{\frac{\omega\,C\,R}{2}}\,, \tag{34a}$$

$$\mathfrak{Z} = \sqrt{\frac{R}{\omega\,C}} \cdot e^{-i\,45^\circ}\,.$$

Für die Wirtschaftlichkeit und technische Vollkommenheit der Leitungsanlage kommt es darauf an, zunächst den Wert der Dämpfung möglichst klein und unabhängig von der Frequenz zu erhalten (Vermeidung der linearen Verzerrung).

Gleichung (31) zeigt, daß die spezifische Dämpfung von der Frequenz abhängig ist. Es läßt sich jedoch durch Umformung dieser Gleichung nach den Verhältnissen $\dfrac{R}{L}$ und $\dfrac{G}{C}$ beweisen, daß die Dämpfung einer Leitung, deren Leitungskonstanten der Bedingung genügen $\dfrac{R}{L} = \dfrac{G}{C}$ von der Frequenz vollkommen unabhängig ist.

Der Beweis hierzu folgt aus nachstehenden Beziehungen:

Es werden bezeichnet

$$\frac{R}{L} = \frac{1}{x};$$

$$\frac{G}{C} = \frac{1}{y}.$$

Man erhält aus

$$\beta = \sqrt{\frac{1}{2}\sqrt{(R^2 + \omega^2 L^2)(G^2 + \omega^2 C^2)} - \frac{1}{2}(\omega^2 L C - R G)}$$

$$\beta = \sqrt{\frac{1}{2}\sqrt{\frac{L^2 C^2}{x^4}\left(\left(\frac{x}{y}\right)^2 + x^2 \omega^2\right)(1 + x^2 \omega^2)} - \frac{1}{2}\frac{L C}{x^2}\left(\omega^2 x^2 - \frac{x}{y}\right)}.$$

Für $\frac{x}{y} = 1$ ergibt sich

$$\beta = \sqrt{\frac{1}{2}\sqrt{\frac{L^2 C^2}{x^4}(1 + x^2 \omega^2)^2} - \frac{1}{2}\frac{L C}{x^2}(\omega^2 x^2 - 1)}$$

$$= \sqrt{\frac{L C}{x^2}};$$

aus $\frac{1}{x} = \frac{R}{L}$

$$\beta = R\sqrt{\frac{C}{L}};$$

aus $\frac{1}{x} = \frac{1}{y} = \frac{G}{C}$

$$\beta = G\sqrt{\frac{L}{C}};$$

aus $\frac{R}{L} = \frac{G}{C}$

$$\beta = \sqrt{R \cdot G}.$$

Diese Gleichungen zeigen, daß für $\frac{x}{y} = 1$ die Dämpfung tatsächlich von der Frequenz unabhängig wird. Die praktische Verwirklichung bedingt künstliche Erhöhung der Ableitung. Dadurch wird abhängig von den elektrischen Konstanten der Leitung die Dämpfung erhöht. Der Zusammenhang zwischen Dämpfungsverzerrung relativ zu der betrachteten oberen Grenzfrequenz und den elektrischen Konstanten und die durch frequenzunabhängige Abgleichung der Leitung notwendige Dämpfungserhöhung soll im weiteren Verlauf der Rechnung untersucht werden.

Die Dämpfungsverzerrung zwischen den Frequenzen ω_1 und ω_2 soll definiert werden zu

$$\frac{\Delta\ddot{u}\,\%}{100} = \frac{\beta\,\omega_1 - \beta\,\omega_2}{\beta\,\omega_1}$$

$$\text{für } \beta\,\omega_1 > \beta\,\omega_2.$$

Sie errechnet sich zu

$$\frac{\Delta\ddot{u}\,\%}{100} = 1 - \sqrt{\frac{\sqrt{\left(\left(\frac{x}{y}\right)^2 + x^2\,\omega_2^2\right)(1 + x^2\,\omega_2^2)} - \left(x^2\,\omega_2^2 - \frac{x}{y}\right)}{\sqrt{\left(\left(\frac{x}{y}\right)^2 + x^2\,\omega_1^2\right)(1 + x^2\,\omega_1^2)} - \left(x^2\,\omega_1^2 - \frac{x}{y}\right)}}.$$

Man bezieht zweckmäßig ω_2 auf $\omega_2 = 0$ und erhält

$$\frac{\Delta\ddot{u}\,\%}{100} = 1 - \sqrt{\frac{2\,\dfrac{x}{y}}{\sqrt{\left(\left(\frac{x}{y}\right)^2 + x^2\,\omega_1^2\right)(1 + x^2\,\omega_1^2)} - \left(x^2\,\omega_1^2 - \frac{x}{y}\right)}}.$$

Die zahlenmäßige Auswertung für einige Leitungstypen gibt folgende Ergebnisse:

	x	$\dfrac{x}{y}$	$\Delta\ddot{u}\,\%$ $\omega = 30\,000$	β $\omega = 0$
Teilnehmerkabel 0,8 mm	$0,0972\cdot10^{-4}$	$1,35\cdot10^{-4}$	96,49	0,006
Fernleitungskabel 1,7 mm unpupinisiert	$0,438\ \cdot10^{-4}$	$7,1\ \cdot10^{-4}$	94,35	0,0031
Krarupkabel 1,7 mm	$6,25\ \cdot10^{-4}$	0,0177	81,35	0,0042
Freileitung Bronze 4 mm	$6,32\ \cdot10^{-4}$	0,0494	57,60	0,00123

Man sieht, daß man insbesonders bei Kabel mit ziemlich beträchtlichen Dämpfungsverzerrungen zu ungunsten der hohen Frequenzen rechnen muß. Um nun für einen beliebigen Leitungstyp rasch für eine zugelassene Verzerrung die Größe des Verhältnisses zu finden, soll die Funktion $x = f\left(\dfrac{x}{y}\right)$ näher betrachtet werden. Durch Umformung erhält man:

$$x = \pm\,\frac{\dfrac{x}{y}\sqrt{\left(\dfrac{2}{(1-\Delta\ddot{u})^2} - 1\right)^2 - 1}}{\omega_1\sqrt{\left(\dfrac{x}{y}\right)^2 + 1 - \dfrac{2\,x}{y}\left(\dfrac{2}{(1-\Delta\ddot{u})^2} - 1\right)}}.$$

Diese Gleichung hat 4 Unendlichkeitspunkte, zwei für $\dfrac{x}{y} = \infty$

und zwei, deren Werte von $\dfrac{x}{y}$ sich aus

$$\left(\frac{x}{y}\right)^2 + 1 - 2\,\frac{x}{y}\left(\frac{2}{(1 - \varDelta\,\ddot{u})^2} - 1\right) = 0$$

bestimmen zu

$$\frac{x}{y} = \frac{2}{(1 - \varDelta\,\ddot{u})^2}\,[1 \pm \sqrt{\varDelta\,\ddot{u}\,(2 - \varDelta\,\ddot{u})}] - 1\,.$$

Für den möglichen Bereich von $\varDelta\,\ddot{u}$ zwischen 0 und 1 sind die sich ergebenden zwei Werte von $\dfrac{x}{y}$ stets reell und positiv, der eine kleiner,

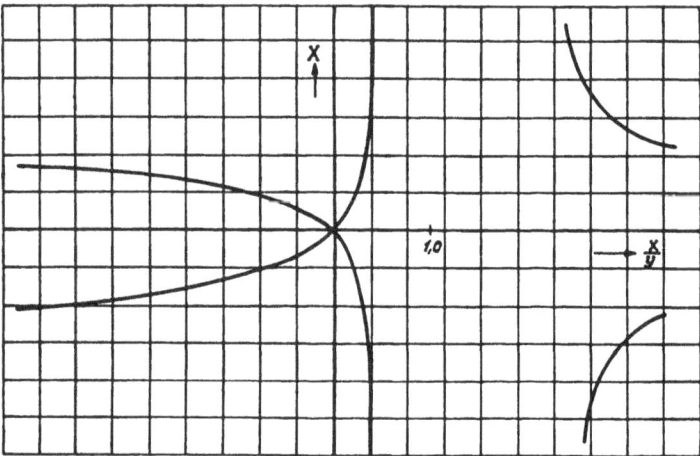

Abb. 44.

der zweite größer als 1. Für $\varDelta\,\ddot{u} = 0$ gehen die beiden Werte von $\dfrac{x}{y}$ über in $\dfrac{x}{y} = 1$, d. h. für $\dfrac{x}{y} = 1$ ist die Leitung für jeden Wert von x unabhängig von der oberen Frequenzgrenze, frequenzunabhängig.

Die kurvenmäßige Darstellung der Funktion $x = f\left(\dfrac{x}{y}\right)$ nimmt für einen bestimmten Wert von $\varDelta\,\ddot{u}$ prinzipiell folgenden Verlauf (Abb. 44). Physikalisch wichtig ist nur der Kurvenbereich für

$$0 < \frac{x}{y} < 1 \quad \text{und} \quad x > 0\,.$$

Interessant ist, daß für $\frac{x}{y} > 1$ eine gleiche Dämpfungsverzerrung
wie für einen Punkt $\frac{x}{y} < 1$ erreicht werden kann, d. h. die Angleichung
der Ableitung an eine frequenztreue Leitung für $\frac{x}{y} = 1$ bedeutet einen
von der Zunahme von $\frac{x}{y}$ abhängigen Minimumpunkt; im Gegensatz zur
frequenztreuen Anpassung eines Übertragers, wo eine erhöhte Belastung
in idealen Fällen das erstrebte Ziel nur verbessert.

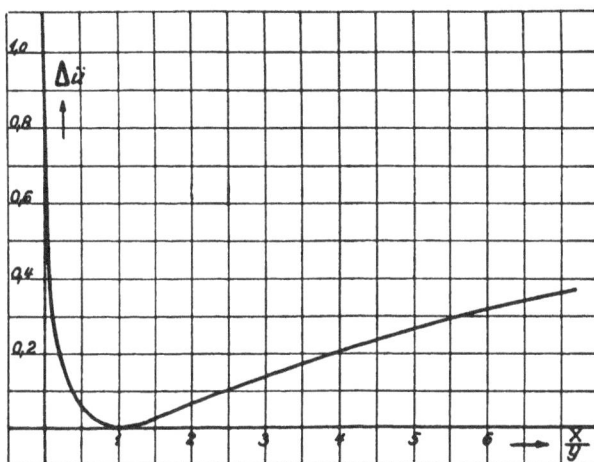

Abb. 45.

Es soll für einen bestimmten Wert von x der prinzipielle Verlauf
$\Delta \ddot{u} / \frac{x}{y}$ festgestellt werden. Es genügt für diesen Fall die Werte $\Delta \ddot{u}$ für
$x = \infty$ zu errechnen, um so mehr, als dadurch die Funktion unabhängig
von der betrachteten Frequenzgrenze wird. Der Verlauf der Funktion
ist in Abb. 45 gezeigt. Eine Erhöhung des Verhältnisses $\frac{x}{y}$ über $\frac{x}{y} = 1$
bedingt Vergrößerung von $\Delta \ddot{u}$ bis $\Delta \ddot{u} = 1$ für $\frac{x}{y} = \infty$ (Abb. 45).

Das Verhältnis $\frac{x}{y}$ bewegt sich für normale Leitungstypen um
$1{,}0 \cdot 10^{-4}$. Um nun für eine bestimmte Leitung rasch das für ihre frequenz-
treue Abgleichung bei einer zugelassenen Dämpfungsverzerrung not-
wendige Verhältnis $\frac{x}{y}$ zu finden, wurden folgende Diagramme errechnet
(Abb. 46). Der Maßstab von x ist richtig für die obere Frequenzgrenze
$\omega_1 = 10000$. Will man die Leitung für einen anderen Frequenzbereich

(obere Frequenzgrenze ω_2) gleichmäßig übertragungsfähig machen, so ist der Maßstab für x mit $\dfrac{\omega_1}{\omega_2}$ zu multiplizieren (Abb. 46).

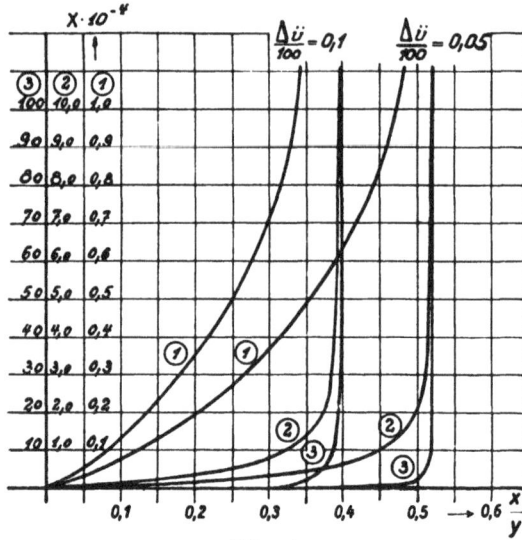

Abb. 46.

Im allgemeinen ist damit zu rechnen, daß eine Leitung, welche für $\omega = 30000$ eine Dämpfungsverzerrung zuungunsten der hohen Fre-

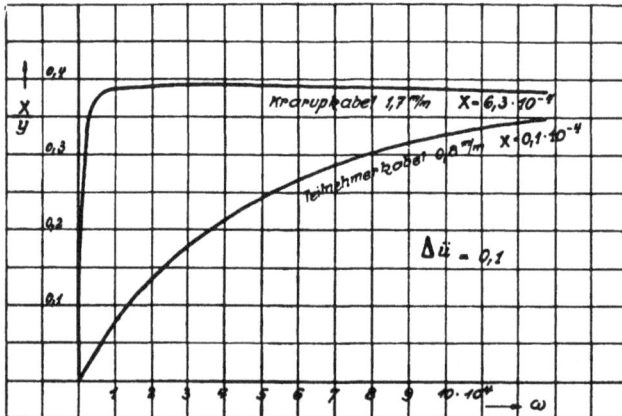

Abb. 47.

quenzen von 10% aufweist, für eine gute Übertragung noch brauchbar ist, solange Anfang und Endbelastung richtig dimensioniert sind. Wollte man demnach z.B. eine Freileitung mit $x = 6,3 \cdot 10^{-4}$ für einen derartigen Frequenzbereich vorausberechnen, so wäre nach Abb. 46 $\frac{x}{y} = 0{,}39$ zu wählen.

Für einen bestimmten Wert von x und $\varDelta\,\ddot{u}$ ergibt sich dann folgende Abhängigkeit von $\frac{x}{y}$ von der oberen Frequenzgrenze (Abb. 47).

Für verhältnismäßig hohe Werte von x, wie sie das Krarupkabel aufweist, ist die Anpassung im praktischen Bereich der oberen Frequenzgrenze für eine bestimmte Dämpfungsverzerrung von der oberen Frequenzgrenze unabhängig; für kleine Werte von x (Teilnehmerkabel) zeigt sich eine ausgesprochene Abhängigkeit. Andererseits kann für eine bestimmte Anpassungsfrequenz für kleine Werte von x das Verhältnis $\frac{x}{y}$ niedriger gehalten werden als für größere Werte von x.

Die entsprechend dieser Betrachtungen vorgenommene verzerrungsfreie Abgleichung einer Leitung vergrößert ihre Dämpfung. Das Maß der Dämpfungserhöhung für eine bestimmte Frequenz errechnet sich zu

$$\frac{\beta_1}{\beta_2} = \sqrt{\frac{\sqrt{\left(\left(\frac{x}{y}\right)_1^2 + x^2\,\omega^2\right)(1 + x^2\,\omega^2) - \left(\omega^2\,x^2 - \left(\frac{x}{y}\right)_1\right)}}{\sqrt{\left(\left(\frac{x}{y}\right)_2^2 + x^2\,\omega^2\right)(1 + x^2\,\omega^2) - \left(\omega^2\,x^2 - \left(\frac{x}{y}\right)_2\right)}}}.$$

Zur leichteren Übersicht und mit Rücksicht darauf, daß einerseits bei frequenztreuer Abgleichung die Abweichung der Dämpfung der betrachteten Frequenz und $\omega = 0$ höchstens 10% betragen, andererseits bei der Höhe der betrachteten Frequenzgrenze der Unterschied der Dämpfung für $\omega = 5000$ und $\omega = 0$ verhältnismäßig kaum ins Gewicht fällt, werden die Dämpfungserhöhungen auf $\omega = 0$ bezogen. Die für das Gedankenmaß maßgebende Dämpfungserhöhung zwischen $\omega = 5000$ für die normale Leitung und ω_{gr} für die abgeglichene Leitung werden dann um ein kleines geringer, was jedoch bei der Größe der Dämpfungserhöhungen kaum in Betracht kommen dürfte. Man erhält für $\omega = 0$

$$\frac{\beta_1}{\beta_2} = \sqrt{\frac{\left(\frac{x}{y}\right)_1}{\left(\frac{x}{y}\right)_2}}. \tag{35}$$

Die Dämpfungserhöhung ist demnach abhängig von dem Verhältnis $\frac{x}{y}$, welches die Leitung auf Grund ihrer normalen elektrischen Eigenschaften besitzt. Für einzelne Leitungstypen gerechnet ergeben sich folgende Werte:

Leitung	R Ω	L Hy	C $10^{-6}\,F$	G $10^{-6}\,S$	x 10^{-4}
Teilnehmerkabel 0,8 mm.............	72	0,0007	0,036	0,5	0,097
Fernleitungskabel 1,7 mm, unpupinisiert	16	0,0007	0,037	0,6	0,438
Krarupkabel 1,7 mm	16	0,01	0,039	1,1	6,25
Freileitung Bronze 4,0 mm	3	0,0019	0,0064	0,5	6,32

Diese Zahlenauswertung bestätigt die obigen Ergebnisse insofern, als für Leitungen mit hohem Wert von x auch der Faktor der Dämpfungserhöhung von der oberen Frequenzgrenze unabhängig wird.

Für die Auswahl einer Leitung für eine möglichst frequenztreue Übertragung sind aus vorstehenden Ergebnissen folgende Folgerungen zu ziehen:

1. Leitungen mit geringem Wert von $x = \dfrac{L}{R}$ sind als hochwertige Übertragungsleitungen ungeeignet.

2. Von Leitungen mit gleichem Wert von x ist jene vorzuziehen, welche den höheren Wert von $\dfrac{x}{y} = \dfrac{L \cdot G}{R \cdot C}$ besitzt; dies bedingt bei gleichen von ω unabhängigen Widerstandsgrößen hohe Selbstinduktion bei kleiner Kapazität. Bei gegebener Kabelkapazität führt diese Forderung zur künstlichen kontinuierlichen Erhöhung der Selbstinduktion, dem Krarupkabel. Für die Freileitung sind die beiden obigen Forderungen am besten erfüllt.

Es soll an einem Zahlenbeispiel die frequenzunabhängige Abgleichung eines Krarupkabels für $\Delta\,\ddot{u} = 0,1$ für $\omega = 30000$ gerechnet werden. Nach obigen Werten ist $x = 6,25 \cdot 10^{-4}$

$$\left(\frac{x}{y}\right)_1 = 0,0177$$

$$G_1 = 1,1 \cdot 10^{-6}\,S.$$

Für $\Delta\,\ddot{u} = 0,1$ für $\omega = 30000$ ist $\left(\dfrac{x}{y}\right)_2 = 0,39$.

Damit errechnet sich die Zunahme der Ableitung zu

$$\frac{G_1}{G_2} = \frac{y_2}{y_1},$$

$\dfrac{x}{y}$	$\Delta \ddot{u}\,\%$ $\omega=30000$	β_1 $\omega=0$	β $\omega=5000$	β $\omega=0$ $\Delta\ddot{u}=0$	Dämpfungserhöhung					
					$\omega=10000$			$\omega=30000$		
					$\Delta\ddot{u}$ $=0$	$\Delta\ddot{u}$ $=0,05$	$\Delta\ddot{u}$ $=0,1$	$\Delta\ddot{u}$ $=0$	$\Delta\ddot{u}$ $=0,05$	$\Delta\ddot{u}$ $=0,1$
$35\cdot10^{-4}$	96,49	0,006	0,075	0,516	86,0	30,3	24,8	86,0	43,3	36,3
$1\cdot10^{-4}$	94,35	0,0031	0,0345	0,116	37,5	22,5	19,5	37,5	25,9	22,2
0177	81,35	0,0042	0,019	0,0315	7,5	5,45	4,74	7,5	5,45	4,74
0494	57,60	0,00123	0,00314	0,0055	4,5	3,26	2,83	4,5	3,26	2,83

$$G_2 = G_1 \cdot \frac{y_1}{y_2} = G_1 \cdot \frac{\left(\dfrac{x}{y}\right)_2}{\left(\dfrac{x}{y}\right)_1} = G_1 \cdot \frac{0,39}{0,0177} = G_1 \cdot 22,0 = 24,2 \cdot 10^{-6}\,S.$$

Dies bedeutet eine Zusatzableitung von $23,1 \cdot 10^{-6}\,S$. Der kilometrische Ableitungswiderstand erniedrigt sich von $\dfrac{1}{G_1} = 910000$ Ohm/km auf $\dfrac{1}{G_2} = 41400$ Ohm/km.

Für Anzapfstellen pro 4 km errechnet sich der parallel zu schaltende Widerstand zu

$$10830 \sim 11000 \text{ Ohm}.$$

Die Dämpfung der nicht abgeglichenen Leitung beträgt für $\omega = 0$

$$\beta = 0,0042;$$

jene der abgeglichenen Leitung für die gleiche Frequenz ist

$$\beta = 0,0199;$$

für die obere Frequenzgrenze von $\omega = 30000$ errechnet sich entsprechend der zulässigen Dämpfungsverzerrung von $\Delta\ddot{u} = 0,1$ ein Dämpfungswert von $\beta = 0,0221$.

Diese Betrachtungen lassen erkennen, daß es physikalisch möglich ist, den Verlauf der spezifischen Dämpfung einer Fernmeldeleitung frequenzunabhängig zu gestalten. Notwendig ist hierzu eine möglichst kontinuierliche Erhöhung der Ableitung der Leitung. Neben großen bau- und betriebstechnischen Nachteilen hat dieses Verfahren eine weitgehende Dämpfungserhöhung zur Folge. Diese beiden Ursachen haben eine praktische Anwendung des physikalischen Ergebnisses verhindert, um so mehr als eine frequenzunabhängige Dimensionierung eines Übertragungskreises mit anderen Mitteln einfacher erzielt werden kann. Allgemein erkennen wir jedoch wiederum das Grundgesetz frequenzunab-

hängiger Übertragungsschaltungen: die Forderung nach hohem Energieaufwand.

Für Leitungen mit großer Selbstinduktion erscheinen die charak-
teristischen Größen β und Z an sich bereits von der Frequenz unabhängig (Gleichung (32) und (33)). Es ist jedoch festzustellen, daß dies
nur für ein ganz beschränktes Frequenzband in roher Annäherung
gültig ist.

Am Anfang der Betrachtungen wurde das Ziel gesetzt, das Dämpfungsmaß möglichst zu verkleinern. Aus Gleichung (32)

$$\beta = \frac{R}{2} \sqrt{\frac{C}{L}} + \frac{G}{2} \sqrt{\frac{L}{C}} \tag{32}$$

ist zu erkennen, daß die Größe β unter sonst gleichen Verhältnissen um
so kleiner ist, je größer L wird, solange die Ableitung kleine Werte besitzt. Hierauf sind Verfahren zur Verringerung der Dämpfung begründet,
welche unter dem Sammelbegriff

Leitungen mit erhöhter Induktivität

zusammengefaßt werden.

a) Verfahren nach Krarup.

Die Kupferleiter eines Kabels werden mit einer bis drei Lagen
feinen Eisendrahtes von 0,2 bis 0,3 mm Durchmesser bewickelt, um die
Induktivität der Leitung gleichmäßig über die ganze Länge zu erhöhen.

Die Dämpfungskonstante β wird dabei auf ungefähr $^1/_2$ bis $^1/_3$ des
Wertes ohne Umspinnung verringert. Derartige Kabel werden für
größere Anlagen im allgemeinen nicht verwendet, da sie für große Längen
zu teuer werden; in der Hauptsache werden Krarupkabel angeordnet
für Einführung von oberirdischen Fernleitungen in Städte auf unterirdischem Wege, wenn es sich darum handelt, geringe Dämpfung der
Einführungsleitung bei möglichster Angleichung des Wellenwiderstandes
der Kabelleitung an jenen der oberirdischen Leitungen zu erreichen.

Der Vorteil ihrer Verwendungsfähigkeit besteht darin, daß sie
homogene Leitungskonstante gewährleisten und einen Eingriff in den
gleichförmigen Verlauf der Kabelanlage vermeiden. In der Seekabel-
technik wurde aus diesem Grunde bis vor kurzem in weitgehendem Um-
fang von Krarupkabeln Gebrauch gemacht.

b) Das Verfahren nach Pupin besteht darin, daß die Induktivität
punktweise in bestimmten Abständen über die Leitung verteilt wird. Es
werden Selbstinduktionsspulen (Pupinspulen) in die Leitung geschaltet,
in welchen die der Theorie nach erforderliche Selbstinduktivität für das
dazwischenliegende Kabelstück zusammengefaßt ist.

Die Schaltung der Pupinspulen in der Leitung erfolgt entsprechend

Abb. 48; s bedeutet dabei den Spulenabstand in km, sofern C als kilometrischer Wert angegeben ist.

Es läßt sich aus dieser Schaltung erkennen, daß damit die Vorbedingungen gegeben sind für das Auftreten einer Grenzfrequenz. Aus der Theorie der Kettenleiter[1]) läßt sich beweisen, daß bei Drosselketten für Frequenzen, welche oberhalb dieser Grenzfrequenz liegen, eine Übertragung nicht mehr stattfinden kann; d. h. die Dämpfung für diese

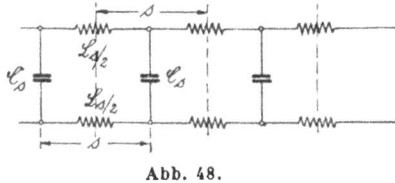

Abb. 48.

Frequenzen werden theoretisch unendlich groß, bzw. das Leistungsübersetzungsverhältnis $= 0$.

Man bezeichnet die Grenzfrequenz mit dem Symbol ω_0 bzw. f_0. Nach der oben aufgestellten Gleichung (10) bestimmt sich

$$\omega_0 = \sqrt{\frac{1}{LC}}.$$

---

[1]) Bei Kettenleitern unterscheidet man in der Hauptsache Drosselketten mit einer Frequenzdurchlässigkeit unterhalb der Greuzfrequenz; Kondensatorketten mit einer solchen oberhalb der Grenzfrequenz; Siebketten mit kapazitiver oder induktiver Kopplung mit einer Frequenzdurchlässigkeit zwischen zwei Grenzfrequenzen in beliebiger Bandbreite. Abb. 48a zeigt einige Beispiele von Kettenleitern.

Arten von Kettenleitern	Resonanzfrequenz	obere Grenzfrequenz	untere Grenzfrequenz	Breite des Durchlässigkeitsbereiches
eingliedrige Drosselkette	$\sqrt{\dfrac{2}{L\cdot C}}$	$\dfrac{2}{\sqrt{LC}}$		
eingliedrige Kondensatorkette	$\sqrt{\dfrac{2}{L\cdot K}}$		$\dfrac{1}{\sqrt{L\cdot K}}$	
eingliedrige Siebkette mit kapozitiver Kopplung	$\sqrt{\dfrac{\frac{C}{K}+2}{L\cdot C}}$	$\sqrt{\dfrac{\frac{C}{K}+4}{L\cdot C}}$	$\dfrac{1}{\sqrt{L\cdot K}}$	$\dfrac{1}{\sqrt{L\cdot K}}\left[\sqrt{1+4\cdot\frac{K}{C}}-1\right]$
eingliedrige Siebkette mit induktiver Kopplung	$\sqrt{\dfrac{\frac{L}{M}+1}{L\cdot C}}$	$\sqrt{\dfrac{\frac{L}{M}+2}{L\cdot C}}$	$\dfrac{1}{\sqrt{M\cdot C}}$	$\dfrac{1}{\sqrt{M\cdot C}}\left[\sqrt{1+2\cdot\frac{M}{L}}-1\right]$

Abb. 48 a.

Im vorliegenden Fall sind nun die Größen L und C auf die entsprechenden Werte der Leitung zu beziehen.

Die Kapazität zwischen den Spulen verteilt sich auf zwei Pupinglieder; für ein Pupinglied ist deshalb die Hälfte anzusetzen:

$$\frac{C \cdot s}{2}$$

(C Kapazität/km, s Spulenabstand km).

Im Schwingungskreis sind die beiden Kapazitäten hintereinandergeschaltet; wir erhalten als wirksamen Wert $\frac{C \cdot s}{4}$. Die Selbstinduktion L_s bezieht sich auf die beiden Wicklungen der Spule. Damit ist

$$\omega_0 = \frac{1}{\sqrt{L_s \cdot \dfrac{C \cdot s}{4}}} = \frac{2}{\sqrt{L_s \cdot C \cdot s}}$$

und der Wellenwiderstand aus dem auf 1 km bezogenen Selbstinduktionswert

$$Z = \sqrt{\frac{\dfrac{L_s}{s}}{C}} = \sqrt{\frac{L_s}{C \cdot s}}.$$

Für die Planung einer Kabelanlage genügen diese Formeln nur dem prinzipiellen Verhalten nach; es kommen neben den wirksamen elektrischen Werten in Betracht die Kapazität der Spulenhälften C_s, die Eigeninduktivität der Leitung, Wirk- und Verlustwiderstand der Spulen usw.

Aus dem Verhalten der Pupinleitung als Kettenleiter geht nun ohne weiteres hervor, daß die oben angegebenen Gleichungen für β und Z (Gleichung (32) und (33)) nur für eine Frequenz richtig sein können, daß also die ursprünglich angenommene Frequenzunabhängigkeit der Größen β und Z nicht zutrifft.

Man bezeichnet die nach obigen Formeln berechneten Werte als sog. Nullwerte und bringt zur Berücksichtigung des zur Übertragung gelangenden Frequenzbandes Korrektionen an.

Unter Benützung der Entwicklung nach H. F. Mayer[1]) ist

$$\beta = \frac{\beta_0}{\sqrt{1 - \left(\dfrac{\omega}{\omega_0}\right)^2}},$$

---

[1]) H. F. Mayer, „Das Dämpfungsmaß der Pupinleitung". Telegraphen- und Fernsprech-Technik 1927, Nr. 6.

wobei β_0 gegeben ist zu

$$\beta_0 = \frac{R}{2}\sqrt{\frac{C}{L}} + \frac{G}{2}\sqrt{\frac{L}{C}}.$$

Die elektrischen Widerstandsgrößen beziehen sich dabei auf jene der Leitung einschließlich jener auf die kilometrische Einheit bezogenen Werte der Spulen. Für Selbstinduktion, Kapazität und Ableitung gelten dabei die allgemeinen Beziehungen

$$A = A_{\text{Leitung}} + \frac{A_{\text{Spule}}}{s}.$$

Für den Widerstand gilt als Ersatzwert

$$R = R_{\text{Leitung}}\left(1 - \frac{2}{3}\left(\frac{\omega}{\omega_0}\right)^2\right) + \frac{R_{\text{Spule}}}{s}.$$

Die Grenzfrequenz berechnet sich hiernach zu

$$\omega_0 = \frac{2}{s\cdot\sqrt{L\cdot C}}.$$

Der ungefähre Wert des Wellenwiderstandes Z_0 wird

$$Z_0 = \sqrt{\frac{L}{C}}.$$

Die spezifische angenäherte Dämpfung β wird auf das Spulenfeld erstreckt zu $b_o = \beta\cdot s$.

Zur Ermittlung des Korrektionsfaktors k berechnet man das Argument $x = \dfrac{\omega}{\omega_0\cdot b_0}$ und damit $k = \left[\dfrac{2x}{x + \sqrt{1 + x^2}}\right]^{1/2}$.

Die korrigierte Dämpfung des Spulenfeldes b erhält man zu $b = k\cdot b_0$; die korrigierte spezifische Dämpfung β_k wird

$$\beta_k = \frac{b}{s}.$$

Für den Wellenwiderstand gelten die Beziehungen

$$Z\cdot\cos\varphi = \frac{Z_0}{k}\cdot\frac{1}{\sqrt{1 - \left(\dfrac{\omega}{\omega_0}\right)^2}},$$

$$Z\cdot\sin\varphi = -\frac{b\cdot Z_0}{2}\cdot\frac{1}{\dfrac{\omega}{\omega_0}\cdot\left(1 - \left(\dfrac{\omega}{\omega_0}\right)^2\right)},$$

wobei der Zusammenhang besteht

$$\mathfrak{Z} = Z \cdot e^{i\tau} = Z \cos \varphi + i Z \sin \varphi.$$

Der Geltungsbereich dieser Formeln nach H. F. Mayer erstreckt sich über ein Frequenzband von den tiefen Frequenzen bis zur Grenzfrequenz.

Es soll außerdem für β eine andere Näherungsformel angegeben werden, welche den Einfluß der Frequenzabhängigkeit innerhalb des Geltungsbereiches der Gleichung (32) kennzeichnet[1]).

wobei

$$\beta = \left(\frac{R}{2} \sqrt{\frac{C}{L}} + \frac{G}{2} \sqrt{\frac{L}{C}} \right) \left(1 - \frac{a^2}{8\,\omega^2} \right),$$

$$a = \frac{R}{L} - \frac{G}{C}.$$

Nach Prof. Pleijel[2]) lautet die Formel für β einer bestimmten Frequenz ω

$$\beta_\omega = \left[\frac{R \cdot \left(1 - \frac{2}{3} \eta^2 \right) + \frac{R_0}{s}}{2} \sqrt{\frac{C + \frac{C_0}{s}}{L + \frac{L_0}{s}}} + \frac{\frac{A \cdot \omega}{5000}}{2} \cdot \sqrt{\frac{L + \frac{L_0}{s}}{C + \frac{C_0}{s}}} \right] \cdot \frac{1}{\sqrt{1 - \eta^2}};$$

R = Gleichstromwiderstand/km der Kabelschleife,

R_0 = Wirkwiderstand der Spule bei ω,

C = Betriebskapazität/km,

C_0 = Kapazität der Spule,

L_0 = Induktivität der Spule,

L = Induktivität des Kabels/km,

A = Ableitung/km in S, gemessen bei $\omega = 5000$,

$\eta = \dfrac{\omega}{\omega_0}$; ω_0 Grenzfrequenz,

s = Spulenfeldlänge in km,

$R \left(1 - \dfrac{2}{3} \eta^2 \right)$ = Widerstand der Leitung ohne Spulen für $\omega < \omega_0$.

An dieser Stelle soll noch ein Beispiel zur Berechnung einer oberirdischen Fernmeldeleitung durchgeführt werden.

---

[1]) K. W. Wagner, „Das Fernsprechen auf weite Entfernung", a. a. O.
[2]) M. H. Pleijel, Compl. rend. 1910, Bd. 4. Quelle nach H. F. Mayer, a. a. O.

Berechnung einer 3 mm starken Bronzeleitung.

Die Leitungskonstanten sind gegeben zu

$$R = 5,5 \text{ Ohm/km},$$
$$L = 0,002 \text{ H/km},$$
$$C = 0,0060 \cdot 10^{-6} \text{ F/km},$$
$$G = 0,5 \cdot 10^{-6} \text{ S/km}.$$

Entsprechend den besprochenen physikalischen Eigenschaften der menschlichen Sprache, wonach der Hauptenergie-Inhalt bei einer Frequenz von $f = 800$ bzw. $\omega = 5000$ vorhanden ist und bei der zu erwartenden Frequenzabhängigkeit der oberirdischen Leitung genügt es, die Rechnung für diese Frequenz durchzuführen. Die Leitungskonstanten sind für diese Frequenz gegeben. Fortpflanzungskonstante:

$$\gamma = \sqrt{(R + i\omega L)(G + i\omega C)}$$
$$= \sqrt{(5,5 + i \cdot 5000 \cdot 0,002)(0,5 \cdot 10^{-6} + i \cdot 5000 \cdot 0,006 \cdot 10^{-6})}$$
$$= 10^{-3} \sqrt{(5,5 + i \cdot 10,0)(0,5 + i \cdot 30,0)}.$$

Die beiden Klammerausdrücke werden in komplexer Form dargestellt:

$$\gamma = 10^{-3} \sqrt{\varrho_1 \cdot e^{i\varphi_1} \cdot \varrho_2 \cdot e^{i\varphi_2}}$$

$$\varrho_1 = \sqrt{5,5^2 + 10^2} = 11,41$$

$$\text{tg } \varphi_1 = \frac{10}{5,5} = 1,818; \quad \varphi_1 = 61^0\,11',$$

$$\varrho_2 = \sqrt{0,5^2 + 30^2} = 30,$$

$$\text{tg } \varphi_2 = \frac{30}{0,5} = 60,0; \quad \varphi_2 = 89^0\,2',$$

$$\gamma = 10^{-3} \sqrt{11,41 \cdot e^{i\,61^0\,11'} \cdot 30 \cdot e^{i\,89^0\,2'}},$$
$$= 10^{-3} \sqrt{342,3 \cdot e^{i\,150^0\,13'}},$$
$$= 0,0185 \cdot e^{i\,75^0\,7'},$$

$$\gamma = \beta + i\alpha = 0,0185 \cdot \cos 75^0\,7' + 0,0185 \cdot \sin 75^0\,7',$$
$$= 0,0048 + i \cdot 0,018.$$

$\beta = 0,0048$ Dämpfungskonstante,

$\alpha = 0,018$ Wellenlängenkonstante,

Wellenlänge $\lambda = \dfrac{2\pi}{\alpha} = \dfrac{2\pi}{0,018} = 349$ km,

Wellengeschwindigkeit $v = \dfrac{\omega}{\alpha} = \dfrac{5000}{0,018} = 278\,000$ km/sek,

d. h. nach rund 350 km ist die Phasenverschiebung zwischen Anfangs-
und Endspannung 360°, es herrscht der gleiche Schwingungszustand.

Eine Schwingung von der Frequenz $\omega = 5000$ verläuft mit einer
Geschwindigkeit von 278000 km/sek über die Leitung.

Die Reichweite der Leitung ist $l = \dfrac{1,5}{0,0048} = 310$ km; für eine Länge
von 120 km beträgt die Dämpfung

$$n = 0,58 \text{ Neper,}$$

d. h. es ist sehr gute Verständigung gewährleistet.

Der Wellenwiderstand für $\omega = 5000$ ergibt sich zu

$$\mathfrak{Z} = \sqrt{\frac{R + i\,\omega\,L}{G + i\,\omega\,C}} = \sqrt{\frac{\varrho_1 \cdot e^{i\,\varphi_1}}{\varrho_2 \cdot 10^{-6} \cdot e^{i\,\varphi_2}}} = \sqrt{\frac{11{,}41 \cdot e^{i\,61°\,11'}}{30{,}0 \cdot 10^{-6} \cdot e^{i\,89°\,2'}}}$$

$$= \frac{1}{10^{-3}} \cdot \sqrt{0{,}38 \cdot e^{-i\,27°\,51'}}$$

$$= \frac{1}{10^{-3}} \cdot 0{,}616 \cdot e^{-i\,13°\,56'}$$

$$= 616 \cdot e^{-i\,13°\,56'}.$$

Der negative Phasenverschiebungswinkel zeigt an, daß die Kapazität den vorherrschenden Einfluß auf die Richtung des Wellenwiderstandes ausübt.

Bisher wurden jene Rechnungsweisen behandelt, welche notwendig
sind, eine neu zu verlegende Leitung vorauszudimensionieren; es erübrigt sich nun die Besprechung der Untersuchungen zur Prüfung und
Messung von verlegten Leitungen. Zu den hier verwendeten Meßeinrichtungen zählen die Wechselstrommeßbrücke und die Franksche Maschine[1]).

Die Franksche Maschine ist ein Wechselstrominduktionsgenerator
mit zwei eisenfreien Ankern, die beide zwei gleichartige Wicklungen
enthalten, in welchen der Wechselstrom erzeugt wird. Die Anker sind
ruhend angeordnet; ein gemeinsames rotierendes Magnetfeld gibt der
Maschine die Eigenschaft von zwei achsial gekuppelten und daher syn-
chron verlaufenden Generatoren, welche zwangsweise die gleiche Frequenz erzeugen.

Der eine Anker (Phasenanker) kann um meßbare Winkel um die
Achse gedreht werden, so daß durch die Messung dieser Winkel die
Phasenverschiebungen der beiden EMK zueinander bestimmt werden
können. Außerdem ist es möglich, die Amplitude des anderen Ankers
(Amplitudenanker) dadurch zu verändern, daß das rotierende Magnet-

---

[1]) A. Ebeling, „Wechselstrommaschine für Messungen mit Sprechfrequenz-
strömen nach Ad. Franke". ETZ 1923, H. 16.

feld um einen meßbaren Betrag die Ankerwicklung mehr oder minder schließt (Herausheben des Ankers aus dem Magnetfeld).

Man kann also das Verhältnis der Amplituden und die Phasenverschiebung der beiden EMK innerhalb ziemlich weiter Grenzen meßbar bestimmen. Außerdem ist es möglich, durch Veränderung der Drehzahl die Frequenz des Wechselstromes zu verändern und mit Hilfe eines Frequenzzeigers zu messen.

Die Maschine weist folgendes Schaltschema auf (Abb. 49):

Es soll der komplexe Widerstand $\Re$ bestimmt werden. Zwischen den Klemmen S_1 und S_2 des Phasenankers und dem Widerstand $\Re$ sind zwei gleiche Vorschaltwiderstände von der Größe $w = \varrho + r$ vorgeschaltet.

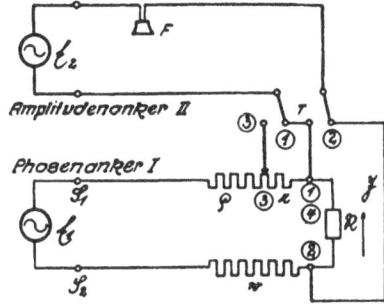

Abb. 49.

Die Methode der Messung beruht darauf, daß man die Spannung an den Klemmen 1, 2 des unbekannten Widerstandes $\Re$ mit der Spannung zwischen den Klemmen 3, 4 des bekannten Widerstandes r vergleicht.

$\mathfrak{V}_{12}$ = Spannung zwischen den Klemmen 1, 2,

$\mathfrak{V}_{34}$ = Spannung zwischen den Klemmen 3, 4,

$\mathfrak{J}$ = Strom durch Widerstand $\Re$.

Man legt den Schalter T auf Stellung 1, 2 und verändert Phase des Ankers I und Amplitude des Ankers II solange, bis der Fernhörer zum Schweigen kommt. Dann ist die Spannungsdifferenz zwischen den Klemmen 1, 2 gleich der EMK des Ankers II, da der Kreis II stromlos ist, d. h.

$$\mathfrak{V}_{12} = \mathfrak{E}_2 = \Re \cdot \mathfrak{J}.$$

Das Amplitudenverhältnis sei dabei a und die Phasenverschiebung gleich α_1, d. h.

$$\mathfrak{E}_2 = a \cdot \mathfrak{E}_1 = a \cdot E_1 \cdot e^{i\alpha_1}$$

oder

$$\Re \mathfrak{J} = a \cdot E_1 \cdot e^{i\alpha_1}.$$

Man legt nun Schalter T auf Stellung 3, 4 um; behält jedoch die Stellung des Amplitudenankers bei. Nun werden Widerstand r und die Phase des Phasenankers solange verändert, bis der Fernhörer wiederum zum Schweigen kommt. Dabei muß immer $w = \varrho + r$ bleiben, damit der Stromkreis des unteren Ankers nicht verändert wird.

Es ist nun entsprechend den obigen Ausführungen

$$\mathfrak{E}_2 = \mathfrak{V}_{34} = r \cdot \mathfrak{J},$$

d. h. bei gleicher Stellung des Amplitudenankers

$$a \cdot \mathfrak{E}_1 = r \cdot \mathfrak{J}.$$

Der Phasenwinkel wurde geändert nach α_2,
d. h.

$$a \cdot E_1 \cdot e^{i \alpha_2} = r \cdot \mathfrak{J}.$$

Die beiden Gleichungen

$$\mathfrak{R} \mathfrak{J} = a \cdot E_1 \cdot e^{i \alpha_1}$$

und

$$r \cdot \mathfrak{J} = a \cdot E_1 \cdot e^{i \alpha_2}$$

werden dividiert. Man erhält

$$\frac{\mathfrak{R}}{r} = e^{i(\alpha_1 - \alpha_2)}$$

und

$$\mathfrak{R} = r \cdot e^{i \varphi}; \quad \varphi = \alpha_1 - \alpha_2.$$

Diese Methode kann nun dazu verwendet werden, die Dämpfungskonstante, Wellenlängenkonstante und Wellenwiderstand an verlegten
Leitungen zu bestimmen.

Wir messen Leerlauf- und Kurzschlußwiderstand der Leitung:

$$\mathfrak{U}_1 = r_1 \cdot e^{i \varphi_1} = \mathfrak{Z} \cdot \mathfrak{Cotang} \, \gamma \, l,$$

$$\mathfrak{U}_2 = r_2 \cdot e^{i \varphi_2} = \mathfrak{Z} \cdot \mathfrak{Tang} \, \gamma \, l.$$

Wir dividieren

$$\frac{\mathfrak{U}_2}{\mathfrak{U}_1} = \frac{r_2}{r_1} \cdot e^{i(\varphi_2 - \varphi_1)} = \vartheta^2 = \mathfrak{Tang}^2 \, \gamma \, l.$$

Hieraus erhält man

$$\vartheta = \sqrt{\frac{\mathfrak{U}_2}{\mathfrak{U}_1}} = \sqrt{\frac{r_2}{r_1}} \cdot e^{i \frac{\varphi_2 - \varphi_1}{2}} = \mathfrak{Tang} \, \gamma \, l;$$

$$\mathfrak{Tang} \, \gamma \, l = \frac{e^{\gamma l} - e^{-\gamma l}}{e^{\gamma l} + e^{-\gamma l}} = \vartheta;$$

$$e^{\gamma l} = \sqrt{\frac{1 + \vartheta}{1 - \vartheta}}.$$

Hieraus

$$\gamma \, l \cdot \log e = \frac{1}{2} \log \frac{1 + \vartheta}{1 - \vartheta}.$$

$$\gamma l = \frac{1}{2 \log e} \cdot \log \frac{1 + \vartheta}{1 - \vartheta}$$

$$= \beta l + i \alpha l. \qquad\qquad \log e = 0{,}4343.$$

Der Wellenwiderstand $\mathfrak{Z}$ ergibt sich aus:

$$\mathfrak{Z} = \sqrt{\mathfrak{U}_1 \cdot \mathfrak{U}_2} = \sqrt{r_1 \cdot r_2 \cdot e^{i(\varphi_1 + \varphi_2)}}$$

$$= \sqrt{r_1 \cdot r_2} \cdot e^{i \frac{\varphi_1 + \varphi_2}{2}}.$$

Aus Fortpflanzungskonstante und Wellenwiderstand lassen sich nun die kilometrischen Werte der elektrischen Leitungskonstanten für die Meßfrequenz errechnen.

Bestimmung von R, L, G und C:

$$\gamma = \sqrt{(R + i \omega L)(G + i \omega C)},$$

$$\mathfrak{Z} = \sqrt{\frac{R + i \omega L}{G + i \omega C}}.$$

$$\frac{\gamma}{\mathfrak{Z}} = G + i \omega C$$

$$\gamma \mathfrak{Z} = R + i \omega L.$$

Aus der Definition der gerichteten Größen, wonach in einer Gleichung die reellen und die imaginären Teile auf beiden Seiten gleich groß sind, ergibt sich für die Meßfrequenz die Bestimmung der Leitungskonstanten. Hinsichtlich der Bestimmung von αl ist folgendes zu bemerken: Man erhält bei Durchrechnung für γl die Form:

$$\gamma l = \frac{1}{2 \log e} \cdot \log (p \cdot e^{-i \varphi^0}).$$

Hieraus:

$$\gamma l = \frac{1}{2 \log e} \cdot (\log p - i \varphi^0 \cdot \log e)$$

$$= \frac{\log p}{2 \cdot \log e} - i \cdot \frac{\varphi^0}{2}$$

$$\beta l = \frac{\log p}{2 \log e}; \qquad \alpha l = -\frac{\varphi^0}{2} = -\frac{\hat{\varphi}}{2}.$$

φ^0 ist dabei in das Bogenmaß $\hat{\varphi}$ umzurechnen. αl ist um die Länge 2π unbestimmt. Mit Hilfe der Formel für die Wellenlängenkonstante der betreffenden Leitungsart und den Richtwerten der elektrischen Widerstände läßt sich der annähernde Wert für α bestimmen. Man suche dann jenes Vielfache x von 2π, welches mit dem oben aus γl errech-

neten Wert von αl die größte Annäherung an den mit Richtwerten bestimmten Wert von $\boxed{\alpha\, l}$ ergibt. Die dann im allgemeinen Fall um ein
kleines von letzterem Wert abweichende Größe sei mit $a\, l$ bezeichnet.
Demnach

$$a\, l = \alpha\, l + x \cdot 2\,\pi$$

und

$$\alpha = \frac{\alpha\, l}{l}.$$

Ein Beispiel soll diese Rechnungsart näher erläutern.

An einer Leitung von 322,55 km Länge wurden folgende Werte für
Leerlauf- und Kurzschlußwiderstand gemessen:

$$\mathfrak{U}_1 = 814 \cdot e^{-i\,5^{\circ}45'},$$

$$\mathfrak{U}_2 = 638 \cdot e^{-i\,16^{\circ}19'}.$$

Der Wellenwiderstand ergibt sich zu

$$\mathfrak{Z}' = \sqrt{\mathfrak{U}_1\,\mathfrak{U}_2} = 722 \cdot e^{-i\,11^{\circ}2'}.$$

Außerdem ist

$$\mathfrak{Tang}\,\gamma\,l = \vartheta = \sqrt{\frac{\mathfrak{U}_2}{\mathfrak{U}_1}} = 0{,}886 \cdot e^{-i\,5^{\circ}17'},$$

$$\gamma\,l = \beta\,l + i\,\alpha\,l\,;$$

$$= \frac{1}{2\,\log e} \cdot \log \frac{1+\vartheta}{1-\vartheta},$$

$$\frac{1+\vartheta}{1-\vartheta} = 13{,}19 \cdot e^{-i\,37^{\circ}8{,}6'},$$

$$\gamma\,l = \frac{1}{2\,\log e} \cdot (\log 13{,}19 - \log e \cdot i\,37^{\circ}8{,}6')$$

$$= 1{,}29 - i\,0{,}3245.$$

$$\beta\,l = 1{,}29\,; \quad \alpha\,l = -\,0{,}3245\,;$$

$$\beta = \frac{1{,}29}{322{,}55} = 0{,}004.$$

Für die Bestimmung von α wird aus den Richtwerten von L und C
für die betreffende Leitungsart (3 mm oberirdische Bronzeleitung) ein
Annäherungswert für αl festgelegt.

$$\boxed{\alpha l} = l \cdot \omega\,\sqrt{L\,C} = 322{,}55 \cdot 5000\,\sqrt{0{,}002 \cdot 0{,}006 \cdot 10^{-6}}$$

$$= 5{,}59.$$

Derjenige Wert von $\dot{a}\,l$, welcher um ein Vielfaches von $2\,\pi$ von dem errechneten Wert $\alpha l = -0,3245$ verschieden, die größte Annäherung an die mit den Richtwerten bestimmte Größe von $\boxed{\alpha\, l}$ ergibt, ist anzusetzen zu

$$\alpha\, l = -0,3245 + 1 \times 2\,\pi = 5,9585,$$

$$\alpha = \frac{\alpha\, l}{l} = 0,01845.$$

Für die Bestimmung der Leitungskonstanten dienen die Beziehungen:

$$\gamma\, \mathfrak{Z} = R + i\,\omega\, L,$$

$$\frac{\gamma}{\mathfrak{Z}} = G + i\,\omega\, C.$$

Aus den errechneten Werten von β und α bestimmt sich γ zu:

$$\gamma = 0,004 + i\,0,01845 = 0,01888 \cdot e^{i\,77^{\circ}46'}.$$

Der Wert für $\mathfrak{Z}$ ist gemessen zu $\mathfrak{Z} = 722 \cdot e^{i\,11^{\circ}2'}$

$$\gamma\, \mathfrak{Z} = 13,63 \cdot e^{i\,66^{\circ}44'} = 5,38 + i\,12,54,$$

$$\frac{\gamma}{\mathfrak{Z}} = 0,2615 \cdot 10^{-4} \cdot e^{i\,88^{\circ}48'} = 0,00544 \cdot 10^{-4} + i\,0,261 \cdot 10^{-4}.$$

Die Leitungskonstanten ergeben sich hieraus zu:

$$R = 5,38 \; \text{Ohm/km},$$

$$L = \frac{12,54}{\omega} = 0,00251 \; \text{H/km}, \qquad (\omega = 5000)$$

$$G = 0,544 \cdot 10^{-6} \; \text{S/km},$$

$$C = \frac{0,261 \cdot 10^{-4}}{\omega} = 0,00522 \cdot 10^{-6} \; \text{F/km}.$$

Das Hauptergebnis dieser Betrachtungen über die Schwingungsvorgänge auf Fernmeldeleitungen ist die Feststellung, daß es möglich ist, durch Erhöhung der Selbstinduktion das Dämpfungsmaß zu erniedrigen; nun handelt es sich um die Besprechung des zweiten Prinzips der Dämpfungserniedrigung, um die Anwendung der Fernsprechverstärker.

Im modernen Aufbau der Fernmeldeleitungen werden beide Mittel gleichzeitig verwendet. Beide Mittel jedoch, Pupinisierung und Verstärker, behindern sich gegenseitig in der Leistungsausbreite. Die wirtschaftlich günstigste Kompromißlösung in Verbindung mit einem wirtschaftlichen Aufbau der Fernmeldekabelanlagen zu erzielen, ist die Aufgabe der Entwicklungsarbeit an Fernmeldeleitungen für die nächsten Jahre.

III. Die Verstärkereinrichtungen.

Schon seit Beginn des Fernsprechens ist der Wunsch aufgetaucht, Relaiseinrichtungen zur Verstärkung von Wechselströmen zu besitzen, welche durch die Energie der ankommenden schwachen Ströme gesteuert, Energie aus eigener Quelle für die Weitergabe der Sprechimpulse aufwenden können. Hauptsächlich der sog. Mikrophonverstärker (akustische Übersetzung der Sprechimpulse) wurde weiterentwickelt. Alle Verstärkereinrichtungen, welche auf diesem oder einem ähnlichen mechanischen Prinzip aufgebaut waren (Anwendung einer Membrane) hatten den Nachteil, daß die Übersetzung nicht trägheitslos, und als Folge davon mit erheblicher Verzerrung vor sich ging.

Auf dem Gebiet der Fernsprechverstärker brachte nun die Erfindung der Verstärkerröhre eine grundlegende Umwälzung mit sich. Hier geht die Abbildung der ankommenden Sprechströme unter Verstärkung ihrer Leistung nahezu bildgetreu unter Berücksichtigung aller im Sprachklang enthaltenen Frequenzen vor sich, da die Steuerung nahezu trägheitslos verläuft.

In jedem Körper sind nach der Elektronentheorie negative Ladungen (Elektronen) neben positiv geladenen Kernen zu gleichen Teilen vorhanden. Bei einem auf Weißglut erhitzten Draht treten die Elektronen aus der glühenden Oberfläche des Drahtes aus. Durch ein äußeres elektrisches Feld werden die ausströmenden Elektronen in der Weise beeinflußt, daß, wenn der negative Pol des Feldes mit dem Glühdraht (Kathode) verbunden ist, an dem positiven Pol (Anode) eine Bindung der Elektronen eintritt; der Vorgang wirkt sich in der Weise aus, daß von der Spannungsquelle, welche das äußere Feld erzeugt, dauernd positive Ladungen zur Bindung der negativen Ladungen herangeführt werden müssen, daß also ein Stromfluß in Richtung positiver Pol der Spannungsquelle zur Anode entsteht.

Zur Vermeidung der Ionisationswirkung in Gasen, welche den Elektronenstrom durch Zertrümmerung der Gasmoleküle beeinflußt, werden Glühkathode und Anode in hohem Vakuum angeordnet.

Wird der Glühdraht, der, als Wolframfaden ausgebildet, bis zur Weißglut erhitzt werden muß, mit Kalziumoxyd überzogen, so steigert sich die Emission um ein Vielfaches, so daß die Temperatur am Heizfaden niedriger gehalten werden kann (Rotglut, Einsparung von Heizenergie). Man nennt diese Rohre Oxydkathodenrohre. Als Glühfaden erhalten diese Rohre gewöhnlich einen Platiniridiumfaden mit einem Belag eines Erdalkalimetalloxydes (Kalziumoxyd).

Die Entwicklung der Verstärkerrohre brachte zuerst die Verwendung der Oxydkathode, die Abkehr des Erfinders Robert von Lieben von seinem ursprünglichen Gedanken der Verwendung von Kathodenstrahlen zur Verstärkerwirkung und die Einführung des durch Stoßionisation erzeugten Ionenstromes als Träger des verstärkten Stromes. Der Grund hierzu lag in den möglichen technischen Bedingungen zur Erzeugung von Vakuum, die damals den Bedingungen der Verwendung von reinen Elektronenströmen nicht genügten. Mit der fortschreitenden Entwicklung der Vakuumtechnik war es möglich, die Arbeiten an Hochvakuumrohre wieder aufzunehmen; Schwierigkeiten bereitete die Entgasung des Oxydfadens, der deshalb durch reinen Wolframfaden zunächst ersetzt wurde.

Nachdem die Entwicklung dieser Rohre durchgebildet war und die Vakuumtechnik alle Vorgänge des luftleeren Raumes beherrschen ließ, konnte man dazu übergehen, die hohe Emissionsfähigkeit der Erdalkalimetalloxyde voll auszunutzen; der Erfolg dieser Entwicklung ist das heute die ganze technische Welt beherrschende Hochvakuumoxydkathodenrohr[1]).

Die Zahl der ausgesandten Elektronen ist proportional der Glühdrahtoberfläche, der räumlichen Elektronendichte, welche von der Glühdrahttemperatur abhängig ist, und der Austrittsgeschwindigkeit. Die in dichter Wolke von der Kathode zur Anode ziehenden Elektronen führen sämtliche negatives Potential, so daß auf ihnen teilweise die Kraftlinien des elektrischen Feldes endigen. Damit wird die Austrittsgeschwindigkeit am Glühdraht etwas beeinträchtigt. Man bezeichnet diese Eigenschaft als Raumladung.

Wir betrachten uns folgende Schaltung (Abb. 50):

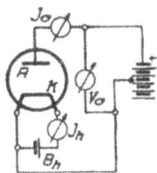 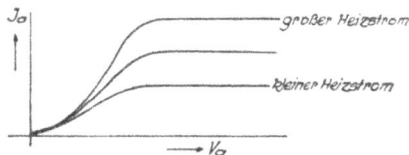

Abb. 50.   Abb. 51.

Der Heizfaden K wird mit Hilfe der Heizbatterie erhitzt; unter dem Einfluß der Anodenspannung V_a entsteht ein Elektronenstrom (Anodenstrom) J_a; als Nullpunkt der Anodenspannung gilt die Verbindung des positiven Poles der Heizspannung mit dem negativen Pol der Anodenspannung.

Wir erhalten folgende Abhängigkeit des Anodenstromes von der Anodenspannung bei verschiedenen Heizströmen (d. h. Fadentemperaturen)[2]) (Abb. 51).

Als Hauptergebnis sehen wir, daß mit zunehmender Anodenspan-

---

[1]) G. Gruschke und B. Pohlmann, „Das Verstärkerrohr", aus: „Das Fernsprechen im Weitverkehr", a. a. O.

[2]) Dr. Hans Georg Möller, „Die Elektronenröhren und ihre technischen Anwendungen". 2. Auflage. Vieweg u. Sohn A.-G., Braunschweig 1922.

nung der Anodenstrom nicht beliebig gesteigert werden kann, sondern
daß ein Sättigungszustand eintritt, der abhängig von der Glühfaden-
temperatur ist. Für diesen Zustand werden alle Elektronen, welche der
Glühfaden zu liefern imstande ist, zur Anode abgeführt. (Betrachtung
gilt nur für Wolframfadenrohre). Das um den Glühdraht vorhandene
elektrische Feld (Raumladung) beeinflußt die Zahl der ausgesandten
Elektronen. Wenn wir nun zwischen Kathode und Anode ein Hilfsfeld
anbringen, ist es möglich damit die Zahl der ausgesandten Elektronen,
den Elektronenstrom in weitgehendem Maß zu beeinflussen.

Durch Abstoßung bzw. Beschleunigung des Elektronenstromes
(Kompensierung der Raumladung) läßt sich erklären, daß abhängig von
der an der Hilfselektrode (auch Gitter genannt) liegenden Spannung
der Elektronenstrom einen zwangläufig gesteuerten Verlauf nehmen
muß, und zwar ist der Anodenstrom i_a sowohl eine Funktion der Gitterspannung e_g und als auch der Anodenspannung e_a. Der dabei im Gitter-
stromkreis auftretende Strom heißt Gitterstrom i_g.

Wir treffen folgende Meßanordnung (Abb. 52):

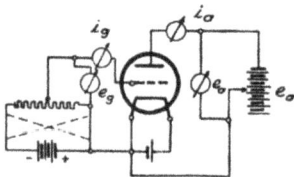

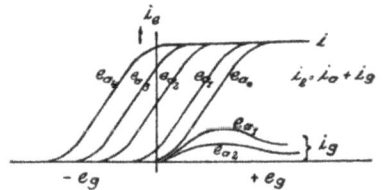

Abb. 52.   Abb. 53.

Mit Hilfe dieser Schaltung können nun die sog. statischen Kennlinien des Verstärkerrohres aufgenommen werden (Abb. 53).

Abhängig von einer bestimmten Anodenspannung e_a wird bei einer
bestimmten Gitterspannung der Emissionsstrom (Anodenstrom + Gitterstrom) gleich Null (alle Elektronen werden am Gitter abgestoßen). Für
alle Anodenspannungen wird ein Sättigungszustand erreicht (alle Elektronen, welche der Heizfaden auszusenden imstande ist, gelangen zur
Anode bzw. Gitter). Oxydrohre zeigen Abweichungen von diesem
Verlauf.

Bei Verstärkerschaltungen werden prinzipiell Anordnungen verwendet, welche mit negativer Gitterspannung arbeiten, welche also
den Gitterstrom verschwindend klein halten. Es soll damit erreicht
werden, daß reine Steuerwirkung ohne Leistungsentnahme der Steuerenergie vorhanden ist. Gleichzeitig will man dementsprechend den
Widerstand Gitter—Kathode unendlich groß erhalten, um damit mit
unbelastetem Vorübertrager möglichst große Spannungssteigerung zu
erzielen. Die Belastung des Vorübertragers ist dann ausschließlich gegeben durch die Kapazität zwischen Gitter und Kathode. Man wird
also am Vorübertrager auf der Verstärkerseite hohe Selbstinduktion

verwenden, damit hohe Windungszahlen aufwenden müssen, bei welchen die Gefahr einer Gleichstromvormagnetisierung durch den Gitterstrom gegeben sein kann.

Diese Gründe sprechen dafür, den Gitterstrom zu unterbinden und mit negativer Gitterspannung zu arbeiten.

Wir wollen die weiteren Betrachtungen mit dieser Einschränkung vornehmen, d. h. der gesamte Emissionsstrom i_e wird $i_e = i_a$. Es werden definiert (Abb. 54):

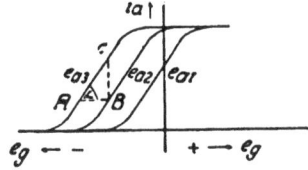

Abb. 54.

$$S = \frac{\delta i_a}{\delta e_g} = \frac{BC}{AB} = \operatorname{tg} \alpha \text{ bei } e_a = \text{konst.} \quad \text{als die Steilheit,}$$

$$D = \frac{\delta e_g}{\delta e_a} = \frac{AB}{e_{a_3} - e_{a_2}} \text{ bei } i_a = \text{konst.} \quad \text{als der Durchgriff,}$$

$$R_i = \frac{\delta e_a}{\delta i_a} = \frac{e_{a_3} - e_{a_2}}{BC} \text{ bei } e_g = \text{konst.} \quad \text{als der innere Widerstand.}$$

Der Größenordnung nach beträgt

$$S \sim 10^{-4} \text{ Amp/Volt},$$

$$D \sim 10^{-1} \ (D \text{ wird meist in } {}^0\!/_0 \text{ angegeben}),$$

$$R_i \sim 10^5 \text{ Ohm}.$$

Die Steilheit kennzeichnet das Verhältnis von Anodenstrom und Gitterspannung; der Durchgriff D gibt an[1]), welchen Bruchteil des Anodenpotentials man dem Gitterpotential hinzufügen muß, um aus der Kennlinie für die Anodenspannung e_{a_1} jene für die Anodenspannung e_{a_2} zu erhalten; der innere Widerstand ist der Ersatzwiderstand zwischen Anode und Kathode für den betrachteten Arbeitspunkt.

Der Durchgriff D ist die für die Verstärkerwirkung wichtigste Größe; sie ist abhängig von der geometrischen Anordnung des Rohres, von der Gittermaschenweite, der Dicke der Gitterdrähte, der Entfernung Gitter-Glühdraht und dem Abstand zwischen Gitter und Anode[2]).

Mit Durchgriff und innerem Widerstand ist die Röhre hinsichtlich ihrer Wirkung als Verstärker definiert. Die innere Gleichung eines Rohres gibt den zahlenmäßigen Zusammenhang an zwischen S, D und R_i definitionsgemäß zu $S \cdot R_i \cdot D = 1$.

$\frac{S}{D}$ heißt der Gütegrad der Röhre. Eine Röhre hat also, in erster Annäherung betrachtet, um so bessere Wirkungsweise, je größer die

---

[1]) Dr. Hans Georg Möller, a. a. O.
[2]) Dr. Hans Georg Möller, a. a. O.

Steilheit und je kleiner der Durchgriff ist. Der Verkleinerung des Durchgriffes setzen die Rücksichten auf die geometrische Anordnung innerhalb des Rohres bestimmte Grenzen. Außerdem sind beide Größen
durch die Wirkung der Raumladung in bestimmter Richtung festgelegt.
Man kann durch Vermeidung der schädlichen Wirkung der Raumladung
den Gütegrad der Röhre verbessern.

Diesem Ziel dient die Einführung eines zweiten Gitters nach
Schottky (Zweigitterröhre) (Abb. 55).

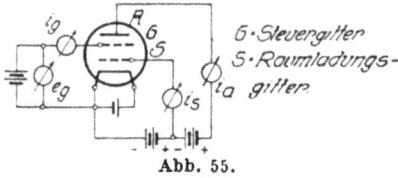

Abb. 55.

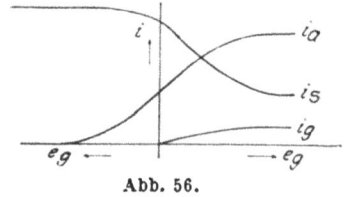

Abb. 56.

Das Raumladungsgitter hat die Aufgabe, die Raumladung zu zer-
streuen; das Steuergitter besitzt die gleiche Wirkungsweise wie bei der
Eingitterröhre. Die Kennlinie einer Doppelgitterröhre für eine Anodenspannung zeigt Abb. 56.

Wir wollen nun den physikalischen Vorgang der Verstärkerwirkung
betrachten (Abb. 57).

Man bestimme an Hand der statischen Kennlinie bei gegebener
Anodenspannung jene ruhende Gitterspannung, welche den Arbeits-

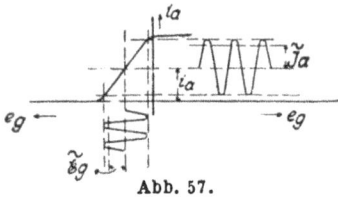

Abb. 57.

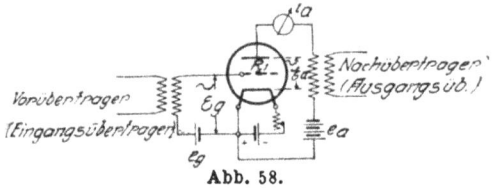

Abb. 58.

punkt in die Mitte des geradlinigen Teils der Kurve legt. Diese Gitterspannung e_g bezeichnet man als Gittervorspannung. Am Gitter wird
nun eine Wechselspannung von dem Effektivwert $\tilde{E}_g$ angelegt. In einem
beliebigen gleichen Zeitmaßstab erhält man nach kurventreuer Abbildung den Anodenstrom $\tilde{J}_a$, welcher um den Anodenruhestrom i_a schwingt.

Der Anodenruhestrom wird dabei in seinem Meßwert nicht verändert.

Die Prinzipschaltung eines Verstärkerrohres ergibt sich nun nach
Abb. 58.

Für den rechnerischen Zusammenhang gilt:

$$\tilde{E}_a = \frac{\tilde{E}_g}{D} \quad \text{bzw.} \quad \tilde{J}_a = S \cdot \tilde{E}_g .$$

Über den Kreis R_i, Nachübertrager, Anodenbatterie, Anodenspannung, Kathode, erfolgt dann die Weiterdimensionierung entsprechend den in Abschnitt 1 besprochenen Grundsätzen, wobei der innere Widerstand der Anodenspannungssquelle und deren Spannung selbst vernachlässigt wird.

Für die angenäherte Bestimmung der Leistung eines Rohres läßt sich folgende Formel aufstellen:

Die Leistung ist proportional der treibenden Kraft, der Anodenspannung e_a und dem ausgesteuerten Anodenstrom i_a. Dabei ist für i_a der Effektivwert $\frac{i_a}{\sqrt{2}}$ in Rechnung zu setzen; außerdem ist die Leistung mit einem empirisch zu ermittelnden Ausnützungsfaktor K zu multiplizieren ($K \sim 0{,}12$). Für die zu entnehmende Leistung kommt außerdem mit Rücksicht auf die Anpassung der Faktor 0,5 in Ansatz.

Für ein Rohr mit dem Sättigungsstrom $i_s = 0{,}025$ Amp. beträgt der unverzerrt aussteuerbare Anodenstrom $i_a = \frac{0{,}025}{2{,}5}$ (2,5 an Stelle 2,0, da die Abrundung der Kennlinie an beiden Enden bereits nichtlineare Verzerrung zur Folge hat und deshalb nicht ausgenützt wird).

Die Anodenspannung sei $e_a = 400$ Volt.

Die Leistung N ergibt sich demnach zu

$$N = \frac{0{,}025}{2{,}5} \cdot \frac{1}{\sqrt{2}} \cdot 400 \cdot 0{,}12 \cdot 0{,}5 = 0{,}17 \text{ Watt}.$$

Man kann rund den fünfzigsten Teil der aus Sättigungsstrom und maximaler Anodenspannung sich ergebenden Leistung, nach welcher manchmal die Rohre bezeichnet werden, als unverzerrt zu entnehmende Wechselstromleistung annehmen.

Experimentell wird die Leistung in der Weise bestimmt, daß man an einen bekannten rein Ohmschen Widerstand, der über einen auf Leistungsmaximum angepaßten Übertrager durch das Verstärkerrohr mit Energie versorgt wird, die Spannung mißt. Zur Spannungsmessung können dienen Rohrvoltmeter, Multizellolarvoltmeter, Fadenelektrometer, bei größeren Leistungen auch in weiten Grenzen frequenzunabhängige Hitzdrahtvoltmeter. Die entnommene Leistung bestimmt sich dann zu

$$N = \frac{V^2}{R}.$$

Die oben angegebenen Beziehungen, welche sich aus der statischen Kennlinie ableiten lassen, gelten nur, wenn der äußere Widerstand im Anodenkreis praktisch vernachlässigbar klein ist. Für einen äußeren Widerstand von entsprechender Größe tritt nun eine Veränderung der wirksamen Anodenspannung um den Spannungsabfall $J_a \cdot R_a$ ein. Damit verliert die statische Arbeitskennlinie ihre Gültigkeit. Aus einer Kennlinienschar statischer Natur ergibt sich die dynamische Kennlinie nach Abb. 59.

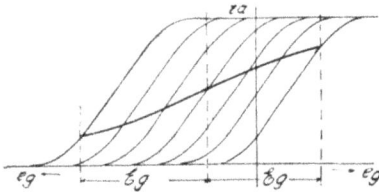
Abb. 59.

Die Arbeitskurve wird um so weniger steil verlaufen, je größer der äußere Widerstand R_a und je größer der Durchgriff D ist. Will man mit einer gegebenen Gitterwechselspannung möglichst große Schwankungen des Anodenstromes erhalten, so ist ein steiler Verlauf der Arbeitskurve erforderlich[1]).

Diese Gesichtspunkte sind von großer Bedeutung zur Dimensionierung von Mehrstufenverstärkern, insbesonders von jenen nach der Widerstandskapazitätkopplung (W-C-Kopplung), da es sich hier im allgemeinen um Verwendung von extrem hohen äußeren Widerständen handelt. Für mehrstufige Verstärker ist zunächst die Möglichkeit der Kopplung der einzelnen Rohre zueinander zu betrachten. Wir unterscheiden prinzipiell, unter Verzicht auf eine Reihe von unwesentlichen Abweichungen, zwei Arten der Kopplung: die Übertragerkopplung und die Widerstandskopplung. Im prinzipiellen Stromlaufbild ist die erste Art nach Abb. 60, die zweite nach Abb. 61 dargestellt.

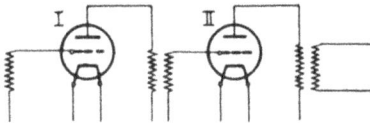
Abb. 60.

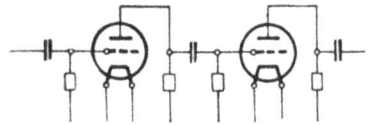
Abb. 61.

Das Kopplungsglied enthält als inneren Widerstand des Generators den inneren Widerstand der Röhre I, als äußeren Widerstand den Gitterwiderstand der Röhre II. Es ist zu erkennen, daß in roher Annäherung das Spannungsübersetzungsverhältnis zwischen Generator und Verbraucher bei Übertragerkopplung beliebig hoch gewählt werden kann, daß dagegen bei Widerstandskopplung dieses Übersetzungsverhältnis auch im Idealfall stets kleiner als 1 werden muß. Bei Widerstandskopplung kann dementsprechend ein Verstärkereffekt nur durch Wirkung des Durchgriffes erzielt werden; bei Übertragerkopplung tritt sowohl Durchgriff wie Übersetzungsverhältnis des Übertragers in Erscheinung. Wir nehmen jedoch dabei den Frequenzgang des Übertragers in Kauf, dessen Wirkungsweise durch Belastung der sekundären Seite mit der Gitterkapazität und der dadurch auftretenden Grenzfrequenz ziemlich enge Grenzen gesetzt sind. Wollen wir den Übertrager frequenz-

---

[1]) Dr. Hans Georg Möller, a. a. O. S. 38.

unabhängig gestalten, so müssen wir auf einen großen Teil des Übersetzungsverhältnisses verzichten und gelangen damit bereits in die
Größenordnung des Übersetzungsverhältnisses bei Widerstandskopplung, deren einziges frequenzabhängiges Schaltmittel der Kondensator
darstellt. Für die Leistung des Verstärkers kommt nur die Leistung des
Endrohres in Betracht. Sie ist demnach unabhängig von der Art der
Kopplung der Rohre aufeinander. Für hohe Ansprüche an Übertragungsgüte ist es zweckmäßig, die Widerstandskopplung anzuwenden. Wir
wollen folgendes Ersatzschema betrachten (Abb. 62):

Das Übersetzungsverhältnis dieser
Schaltung errechnet sich zu:

$$\frac{V_2}{V_1} = \frac{1}{\dfrac{R_i}{R_a} + \dfrac{R_i}{R_g} + 1}.$$

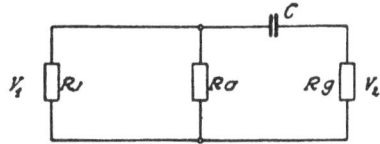

Abb. 62.

Außerdem läßt sich bestimmen, daß
die Größe des Kondensators C mit Rücksicht auf frequenzunabhängige
Dimensionierung folgender Bedingung genügen muß:

$$C \geqq \frac{\dfrac{1}{R_g}\left(\dfrac{R_i}{R_a} + 1\right)}{\dfrac{R_i}{R_a} + \dfrac{R_i}{R_g} + 1} \cdot \frac{1}{\omega}.$$

Wir sehen, daß das Übersetzungsverhältnis um so größer wird, je
kleiner der innere Widerstand des Rohres ist und je größer die Belastungswiderstände im Anoden- und im Gitterkreis gewählt werden; daß andererseits die Größe des Kondensators
bei gegebener Anpassungsfrequenz dem
Belastungswiderstand R_g umgekehrt proportional ist. Der Größe des Übersetzungsverhältnisses sind dadurch Grenzen gesetzt, daß zunächst R_i, der wirksame innere Widerstand des Rohres, ab-

Abb. 63.

hängig ist vom äußeren Widerstand. Den prinzipiellen Verlauf dieser
Abhängigkeit zeigt Abb. 63.

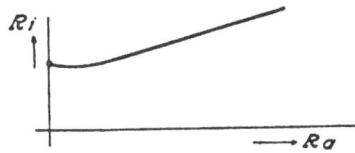

Mit Erhöhung des äußeren Widerstandes steigt auch der wirksame
innere Widerstand an. Für die Bestimmung von R_a ist also die Ermittlung des günstigsten, nicht nur eines sehr hohen Wertes notwendig. Die
Spannungswirkung wird außerdem dadurch beeinflußt, daß die Größe
des Gitterwiderstandes innerhalb des für die Übertragung geforderten
Frequenzbandes nicht in die Größenordnung der Wirkung der Gitterkapazität kommen darf. Es ist zudem mit Rücksicht auf die Klarheit
der Übertragung des Klangbildes günstig, unter Verzicht auf die größt-

mögliche Spannungswirkung, verhältnismäßig kleine Gitterwiderstände zu wählen.

Bei Durchdimensionierung der Arbeitskennlinien eines mehrstufigen Verstärkers können die statischen Arbeitskennlinien (Charakteristiken) der Rohre nicht mehr Verwendung finden. Man erkennt, daß gemäß des Spannungsabfalles über den Widerstand R_a die wirksame Anodenspannung sinkt. Aus der statischen Charakteristik kann demnach die dynamische dadurch gebildet werden, daß für den Anodenstrom i_a die Gitterspannung um den Wert $e_g = i_a \cdot R_a \cdot D$ verschoben wird[1]. Diese Art der Dimensionierung führt zu dem Ergebnis, daß damit die Arbeitskennlinie einen geraden Verlauf hätte bis zur Größe $i_a = \dfrac{E_a}{R_a}$ bei einer unendlich kleinen wirksamen Anodenspannung. Ein Verlustwiderstand hätte demnach eine Vergrößerung der Arbeitsfähigkeit des Rohres zur Folge. Dies widerspricht den physikalischen Grundlagen. Tatsächlich kann hier der Sättigungsstrom der Röhre nicht erreicht werden. Eine andere Art der Bestimmung der Arbeitskennlinie mit Hilfe der Einführung eines fiktiven Arbeitswiderstandes, auf deren Ableitung hier verzichtet werden soll, läßt erkennen, daß der Beginn der Kennlinien mit beiden Rechnungsarten in praktisch gleicher Weise ermittelt werden kann. Da für die Steuerrohre — und nur diese besitzen extrem hohe Widerstände im Anodenkreis — entsprechend dem Ziel geradliniger Arbeitskennlinie, verhältnismäßig hohe Gittervorspannung gefordert wird, so können beide Rechnungsarten zu brauchbaren Ergebnissen führen. Die Verwendung hoher Gittervorspannung für die reine Steuerwirkung schließt außerdem noch den konstruktiven Vorteil in sich, daß durch den Energieverbrauch der Steuerrohre die Stromquellen nur in geringstem Maße belastet werden, wie es dem Prinzip der Steuerung entspricht.

Die Vordimensionierung eines mehrstufigen Verstärkers kann auf folgende Weise vorgenommen werden. Man bestimmt die Aussteuerungsfähigkeit des Energierohres. Der Ausgangsübertrager, welcher den inneren Widerstand des Energierohres dem Verbraucherwiderstand der Niederspannungsseite angleicht, muß so dimensioniert sein, daß er den Forderungen der Vermeidung der linearen Verzerrung in möglichst weitgehenden Grenzen Rechnung trägt, um hinsichtlich des Frequenzinhaltes der Besprechungsspannung den energetisch günstigsten Widerstand des Verbraucherkreises bezüglich des Rohrinnenwiderstandes zu erzielen. Auf Grund der Größe dieses Widerstandes wird dann die Arbeitskennlinie des Leistungsrohres bestimmt und seine Aussteuerungs-

---

[1] Siehe auch: M. v. Ardenne, „Über die Konstruktion und die Arbeitskennlinien bei Verstärkern mit Widerstandskopplung". Jahrbuch der drahtlosen Telegraphie und Telephonie, Zeitschrift für Hochfrequenztechnik Bd. 27, H. 2.

fähigkeit am Gitter festgelegt zur Spannung E_{g_1}. Die Spannung am Gitter des letzten Steuerrohres beträgt E_{g_2}. Diese beiden Spannungen müssen der Bedingung genügen:

$$\frac{E_{g_1}}{E_{g_2}} = \frac{1}{D} \cdot \frac{1}{\dfrac{R_i}{R_a} + \dfrac{R_i}{R_g} + 1} \cdot$$

Die Größe des Kopplungskondensators bestimmt sich nach

$$C > \frac{1}{\omega} \cdot \frac{\dfrac{R_i}{R_g}\left(\dfrac{R_i}{R_a}+1\right)}{\dfrac{R_i}{R_a} + \dfrac{R_i}{R_g} + 1} \cdot$$

Für die Wahl der Spannung E_{g_2} ist zu berücksichtigen, daß sie ungefähr 80% der zulässigen Maximalspannung des letzten Steuerrohres betragen soll. Damit wird erzielt, daß der Verstärker in sich abgeglichen arbeitet, daß nur das Leistungsrohr die Leistungsausbeute begrenzt. Aus den beiden angegebenen Gleichungen lassen sich dann die Widerstände R_a und R_g bestimmen. Außerdem ist damit bei gegebener Anpassungsfrequenz die Größe des Kondensators gegeben. Für die Wahl der Gittervorspannung ist zu berücksichtigen, daß nach den Grundsätzen der konstruktiven Durchbildung möglichst gleiche Gittervorspannungen für die Steuerrohre gefordert werden müssen.

Die Dimensionierung der weiteren Übersetzungsstufen erfolgt sinngemäß auf die gleiche Weise. Praktisch wird man dabei so weit gehen, daß die Besprechungsspannung am Gitter des ersten Steuerrohres ungefähr 0,2 Volt beträgt. Entsprechend der physikalischen Beziehungen des Übersetzungsverhältnisses zweier Gitterspannungen kann dabei zweckmäßig von einem Mittel Gebrauch gemacht werden, welches gestattet, den wirksamen inneren Widerstand R_i in erster Annäherung unabhängig vom äußeren Widerstand R_a zu erniedrigen; es werden für eine Verstärkerstufe 2 Rohre parallel geschaltet.

Für die rein äußerliche Beurteilung einer Verstärkerschaltung ist darauf hinzuweisen, daß entsprechend der Steigerung der Gitterbesprechungsspannung die äußere Größenordnung der Rohre sich ändern muß. Es erscheint deshalb z. B. nicht angängig, einen Verstärker mit 4 Stufen gleicher Röhrengattung zu betreiben. Steuerrohre nehmen entsprechend ihrer Wirkungsweise nur kleine Energien der Stromlieferungsmittel auf. Im allgemeinen werden deshalb für den Betrieb des Anodenkreises dieser Rohre Akkumulatorenbatterien der kleinstmöglichen Batterietype verwendet. Für die Lieferung der Nutzleistung (ab ca. 5 Watt unverzerrter Klangleistung) können aus wirtschaftlichen Gründen Anodenbatterien überhaupt nicht in Betracht kommen. Es muß deshalb hier zur Versorgung des Energierohres zur Maschinen- speisung durch Gleichstromhochspannungsgeneratoren übergegangen werden. Die Unterdrückung der Maschinengeräusche erfolgt durch Drosselketten. Es drängt sich hier die Frage auf, ob es nicht zweck- mäßig erscheinen dürfte, auch die Steuerrohre mit Maschinenspannung zu betreiben; jedoch würden die innerhalb der Verstärkerwirkung ge-

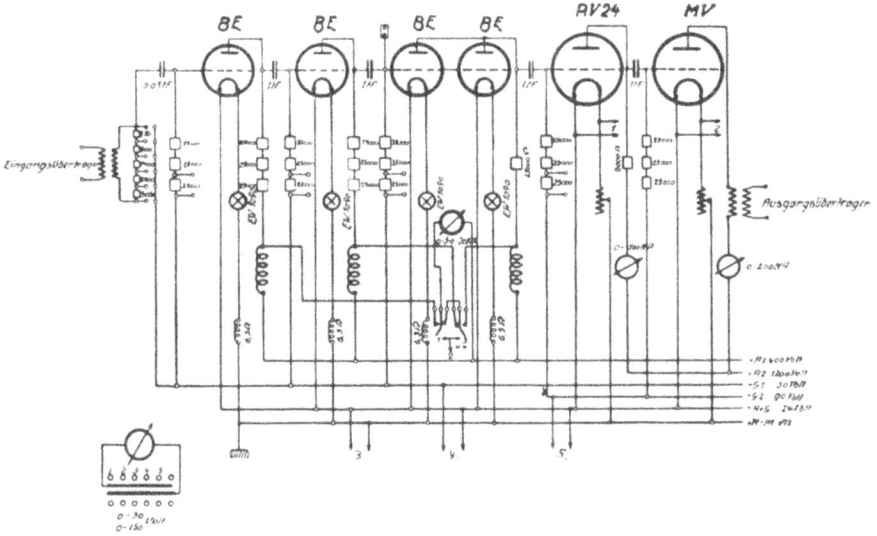

Abb. 64.

steigerten Maschinengeräusche Drosselketten so großer Art erfordern, daß deren Preise die Kosten einer eigenen kleinen Anodenbatterie weit übersteigen. Die Stromlaufzeichnung eines auf Grund dieser Über- legungen entwickelten Großleistungsverstärkers zeigt Abb. 64.

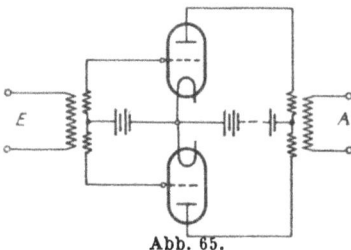

Abb. 65.

Besondere Schwierigkeiten macht bei Großleistungsverstärker die möglichst verlustfreie Ausgestaltung des Ausgangs- übertragers. Die Leistungsrohre be- sitzen verhältnismäßig hohen Anoden- ruhestrom (bis 0,5 Amp.); es besteht bei den geforderten Selbstinduktionen des Übertragers die Gefahr der ungünstigen Einwirkung der Gleichstromvormagneti- sierung in ausgesprochenem Maße. Unter Leistungsverlust kann ein Gleichstromsperrkreis Verwendung finden; unter gleichen Bedingungen steht die Anordnung eines Über- tragers mit Luftschlitz im Eisenweg in Frage. Im Gegentaktverstärker (Abb. 65) besitzen wir ein weiteres Mittel, die Gleichstromvormagnetisierung durch Anwendung zweier sich in ihrer Wirkung aufhebender Felder zu vermeiden.

Beim Gegentaktverstärker wird gleichzeitig das Ziel verfolgt, die Aussteuerungsfähigkeit der Leistungsstufe dadurch zu erhöhen, daß jedem der beiden Endrohre getrennt nur die positive bzw. negative Halbwelle der Gitterbesprechungsspannung zur Leistungsübersetzung zugewiesen wird.

Gegenüber der Anordnung zweier parallelgeschalteter Rohre wird dabei mit einer Erhöhung der Leistung um rund das 1,2fache gerechnet. Betriebstechnisch hat der Gegentaktverstärker den Nachteil, daß für seine einwandfreie Wirkungsweise Rohre genau gleicher Arbeitskennlinien in Gegentaktschaltung angewendet werden müssen, ein Vorgang, der insbesonders bei plötzlichem einseitigen Rohrwechsel sich ungünstig auswirken kann.

Die obigen rechnerischen Beziehungen für das Übersetzungsverhältnis und für die Größe des Kondensators innerhalb des Kopplungsgliedes sind nur dann richtig, wenn die Widerstände verlustfrei sind. Es ist darauf Bedacht zu nehmen, daß Leitungen innerhalb der Verstärkerschaltung, welche praktisch reine Spannungen führen, also mit einem Widerstand sehr hohen Wertes belastet sind, statisch geschützt werden. Bei hohen Widerstandswerten kommt als Hauptverlustwiderstand für Wechselspannung die Eigenkapazität der Widerstandsspulen in Betracht. Die Eigenkapazität ist bestimmt durch Teilkapazitäten gegen ein gemeinsames Potential und gegen die Wicklungen untereinander. Hinsichtlich der Ausbildung von verlustfreien rein Ohmschen Widerständen lassen sich im Prinzip drei Wicklungsarten unterscheiden:

1. die bifilare Wicklung,
2. die kapazitätsfreie Wicklung und
3. die kapazitätsarme Wicklung.

Die unter Umständen auftretenden kleinen Eigenselbstinduktionswirkungen der Widerstände können mit Rücksicht auf die geringe Strombelastung ohne weiteres in Kauf genommen werden. Die bifilare Wicklung stellt hinsichtlich der Eigenkapazität der Widerstände die ungünstigste Lösung dar; die kapazitätsfreie Wicklung kann mit Rücksicht auf die große Windungszahl praktisch hier nicht in Anwendung kommen; es werden deshalb, soferne Drahtwiderstände überhaupt zur Verwendung gelangen, diese nach der kapazitätsarmen Wicklungsart angeordnet.

Wenn zwei Wicklungslagen auf eine Spule aufgebracht werden

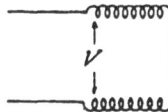

Abb. 66.

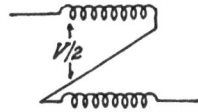

Abb. 67.

sollen, so kann man das Verfahren nach Abb. 66 einschlagen. Es ist zu erkennen, daß zwischen Anfang der ersten und Ende der letzten Wicklung der volle Spannungsabfall herrscht. Wenn nun nach Abb. 67

7*

das zweite Verfahren benützt wird, kann zwischen den zwei betrachteten Punkten die Spannungswirkung auf die Hälfte erniedrigt werden; wenn außerdem dann noch der Durchmesser der Spule erhöht, die Länge vergrößert, um die Lagenzahl zu erniedrigen, und der Abstand der Spule vom gemeinsamen Potential erhöht wird, gelangt man zur Durchbildung der sog. Hohlraumspule. Hinsichtlich der Energiebelastung dieser Spule ist noch zu bemerken, daß in ihr auch bei geringer Strombelastung bei dem hohen Widerstand ihrer Wicklung eine verhältnismäßig große Wärmeleistung entwickelt wird. Es muß deshalb für bestimmte Schaltkreise die luftgekühlte Hohlraumspule zur Verwendung gelangen.

Die erste Frage, die an eine Verstärkerschaltung zu stellen ist, ist die Frage nach ihrer Leistung. Entsprechend den elektrischen Maßeinheiten wird auch zunächst die Leistung des Verstärkers und auch der Leistungsbedarf der Verbraucherschaltung in Watt angegeben. Wenn dazu die Verluste berücksichtigt werden, so kann eine Verteilungsschaltung auf Grund der elektrischen Maßeinheiten durchdimensioniert werden. Dieses Verfahren ist, da es entsprechend den Forderungen der Übertragungstechnik auf ein großes Frequenzband erstreckt werden muß, und da außerdem die Verluste rechnerisch schwierig zu erfassen sind, unsicher und zeitraubend. Es soll in der Folge ein anderes Rechnungsverfahren, das den praktischen Anforderungen genügt, angegeben werden, wobei die Leistungsangabe auf einer neu zu definierenden Maßeinheit beruht.

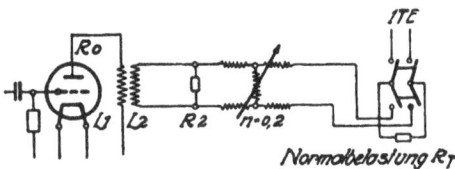

Abb. 68.

Es soll jene Leistung als Einheit festgelegt werden, welche notwendig ist, um 4 Doppelkopfhörer über eine Anschlußleitung von 2 km Teilnehmerkabel 0,8 mm $\varnothing$ ($n = 0,2$ Neper) mit genügender Lautstärke zu besprechen. Diese Leistung wird als Teilnehmereinheit (T.E.) bezeichnet. In elektrischen Maßeinheiten gemessen, entspricht diese einer Leistung von rund 7 Milliwatt, integriert über das praktisch vorkommende Frequenzband. Auf Grund dieser Definition soll die Leistung des Energierohres eines Verstärkers bestimmt werden (Abb. 68).

Der Widerstand R_2 wird solange verändert, bis die normale Lautstärke von einer T.E. und die Lautstärke des betrachteten Verstärkerrohres, gemessen an der Normalbelastung, gleich groß sind. Für die Einstellung des Verstärkerrohres ist zu beachten, daß es bis zur zulässigen Grenze ausgesteuert wird und daß außerdem die elektrischen Daten des Nachübertragers L_1 und L_2 und seine Verlustwiderstände bekannt sind. Der Nachübertrager muß folgenden besonderen Erfordernissen genügen. Er darf praktisch keine Streuung aufweisen; die Eisenverluste dürfen erst über der Frequenz $\omega = 30\,000$ wirksam in Erscheinung treten. Die Anpassungsfrequenz ω_a muß für $R_2 = 200$ dividiert durch die ungefähre Zahl der Gesamtleistung in T.E. kleiner als 500 sein. Die Entnahmeselbstinduktion im Leerlauf L_2 muß so bemessen werden, daß Veränderungen der Lautstärke mit Widerständen über 0,5 Ohm möglich sind. Ist Lautstärkegleichheit mit dem Normalanschluß erreicht, so läßt sich das Übersetzungsverhältnis $\ddot{u}^x$ berechnen zu:

$$\ddot{u}^x = \frac{M}{L_1 + L_2 \cdot \dfrac{R_0}{R_2}},$$

und die Anpassungsfrequenz ω_a zu:

$$\omega_a = \frac{R_0}{L_1 + L_2 \cdot \dfrac{R_0}{R_2}}.$$

Es ist dabei zu beachten, daß Maximalanpassung des Nachübertragers vermieden werden muß. Die Zahl der anzuschaltenden T.E. berechnet sich dann zu:

$$z_{\text{T. E.}} = \frac{R_T}{8 \cdot R_0} \cdot \frac{1}{(\ddot{u}^x)^2}.$$

Es soll der Ausdruck $z_{\text{T. E.}} \cdot \ddot{u}^{x\,2}$ als Verstärkerzahl v bezeichnet werden. Diese gibt das Maß für die Leistungsfähigkeit des Verstärkers an. Die Anzahl der geleisteten T.E. wird um so größer, je kleiner R_0, der innere Widerstand des Rohres wird und je kleiner das Übersetzungsverhältnis $\ddot{u}^x$ sich einstellt. Man kann die Zahl $z_{\text{T. E.}}$ annähernd verdoppeln, wenn R_0 durch Parallelschaltung zweier Energierohre auf die Hälfte erniedrigt wird. Außerdem kann unter Voraussetzung gleichen Durchgriffes die Zahl $z_{\text{T. E.}}$ vervierfacht werden, wenn als Energierohr ein Rohr mit doppelter Aussteuerungsfähigkeit verwendet wird.

Die bisherigen Betrachtungen beziehen sich ausschließlich auf Verstärker, deren Wirkungsweise nur nach einer Richtung auszunützen ist. Sie haben die Eigenschaft reiner Relaiswirkung. Der Vorgang der Verstärkung ist nicht umkehrbar. Diese Eigenschaft stellt nach ihrem Wesensbegriff einen prinzipiellen, nicht vermeidbaren Mangel des Verstärkerrohres dar, welcher der weiteren Entwicklung des Verstärkers innerhalb der Regelfernsprecheinrichtungen bestimmte Grenzen setzt. Es sind hier Verstärkereinrichtungen notwendig, welche nach beiden Richtungen energiedurchlässig sind.

Für die Erreichung einer doppelseitigen Verstärkerwirkung in einer Fernsprechverbindung sind zur Zeit drei prinzipielle Schaltmöglichkeiten vorhanden:

1. der Einröhrenzwischenverstärker,
2. der Zweiröhrenzwischenverstärker,
3. die Vierdrahtschaltung.

Die Schwierigkeit, welche bei wechselseitig wirkenden Verstärkern in erster Linie auftritt, ist die Beseitigung der Rückkopplung, der Selbsterregung. Rückkopplung tritt bei jeder Verstärkereinrichtung für Wechselwirkung dann auf, wenn die Summe der Verstärkungen größer ist als die Summe der Dämpfungen.

Es wird ein Teil des verstärkten Stromes wiederum über den Verstärker gelangen, wiederum verstärkt werden usw. und damit einen Schwingungszustand hervorrufen, dessen Frequenz von den elektrischen Größen des Stromkreises (L und C) abhängig ist. („Der Verstärker pfeift“).

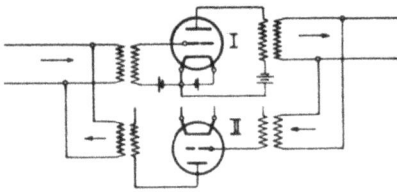

Abb. 69.

Nach den obigen Erkenntnissen des in einer Richtung wirkenden Verstärkers wollen wir nun versuchen, eine Verstärkerschaltung für wechselseitigen Betrieb aufzubauen (Abb. 69).

Die Schaltung ist wohl für beide Richtungen durchlässig, sie besitzt jedoch den prinzipiellen Fehler, daß ein Anstoß in Richtung *I* über Richtung *II* verstärkt wieder auf Richtung *I* abermals zur Verstärkung gelangt. (Summe der Verstärkung > Summe der Dämpfung).

Abb. 70.

Abb. 70 stellt das Prinzipschema des Einröhrenzwischenverstärkers dar. Bedingung für die Stabilität der Verstärkerschaltung ist, daß beide Leitungshälften (F_1 und F_2) gleiche Widerstände nach Betrag und Phase haben. Einröhrenzwischenverstärker sind dann am Platze, wenn sie in der Mitte eines gleichförmigen Leitungsstückes eingeschaltet werden können, welches nach beiden Seiten elektrisch so lang ist, daß wechselnde Belastungen am Ende der Leitung keine Veränderung des Leitungsanfangswiderstandes hervorrufen. In der Entwicklung des Einröhrenzwischenverstärkers bestehen noch Möglichkeiten, welche seine Wirkungsweise vergrößern können. Es ist möglich, auf beiden Seiten des Verstärkers den Widerstand der Leitung so festzulegen, daß Veränderungen in der Leitungsanschaltung selbst das Gleichgewicht nicht verändern. Derartige Einrichtungen versprechen günstige Ergebnisse für Schnurverstärkerschaltungen. Ein Nachteil ist insofern zu erwarten, als ein Zusammenhang zwischen Nachbildungsfehler und Verstärkungsziffer besteht und damit ein Gewinn an Verstärkung nur unter erhöhter

Einwirkung der Nachbildungsfehler erreicht werden kann. Der Einröhrenzwischenverstärker ist mit Rücksicht auf die Leitungsnachbildung als die günstigste Lösung der zweiseitig wirkenden Verstärker anzusprechen, da hier die Nachbildung durch ein reelles Leitungsstück vorgenommen wird. Beim Zweiröhrenzwischenverstärker (Abb. 71) müssen die Nachbildungen der beiden Leitungszweige durch Kunstschaltungen vorgenommen werden, deren Widerstände hinsichtlich Betrag und Phase für die zur Übertragung gelangenden Frequenzen mit den Leitungseigenschaften übereinstimmen müssen. Es ist deshalb notwendig, die Eigenschaften der pupinisierten Leitungen näher zu betrachten.

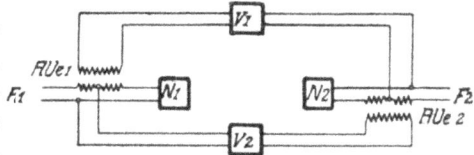

Abb. 71.

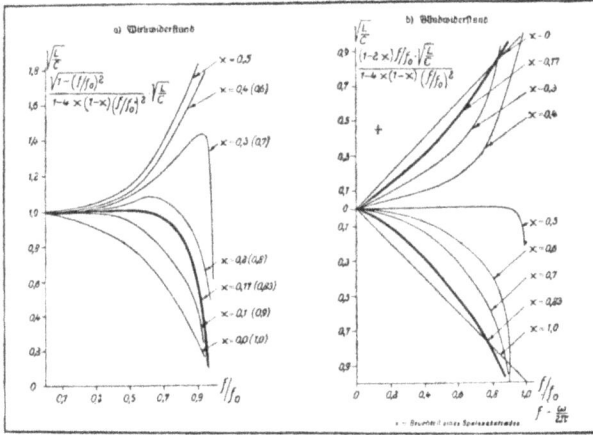

Abb. 72.

Abb. 72 zeigt den Scheinwiderstand einer langen Pupinleitung bei verschiedenen Anlauflängen[1]) (Anlauflänge = Entfernung der ersten Pupinspule der Leitung vom Leitungsanfang). x bedeutet das Verhältnis der Anlauflänge zum Regelspulenabstand. Der Wirkwiderstand verläuft in weiten Grenzen unabhängig von der Frequenz bei $x = 0,17$ und $0,83$, der Blindwiderstand besitzt für $x = 0,5$ bis nahe an die Grenzfrequenz gleiche Werte. Auf diese Eigenschaft hat der Amerikaner H o y t das nach ihm benannte Nachbildungsverfahren aufgebaut (Abb. 73).

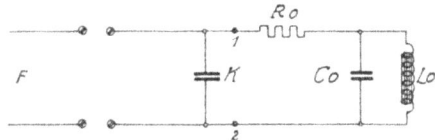

Abb. 73.

---

[1]) K. W. W a g n e r, „Das Fernsprechen auf weite Entfernung", a. o. O.

Die Leitung muß mit halbem Spulenabstand ($x = 0,5$) beginnen.

Das Schaltgebilde rechts von den Punkten *1* und *2* bildet die Leitung mit einer fiktiven Anlauflänge von $x = 0,17$ nach. Hierfür ist der Wirkwiderstand bis ca. $\dfrac{f}{f_0} = 0,7$ unabhängig von der Frequenz anzusetzen mit $R_0 = \sqrt{\dfrac{L}{C}}$. Der Blindwiderstand hat induktiven Charakter; der Meßpunkt liegt nahe an der ersten Spule. In der Nachbildung wird der Verlauf des Blindwiderstandes durch die Wirkung einer Selbstinduktionsspule, genannt Hoytspule, erfaßt. Die Größe der Selbstinduktion ergibt sich aus folgenden Beziehungen. Der Anstieg des frequenzabhängigen Blindwiderstandes der Leitung ist gegeben zu

$$\frac{(1 - 2\,x)\dfrac{f}{f_0} \cdot \sqrt{\dfrac{L}{C}}}{1 - 4\,x\,(1 - x)\left(\dfrac{f}{f_0}\right)^2}. \qquad \text{[Siehe Abb. 72.]}$$

Der Blindwiderstand der Spule ist gegeben zu $2\,\pi\,f\,L_0$. Zur überschlägigen Betrachtung kann das Glied mit $\left(\dfrac{f}{f_0}\right)^2$ vernachlässigt werden, d. h. man bezieht die Vorgänge auf ein beschränktes Frequenzband, dessen obere Grenze durch den Einfluß des Gliedes mit $\left(\dfrac{f}{f_0}\right)$ festgelegt ist.

Durch Gleichsetzen der beiden Einflußgrößen erhält man

$$(1 - 2\,x)\frac{f}{f_0} \cdot \sqrt{\frac{L}{C}} = 2\,\pi f\,L_0.$$

Über die Beziehung

$$\omega_0 = 2\,\pi f_0 = \frac{2}{\sqrt{L_s \cdot C \cdot s}}$$

und nach Umformung des Ausdruckes $\sqrt{\dfrac{L}{C}}$ auf die entsprechenden Werte unter Vernachlässigung der Eigeninduktivität der Leitung zu

$$\sqrt{\frac{L}{C}} \equiv \sqrt{\frac{\dfrac{L_s}{s}}{C}}$$

erhält man

$$0{,}66 \cdot f \cdot \pi \sqrt{L_s \cdot C \cdot s} \cdot \sqrt{\frac{L_s}{C \cdot s}} = 2\,\pi \cdot f \cdot L_0.$$

(L_0 = Selbstinduktion der Hoytspule,

L_s = Selbstinduktion der Pupinspule,

C = Kapazität pro km Leitung,

s = Spulenabstand.)

Hieraus ergibt sich L_0 zu

$$L_0 = 0,33\,L_s\,.$$

Das nicht pupinisierte Stück der Leitung $(0,5 - 0,17 = 0,33$ des Spulenabstandes) wird durch den Kondensator K nachgebildet. Der Kondensator C_0 dient dazu, einen Resonanzkreis zu bilden, dessen Grenzfrequenz mit der Grenzfrequenz der Spulenleitung übereinstimmt. Die Werte der Nachbildungsglieder ergeben sich demnach zu:

$$K = (x - 0,17)\,s \cdot C_{km}\,,$$

$$R_0 = \sqrt{\frac{L}{C}}\,,$$

$$L_0 = 0,33 \cdot L_s\,.$$

Auf der gleichen Eigenschaft des Wellenwiderstandes beruht die Nachbildungsart nach Küpfmüller. Dabei wird ein Drosselkreis zur Leitung hinzugeschaltet und damit der kapazitive Blindwiderstand für $x = 0,83$ der Leitung kompensiert. Die Wirkungen der beiden Widerstände heben sich auf und die Leitung kann mit rein Ohmschen Widerständen nachgebildet werden. Die

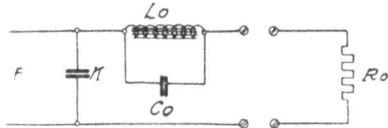

Abb. 74.

Prinzipschaltung der Küpfmüllernachbildung zeigt Abb. 74.

Die Werte der Nachbildung sind:

$$K = (0,83 - x)\,s \cdot C_{km}\,,$$

$$L_0 = 0,33\,L_s\,,$$

$$C_0 = 0,43\,(s\,C_{km} + C_{Spule})\,,$$

$$R_0 = \sqrt{\frac{L}{C}}\,.$$

Diese beiden Nachbildungsarten haben in der vorliegenden Form den Nachteil, daß sie sehr große Genauigkeit in der Bestimmung der Nachbildungsglieder verlangen und daß außerdem alle am Leitungsanfang liegenden zusätzlichen Apparate, wie Rufsperrkondensatoren, Ringübertrager und Verlängerungsleitungen bei der Nachbildung besonders berücksichtigt werden müssen.

Der Verlauf des Wellenwiderstandes der Kabelleitung abhängig von der Frequenz ist nicht gleichmäßig. Die Gründe hierfür liegen in

Unregelmäßigkeiten im Aufbau der einzelnen Doppeladern hinsichtlich ihrer Kapazität, in Abweichung der elektrischen Eigenschaften der Pupinspulen voneinander, in ungleichen Spulenabständen usw. Es würde kein wirtschaftliches Verfahren darstellen, den wirklichen Verlauf des Wellenwiderstandes in der Kunstleitung unter diesen Verhältnissen genau nachzubilden. Es wurde deshalb eine einfache Nachbildungsart entwickelt, deren hauptsächlichste Schaltmittel aus Widerstand und Kapazität bestehen. Die Leitung erhält einen kleinen Kondensator in Parallelschaltung, welcher empirisch ermittelt wird, den sog. Querkondensator. Die Wiederholung der Zusatzapparate bei der Nachbildung entfällt. Der Querkondensator gleicht Sprünge im Verlauf des Wellenwiderstandes aus und wird so gewählt, daß die Anlauflänge auf $x = 1$ ergänzt wird (Abb. 75: Nachbildungsverfahren nach Höpfner)[1]).

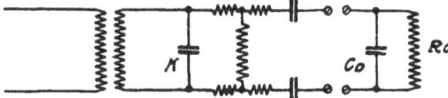
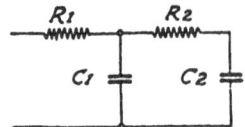

Abb. 75.   Abb 76.

Abb. 75 zeigt die Prinzipschaltung einer derartigen Nachbildung. Die elektrischen Werte bestimmen sich zu

$$K = (1 - x) \cdot s \cdot C_{km},$$

$$R_0 = \sqrt{\frac{L}{C}},$$

$$C_0 = \frac{1}{3} \cdot s \cdot C_{km}.$$

Diese Nachbildungsart hat für Fernkabelstammschaltungen Platz zu greifen; für Fernkabelvierer kommt ein zweistufiges Netzgebilde in Betracht (Abb. 76).
Die elektrischen Werte ergeben sich hier zu:

$$C_2 \sim 0,8 \div 1,4 \,\mu F,$$

$$R_2 = \sqrt{\frac{L}{C}},$$

$$C_1 = \frac{1}{3} \cdot s \cdot C_{km},$$

$$R_1 \text{ empirisch.}$$

---

[1]) K. Höpfner, „Entwicklung und gegenwärtiger Stand der Verstärkertechnik in Deutschland". ETZ 1924, H. 7.

Bei Schnurverstärkeranlagen müssen auch Freileitungen nachgebildet werden. Den Prinzipverlauf des Wellenwiderstandes einer Freileitung zeigt Abb. 77.

Jener Vorgang, welcher bei pupinisierten Kabelleitungen den frequenzabhängigen Verlauf des Wellenwiderstandes ungünstig beeinflußt,
entfällt bei unpupinisierten
Freileitungen, so daß der dargestellte Verlauf des Wellen-

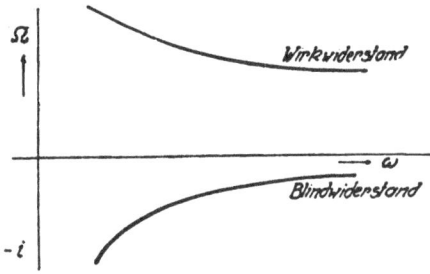

Abb. 77.

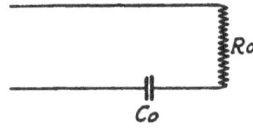

Abb. 78.

widerstandes den reellen Verhältnissen ziemlich nahe kommt.

Die Nachbildung erfolgt entsprechend dem Verlauf des Wellenwiderstandes durch in Serie geschalteten Widerstand und Kapazität
(Abb. 78).

Die elektrischen Werte bestimmen sich zu:

$$R_0 = \sqrt{\frac{L}{C}},$$

$$C_0 = \frac{2 \cdot \sqrt{L \cdot C}}{R}.$$

Die Zusatzapparate sind bei der Nachbildung zu berücksichtigen.
Die geringe Restinduktivität des Ringübertragers genügt um die Wirkung des kapazitiven Blindwider-
standes zum großen Teil zu kompensieren, so daß sich lediglich die Nachbildung der Rufsperrkondensatoren
erübrigt. Man erhält demnach für
Freileitungen folgende Nachbildung
(Abb. 79).

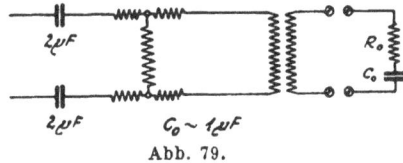

Abb. 79.

Die in den Abb. 75 und 76 dargestellten Nachbildungen (auch
TRA-Nachbildung genannt) sind auf Zugeständnisse elektrischer Art
an den Kabelbau aufgebaut, welcher in den Anfängen des Fernkabel-
baues noch nicht in der Lage war, Kabel großer Gleichmäßigkeit herzustellen. Aus diesen Gründen hat man damals auf genaue Nachbildung
verzichtet und größere Rückkopplungsfehler in Kauf genommen. Der
moderne Kabelbau läßt einen sehr gleichmäßig verlaufenden Wellenwiderstand erreichen, so daß die genaue Nachbildung wirtschaftlichen

Erfolg verspricht. Man hat die oben beschriebene Hoytnachbildung entsprechend sinngemäßer Anwendung der Vorgänge bei Nachbildung einer Freileitung neu entwickelt und in den modernen Kabelanlagen zur allgemeinen Anwendung gebracht. Die Hoytnachbildung der modernen Form zeigt Abb. 80. Dabei bedeutet:

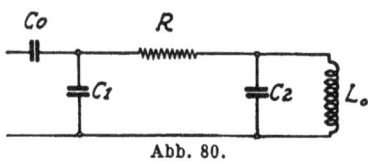

Abb. 80.

$C_0 =$ Längskondensator,

$C_1 =$ Querkondensator,

$R =$ Widerstand,

L_0 und $C_2 =$ Schwingungskreis.

Die elektrischen Größen sind abhängig von dem Übersetzungsverhältnis der zur Einschaltung gelangenden Ringübertrager zwischen Leitung und Verstärker, welche aus anderen Gründen vorgesehen werden müssen. Für die Normalfernkabeldoppeladern sind folgende Durchschnittswerte zu erwarten bei Verwendung von Ringübertragern mit dem Übersetzungsverhältnis $1:1$:

	0,9 St.	1,4 St.	0,9 V.	1,4 V.
C_0	2,0	2,0	1,0	1,0
C_1	0,026	0,028	0,029	0,032
C_2	0,026	0,028	0,015	0,035
R	1700	1600	900	840
L_0	0,070	0,070	0,026	0,026

Für die Richtigkeit dieser Nachbildung ist der sog. $\frac{s}{2}$ Anlauf Voraussetzung; d. h. der Verstärker kommt in die Mitte eines Spulenfeldes zu liegen. Endet das Spulenfeld nicht mit $\frac{s}{2}$, so werden bei Anlauflängen kleiner als $\frac{s}{2}$ die fehlenden Längen durch Querkondensatoren ergänzt, deren Größe sich nach der Kapazität der zu ersetzenden Leitungslängen bestimmt. Bei Anlauflängen größer als $\frac{s}{2}$ wird sinngemäß auf ein volles Spulenfeld ergänzt, eine Pupinspule eingeschaltet und wiederum mit Hilfe eines Querkondensators ein halbes Spulenfeld angeschaltet. Für die Bestimmung des Eingangswiderstandes der Vierdrahtverstärkerschaltungen ist der $\frac{s}{2}$ Anlauf ebenfalls von grundlegender Bedeutung.

Die Anforderungen an die Güte des Abgleiches müssen ständig höher gestellt werden. Die Gründe hierfür sollen im Zusammenhang mit der sog. Entzerrung erläutert werden.

In Abb. 81 ist der prinzipielle Verlauf der Kabeldämpfungskurve und der Verstärkungskurve eines nicht entzerrten Verstärkers dargestellt.

Es ist zu erkennen, daß beide Kurven in ihrem frequenzabhängigen Verlauf nicht übereinstimmen; die Folge davon ist bei Hintereinanderschaltung ihrer elektrischen Eigenschaften für die Übertragung der Sprachklänge eine ausgesprochene

Kabeldämpfungskurve

Verstärkungskurve

Abb. 81.

lineare Verzerrung. Um diese zu vermeiden, muß die Verstärkungskurve der Kabeldämpfungskurve angepaßt werden. Der theoretische Verlauf der Dämpfungswerte der Kombination beider Schaltelemente ergibt dann, abhängig von der Frequenz, eine gerade Linie.

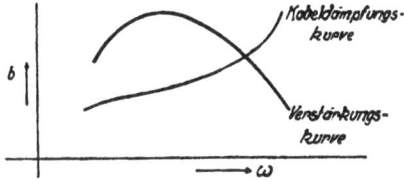

Die Nachbildungsfehler sind definiert nach:

$$\varDelta_1 = 2 \cdot \frac{\mathfrak{Z}_1 - \mathfrak{R}_1}{\mathfrak{Z}_1 + \mathfrak{R}_1},$$

$$\varDelta_2 = 2 \cdot \frac{\mathfrak{Z}_2 - \mathfrak{R}_2}{\mathfrak{Z}_2 + \mathfrak{R}_2}.$$

Mit den oben beschriebenen Nachbildungen kann noch Übereinstimmung mit dem Scheinwiderstandsverlauf in den Grenzen $f = 300$ H. bis $f = 2000$ H. erzielt werden. In der Nähe der Grenzfrequenz der Kabelleitung treten starke Abweichungen der Nachbildung vom Verlauf des Wellenwiderstandes auf; die größten Nachbildungsfehler liegen in der Nähe der Grenzfrequenz. Es würde, wie oben bereits erwähnt, sich wirtschaftlich nicht vertreten lassen, durch komplizierte Schaltmittel den Verlauf des Wellenwiderstandes bis zur Grenzfrequenz nachzubilden. Daher ist es erforderlich, die Verstärkung nahe der Grenzfrequenz herabzusetzen.

Die Wertigkeit der Nachbildungsart läßt sich dann aus dem Verhältnis der Grenzfrequenz zu der maximal innerhalb der Verstärkerschaltung zur Übertragung gelangenden Frequenz ausdrücken. Bei der TRA-Nachbildung beträgt dieses Verhältnis 1,6, bei der Hoyt-Nachbildung 1,4, d. h. bei der Grenzfrequenz der Kabelleitung von $\omega = 16700$ gelangt bei der TRA-Nachbildung noch die Frequenz $\omega = 10500$, bei der Hoyt-Nachbildung die Frequenz $\omega = 12000$ zur Übertragung.

Diese Vorgänge bedingen die Einschaltung von Sperrkreisen in die Verstärkerschaltung in der Weise, daß der Verstärker mit Rücksicht auf die Nachbildungsfähigkeit der Pupinleitung die maximale Grenzfrequenz des Kabels nicht auszunützen vermag. Nach den obigen Ausführungen über die Silbenverständlichkeit muß die Frequenz gleich $f = 2000$ bzw. $\omega = 12600$ als die unterste Grenze einer guten Sprachverständigung angesehen werden. Die Hoyt-Nachbildung erreicht diese Grenze nicht ganz; die TRA-Nachbildung bedingt jedoch bereits einen der Sprechverständigung abträglichen Abfall der hohen Frequenzen.

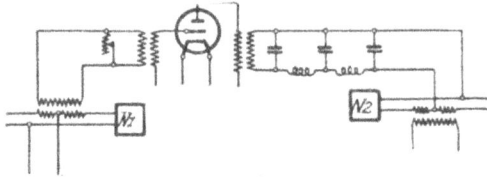

Abb. 82.

Die elektrischen Mittel, welche zur Entzerrung und Frequenzbegrenzung (Filterwirkung) innerhalb der Verstärkerschaltung verwendet werden, sollen an Hand der folgenden Beispiele beschrieben werden.

Abb. 82 stellt den alten Zweidrahtverstärker von Siemens & Halske dar, welcher noch keinen Entzerrer, jedoch eine Drosselkette zur Frequenzbegrenzung aufweist. Der neuere Siemens & Halske-Zweidrahtverstärker (Abb. 83) weist die Frequenzbegrenzung in Form der sogenannten Doppelbrücke am Vorübertrager und einen Dämpfungsausgleich auf.

Der Dämpfungsausgleich ist am Nachübertrager eingeschaltet. Die Wirkungsweise der Doppelbrücke ist folgende[1]): Der Vorübertrager liegt in Diagonale einer Brückenanordnung, deren 4 Zweige durch die beiden sekundären Wicklungen des Ausgleichsübertragers, durch einen Kondensator und einen Schwingungskreis gebil-

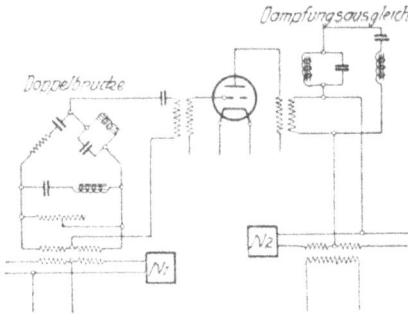

Abb. 83.

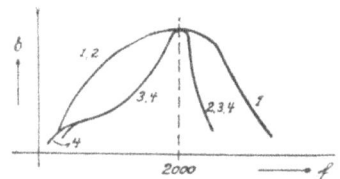

Abb. 84.

det werden. Für hohe Frequenzen ist der Scheinwiderstand des Kondensators gleich dem des Schwingungskreises; es findet keine Energieübertragung statt. Dagegen besteht die geringste Dämpfung etwas unterhalb der Eigenfrequenz des Schwingungskreises. Die Eigenfrequenz des Schwingungskreises und des Vorübertragers bestimmen den Verlauf der Verstärkungskurve und werden so gewählt, daß diese in dem zu übertragenden Frequenzbereich ansteigt und für Frequenzen oberhalb 2000 H. wieder abfällt. (Abb. 84 Kurve 1).

---

[1]) K. Höpfner und F. Lüschen, „Neuzeitliche Fernlinienverstärker". Elektrotechnischer Anzeiger 1926, Nr. 5 und Das Fernkabel 1925, H. 9.

Der Abfall der Verstärkungskurven wird dadurch wirksamer gestaltet, daß parallel zur Sekundärwicklung des Ausgleichsübertragers ein Schwingungskreis mit Resonanz bei der Grenzfrequenz des Kabels (2700 Hertz) angeordnet wird (Abb. 84 Kurve 2). Im Zusammenwirken damit wird nun der Dämpfungsausgleich durchgeführt. Die Verstärkung der mittleren Frequenz muß herabgesetzt, eine Schwächung bei höheren Frequenzen vermieden werden. Aus diesen Forderungen ergibt sich die Form des Entzerrers parallel zum Nachübertrager (Abb. 84 Kurve 3). Die so erhaltene Form gibt für tiefe Frequenzen zu geringe Verstärkung. Die Korrektion erfolgt durch einen Kondensator, welcher in Serie zum Vorübertrager geschaltet wird; der positive Blindwiderstand des Vorübertragers wird durch den Kondensator kompensiert und die Spannung am Übertrager vergrößert. Die endgültige Form der Verstärkungskurve zeigt Abb. 84 Kurve 4.

Ein elektrischer Nachteil dieser Schaltung kann darin erblickt werden, daß ihre Wirkung sich auf der Eigenfrequenz des Vorüber-

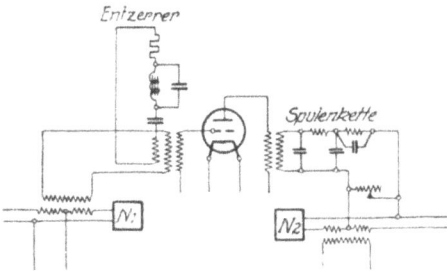

Abb. 85.

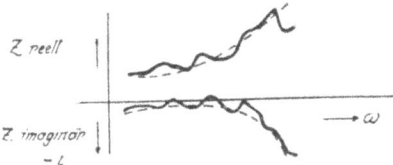

Abb. 86.

tragers aufbaut, welche fabrikationsmäßig nur schwierig für Serienstücke gleichmäßig herzustellen ist.

Die Verstärker der Süddeutschen Telephon-Apparate-, Kabel- und Drahtwerke A. G. tragen den elektrischen Forderungen der Verstärkerdimensionierung in anderer Weise Rechnung (Abb. 85). Der Entzerrer ist hier in induktiver Kopplung am Vorübertrager, die Frequenzbegrenzung in Form einer Spulenkette am Nachübertrager angeordnet.

Es wurde festgestellt, daß die Anordnung einer Nachbildung dazu zwingt, den Frequenzbereich der Übertragung einzugrenzen. Damit werden die Nachbildfehler der höheren Frequenzen beseitigt. Die Scheinwiderstandskurve der Pupinleitung kann, wie bereits oben erwähnt, abhängig von der Frequenz aus verschiedenen Gründen nie einen glatten Verlauf zeigen.

In Abb. 86 ist der Verlauf des Wellenwiderstandes einer reellen Leitung dargestellt.

Die Nachbildung innerhalb des für die Übertragung notwendigen Frequenzbandes kann sich nur auf die Werte einer Mittellinie des reellen und imaginären Teiles des Wellenwiderstandes erstrecken. Damit bleiben

Nachbildungsfehler Δ erhalten, welche sich entsprechend obiger Definition zwischen 0,03 und 0,10 bewegen.

Die Schwankungen des Scheinwiderstandes werden größer, wenn die Leitung mit einem Widerstand belastet ist, der stark vom Wellenwiderstand des Kabels abweicht. Daher wird eine Leitung im Verstärkeramt I mit deren betriebsmäßigem Abschluß im Verstärkeramt II nachgebildet. Als Abschlüsse der Leitung kommen die Eingangswiderstände der Verstärker unter Berücksichtigung eingeschalteter Ringübertrager in Frage, neuerdings bei gezündetem Verstärker und gesperrter Gegenrichtung.

Die Schaltelemente, welche den Eingangswiderstand des Verstärkers bestimmen, sind durch die Verstärkerkurve selbst festgelegt und beeinflussen damit die Eingangscharakteristik in der Weise, daß diese nicht für alle Frequenzen an den Wellenwiderstand angepaßt werden kann.

Es ist jedoch gelungen, durch besondere Dimensionierung die durch Reflektion verursachte Vergrößerung der Nachbildfehler herabzusetzen (Verwendung von angepaßten Ringübertragern).

Einem bestimmten Wertepaar von Nachbildungsfehlern in beiden Richtungen des Verstärkersystems entspricht eine bestimmte maximale Verstärkung für jede Sprechrichtung, für welche die Selbsterregungsgrenze des Verstärkers erreicht wird (Pfeifpunkt). Die Abhängigkeit des Pfeifpunktes von dem Produkt der Nachbildungsfehler läßt sich experimentell ermitteln; sie zeigt folgenden prinzipiellen Verlauf[1]) (Abb. 87).

Der rechnerische Zusammenhang[2]) ergibt sich zu

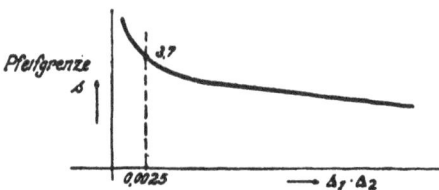

Abb. 87.

$$e^{s\,max} = \frac{P}{\sqrt{\Delta_1 \cdot \Delta_2}},$$

dabei ist P unabhängig von Δ_1 und Δ_2 und ist empirisch ermittelt zu 1,9. Die höchste Verstärkungszahl eines Zweidrahtverstärkers für $f = 2000$ beträgt $s = 2,2$. Entsprechend der Kurve in Abb. 87 ist die Pfeifgrenze für $\Delta_1 = \Delta_2 = 0,05$ $s = 3,7$. Der Verstärker arbeitet demnach stabil.

Für alle Frequenzen mit Nachbildungsfehler fließt ein Teil der von der einen Röhre verstärkten Energie über die zweite zur ersten zurück

---

[1]) B. Pohlmann, „Stand der Verstärkeramtstechnik". Elektrische Nachrichtentechnik 1926, H. 3.

[2]) W. Deutschmann, „Über den Zusammenhang zwischen Abgleichfehlern und Selbsterregungsgrenze bei Doppelrohr-Zwischenverstärkern". Zeitschrift für Fernmeldetechnik, Werk und Gerätebau 1925, H. 3.

und überlagert sich der Primärenergie. Die Verstärkung des Systems wird geändert und zwar je nach der Phasenbeziehung zwischen Erregung und Rückkopplung vergrößert oder verkleinert. Man bezeichnet diese Erscheinung als Rückkopplungsverzerrung. Sie äußert sich in starken Hallerscheinungen und in den meisten Fällen in Bevorzugung der tiefen Frequenzen. Die Größe der Rückkopplungsverzerrung ist abhängig von der Differenz aus Pfeifgrenze und Betriebsverstärkung.

Die Rückkopplungsverzerrung kann als Änderung einer Verstärkungsziffer

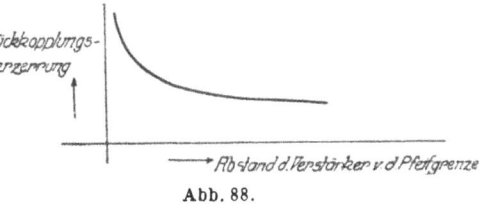
Abb. 88.

auch im Dämpfungsmaß ausgedrückt werden. Abb. 88 zeigt die prinzipielle Abhängigkeit der Rückkopplungsverzerrung von dem Abstand der Verstärkungsziffer von der Pfeifgrenze[1]).

Sind mehrere Verstärker mit Nachbildungsfehler hintereinander geschaltet, so werden die Wirkungen der Nachbildungsfehler eines Verstärkers in der Weise beeinflußt, daß die Pfeifgrenze erniedrigt wird. Diesen Vorgang soll Abb. 89 kennzeichnen[1]).

Restströme, welche sich in der verstärkerseitigen Wicklung des Ausgleichübertragers dem primären Strom überlagern, sind Kennzeichen für die Rückkopplungswirkung.

Zahlenmäßig ist der Zusammenhang der Verminderung der Pfeifgrenze abhängig von

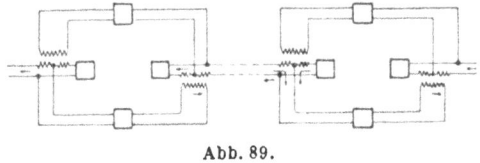
Abb. 89.

der Anzahl der Verstärker und ihrer Stellung in folgender Tabelle[1]) zusammengestellt:

Anzahl der Verstärker	Stellung des Verstärkers				
	1	2	3	4	5
1	0	—	—	—	—
2	0,34	0,34	—	—	—
3	0,55	0,69	0,55	—	—
4	0,69	0,90	0,90	0,69	—
5	0,80	1,04	1,10	1,04	0,80

Es treten hier ziemlich beträchtliche Abnahmen der Pfeifgrenze ein, so daß durch diese Eigenschaft der verstärkten pupinisierten Leitung die Anzahl von hintereinander zu schaltenden Zweidrahtverstär-

[1]) B. Pohlmann, a. a. O.

kern und damit die Reichweite festgelegt ist. Die vorstehende Tabelle gilt für $\varDelta_{1,2} = 0,05$. Im modernen Kabelbau kann mit kleineren Nachbildungsfehlern gerechnet werden, so daß die praktische Anzahl der hintereinander zu schaltenden Zweidrahtverstärker ca. 6 beträgt. Der Abstand der Selbsterregungsgrenze von der Betriebsverstärkung kann nicht nur für den Einzelverstärker, sondern für das ganze Leitungsgebilde als Kriterium für dessen Stabilität angenommen werden. Für eine gute Leitung soll der Abstand des Pfeifpunktes von der Betriebsverstärkung nicht weniger als $b = 0,4$ Neper betragen (Pfeifpunktsbestimmung).

Aus den obigen Zusammenhängen lassen sich die wahrscheinlichen Dämpfungslinien einer Leitung mit Rückkopplungsverzerrung berechnen. Die Rückkopplungsverzerrung selbst kann positiv oder negativ auftreten; dementsprechend wird die mögliche Dämpfungslinie zwischen zwei Grenzlinien verlaufen.

Aus diesen Betrachtungen geht ohne weiteres hervor, daß eine Entzerrung der Verstärkungsziffer über das Gebiet hinaus, in welchem der Wellenwiderstand der Leitung einigermaßen gleichmäßig verläuft, zwecklos ist. Bei nicht entzerrten Verstärkern nehmen die Rückkopplungsverzerrungen entsprechend der höheren Gesamtdämpfung bei höheren Frequenzen ab. Dafür erhält man für diese Frequenzen zu hohe Dämpfung, welche Erscheinung den Forderungen der frequenztreuen Übertragung widerspricht (Kabelsprache).

Die modernen Zweidrahtverstärker weisen folgende Übertragungsbereiche auf:

für Stammleitungen $f = 250 - 2000$ Hertz,

für Viererleitungen $f = 300 - 2400$ Hertz.

Dabei beträgt die Grenzfrequenz der Stammleitungen 2700 Hertz und jene der Viererleitungen 3500 Hertz.

Es ist ersichtlich, daß bei Erhöhung der Grenzfrequenz auch das zur Übertragung gelangende Frequenzband verbreitert werden kann. Die systematischen Schwankungen des Wellenwiderstandes nehmen ab. Die Spulenkette des Verstärkers kann in ihrer Grenzfrequenz bezüglich der Grenzfrequenz des Kabels höher dimensioniert werden $(0,8 \times f_0)$. Andererseits wird bei Erhöhung der Grenzfrequenz und Verwendung von Spulenketten, welche in ihrem oberen Übertragungsbereich Kabelleitungen niedriger Grenzfrequenz zugeordnet sind, die Nachbildungsfähigkeit der Leitung wesentlich verbessert und damit der Rückkopplungsfehler vermindert. Mit Rücksicht auf die Verstärkerverhältnisse werden deshalb die Kabelleitungen mit einer so hohen Grenzfrequenz pupinisiert, als es die Wirtschaftlichkeit der Anlage zuläßt. Die wirtschaftliche Grenzfrequenz liegt bei ca. $f_0 = 3500$ Hertz.

Bis das Verhalten der Zweidrahtverstärker theoretisch untersucht und die Grenzen ihrer Leistungsfähigkeit erkannt waren, stand man in

der Zwischenzeit vor der Notwendigkeit, Fernsprechleitungen auf größere
Entfernungen als die Reichweite des Zweidrahtbetriebes gewährleistete,
auf unterirdischem Wege zu betreiben. Die Erfahrung lehrte, daß Fernkabelleitungen mit Zweidrahtverstärker zu diesem Zwecke nicht ver-
wendbar waren.

Es wurde die Vierdrahtleitung entwickelt, welche ihrem Wesen nach
ein Zweidrahtverstärkersystem mit bis zu den beiden Endstellen aus-
einandergezogenen Teilpunkten darstellt (Abb. 90). Für die Verbindungsleitung werden 4 Drähte benötigt. Für die Berücksichtigung der Frage
der Wirtschaftlichkeit kommt in Betracht, daß der Vierdrahtverstärker
infolge fehlender Nachbildung im Gegensatz zum Zweidrahtverstärker
die Ausnutzung seiner vollen Verstärkungsziffer gestattet.

Abb. 91 zeigt[1]) den prinzipiellen
Verlauf der Zusammenstellung der
Kosten für Zweidraht- und Vier-
drahtverbindungen abhängig vom

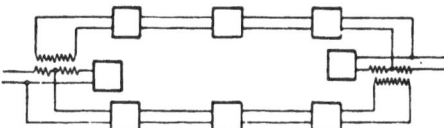

Abb. 90.

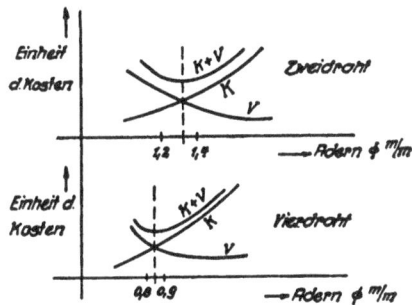

Abb. 91.

Leiterdurchmesser. Die mit K bezeichneten Kurven beziehen sich auf
die Kosten des Kabels, jene mit V bezeichneten auf die Kosten der
Verstärker. Der wirtschaftliche Durchmesser der Adern für Zweidrahtverbindungen liegt bei ca. 1,4 mm, jener für Vierdrahtverbindungen bei
ca. 0,9 mm.

Die Kosten des Vierdrahtbetriebes auf schwachpupinisierten Leitungen sind hierin noch nicht berücksichtigt.

Der Vierdrahtverstärker stellt ein wesentlich einfacheres Schaltgebilde als der Zweidrahtverstärker dar. Es entfallen die Nachbildungen
der Fernkabelleitungen; es sind lediglich bei den Gabelschaltungen
Nachbildungen zum Anschluß von Teilnehmerleitung oder Transit-
leitung anzuordnen. Dies kann mit einfachen Mitteln geschehen, da
zwischen Gabelschaltung und Zweidrahtleitung die Einschaltung einer
hohen Dämpfung möglich ist, wobei die Zweidrahtleitung für die Gabelschaltung bereits elektrisch lang erscheint; d. h. Belastungsänderungen
in der Zweidrahtleitung sind in Annäherung ohne Einfluß auf die Nachbildung.

---

[1]) K. W. Wagner, „Das Fernsprechen auf weite Entfernung", a. a. O.

8*

Es hat den Anschein, als wenn wir nun eine Leitung gewonnen hätten, deren Reichweite unbegrenzt ist. Dagegen sprechen folgende Erscheinungen:

1. Phasenverzerrung und Einschwingvorgänge,
2. das Echo.

Bei der Behandlung der Verzerrungserscheinungen wurden nach Küpfmüller[1]) nachstehende Betrachtungen angestellt, die hier kurz wiederholt werden sollen. Die Folgerungen für die Besprechung der Einschwingvorgänge sind der gleichen Arbeit entnommen.

Am Anfang der Leitung herrsche eine Spannung von der Form $V_1 \cdot e^{i\omega t}$. Am Ende der Leitung wird dann nach hinreichend langer Zeit die Spannung $V_2 = c \cdot V_1 \cdot e^{i\omega t - ia}$ auftreten. Dabei bedeutet c einen Faktor, welcher die Änderung der Amplitude kennzeichnet, a den Phasenwinkel. c läßt sich im Dämpfungsmaß ausdrücken; man erhält

$$V_2 = V_1 \cdot e^{-b + i\omega t - ia}.$$

Frequenzabhängige Veränderung von b kennzeichnet den Begriff der linearen Verzerrung; Änderung von a mit der Frequenz ist die Grundlage der Phasenverzerrung. Reduziert man a auf eine von der Frequenz unabhängige Zeit und setzt $a = t_0 \times \omega$, so erhält man für $b = 0$ $V_2 = V_1 \cdot e^{i\omega(t - t_0)}$. Die Spannung V_2 ist identisch mit der Spannung V_1, jedoch um die Zeit t_0 gegenüber jener verschoben. Die Zeit t_0 wird als Laufzeit bezeichnet. Genügt a nicht der Bedingung $a = t_0 \times \omega$ bzw. $\dfrac{da}{d\omega} =$ konst., so liegt Phasenverzerrung vor. Phasenverzerrung äußert sich in folgender Weise:

1. Im Klangbild der Sprache werden die Formanten verschoben (ähnlich Verzerrung zweiter Ordnung).
2. Bei langen Verbindungen setzt das Zeichen nicht sprungweise ein, sondern baut sich langsam auf (ähnliche Verzerrung linearer Art).

In Abb. 92 ist dieser Vorgang schematisch dargestellt.

t_0 wird als Laufzeit der homogenen Ersatzleitung bezeichnet. τ bedeutet die sog. Einschwingzeit, d. h. jene Zeit, welche notwendig ist, das Zeichen nach Einsetzen zur Entwicklung gelangen zu lassen.

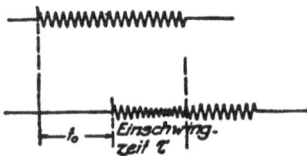

Abb. 92.

Aus der Leitungstheorie bestehen folgende Beziehungen:

[1]) K. Küpfmüller und H. F. Mayer, „Über Einschwingvorgänge in Pupinleitungen und ihre Verminderung". Wissenschaftliche Veröffentlichungen aus dem Siemens-Konzern, V. Bd. 1926, H. 1.

Winkelmaß $\alpha = \omega \sqrt{L \cdot C}$;

Grenzfrequenz $\omega_0 = \dfrac{2}{s} \sqrt{\dfrac{1}{L \cdot C}}$;

Wellengeschwindigkeit $v = \dfrac{\omega}{\alpha}$ km/sek;

Laufzeit $t_0 = \dfrac{l}{v}$;

hieraus errechnet sich $t_0 = \dfrac{l \alpha}{\omega}$;

t_0 wird von der Frequenz unabhängig; dagegen ist t_0 abhängig von der Grenzfrequenz, wie folgende Umrechnung zeigt:

$$t_0 = l \cdot \sqrt{L \cdot C} ,$$

$$\omega_0 = \dfrac{2}{s} \cdot \dfrac{1}{\sqrt{L \cdot C}} ; \qquad \sqrt{L \cdot C} = \dfrac{2}{s \cdot \omega_0} ;$$

$$t_0 = \dfrac{2 l}{s \cdot \omega_0} .$$

Bei Sprachübertragung bewirken die Einschwingvorgänge ein In-einanderfließen der einzelnen Sprachlaute. Außerdem tritt durch Zer-legung der Zeichen ein metallisches Klingen auf. Beide Erscheinungen setzen die Verständlichkeit herab und begrenzen die Reichweite. Es bestehen zwei Mittel zur Abhilfe:

1. schwache Pupinisierung;
2. Phasenausgleich.

Nach einer Patentschrift der Bell-Gesellschaft wird ohne Ableitung folgende Formel aufgestellt:

Einschwingzeit

$$\tau = t_0 \left[\dfrac{1}{\sqrt{1 - \left(\dfrac{\omega}{\omega_0}\right)^2}} - 1 \right].$$

Für die praktischen Bedürfnisse gilt folgende Näherungsformel:

$$\tau = t_0 \cdot \dfrac{1}{2} \left(\dfrac{\omega}{\omega_0}\right)^2$$

oder nach Umrechnung mit obiger Gleichung für $t_0 = \dfrac{2 l}{s \cdot \omega_0}$

$$\tau = \dfrac{l \cdot \omega^2}{s \cdot \omega_0{}^3} ,$$

d. h. die Einschwingzeit wächst mit der Frequenz. Für die Vierdraht-leitung soll für die höchste zu übertragende Frequenz ein bestimmter empirischer Wert nicht überschritten werden d. h.

$$\frac{s \cdot \omega_0{}^3}{l} \geqq c,$$

wobei c einen Erfahrungswert darstellt. Die Reichweite l bestimmt sich zu

$$l = \frac{s \cdot \omega_0{}^3}{c}.$$

Für hohe Anforderungen an die Übertragungsgüte wird c gewählt zu $c = 2{,}3 \times 10^{10}$.

Damit ergeben sich abhängig von der Grenzfrequenz folgende angenäherte Reichweiten:

ω_0	l_{km}
17000	450
20000	700
25000	1400
30000	2400
35000	3700

Erniedrigt man c auf den noch zulässigen Wert von $c = 1{,}0 \times 10^{10}$, so erhöhen sich die Reichweiten entsprechend folgender Tabelle:

ω_0	l_{km}
17000	1050
20000	1600
25000	3200
30000	5500
35000	8500

Der elektrische Phasenausgleich hat den Zweck den Phasenwinkel a in der Weise zu ergänzen, daß die geforderte Frequenzunabhängigkeit der Laufzeiten über das zur Übertragung gelangende Fre-quenzband erreicht wird. Es werden sich dementsprechend Schaltglieder ergeben, deren Dämpfung abhängig von der Frequenz der Kabeldämpfung entgegengesetzt verläuft. Nach Küpfmüller[1]) werden als Phasenausgleichschaltungen widerstands-reziproke Kreuzglieder verwendet (Abb. 93).

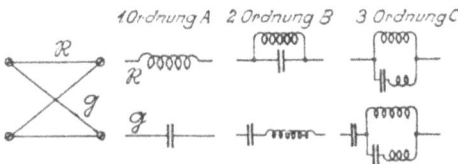

Abb. 93.

---

[1]) K. Küpfmüller und H. F. Mayer, a. a. O.

Man kann durch geeignete Kombination nahezu jede gewünschte Annäherung an den idealen Verlauf der Frequenzabhängigkeit des Leitungsphasenwinkels erreichen. Der Phasenausgleich einer Leitung kann nach folgendem Schema geschaltet sein (Abb. 94).

Die oben erwähnten beiden Mittel zur Verringerung der Einschwingzeiten wirken sich in folgender Weise aus. Der Phasenausgleich vermindert die Einschwingzeit bei gleichbleibender Dämpfung der Leitung und gleichbleibender Laufzeit. Die schwache Pupinisierung vermindert die Einschwingzeit bei erhöhter Dämpfung der Leitung und Vermin-

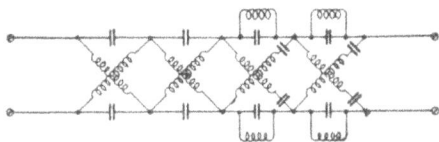

Abb. 94.

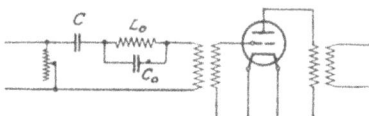

Abb. 95.

derung der Laufzeit. Außerdem werden bei letzterem Vorgang die Einschwingzeiten entsprechend der zur Verfügung stehenden höheren Frequenzübertragung wiederum erhöht.

Aus diesem Grunde erhalten auch Vierdrahtverstärker Schaltmittel zur Frequenzbegrenzung. An einem Beispiel der S. & H. Vierdrahtverstärker sollen die Schaltmittel betrachtet werden, welche der Frequenzbegrenzung mit Angleichung der Verstärkerkurve an die Kabeldämpfungskurve dienen[1]) (Abb. 95).

Der Vorübertrager hat für Frequenzen unterhalb seiner Eigenschwingung positive, für Frequenzen oberhalb seiner Eigenschwingung negative Blindkomponenten.

Die Verstärkerkurve wird für Frequenzen unterhalb der Eigenschwingung durch in Serie geschalteten Kondensator, oberhalb der Eigenschwingung durch eine gleichgeschaltete Induktivität gehoben. Beide Mittel werden gleichzeitig angewandt. Außerdem wird der Gang der Verstärkerkurve durch einen zur Induktivität parallel geschalteten Kondensator beeinflußt, welcher einen steileren Abfall der Verstärkerkurve hervorruft. Die Grenze des Knickpunktes liegt bei Verstärker für Kabelleitung mit mittelstarker Belastung bei $f = 2000$ H., bei schwacher Belastung bei $f = 2500$ H. Darüber hinaus wird die Verstärkerkurve so

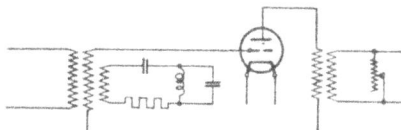

Abb. 96.

geschwächt, daß zwischen Kabeldämpfungskurve und Verstärkerkurve ein Differenzdämpfungsbetrag von $b = 1$ erreicht wird. Bei den Verstärkern der Süddeutschen Telephon-Apparate-Kabel- und Drahtwerke wird der Entzerrerin induktiver Kopplung zum Vorübertrager angeordnet (Abb. 96).

---

[1]) K. Höpfner und F. Lüschen, „Neuzeitliche Fernlinienverstärker", a. a. O.

Eine weitere Eigenschaft der unterirdischen Fernmeldeleitungen, welche die Reichweite der Vierdrahtleitungen begrenzt, ist die Echowirkung. Die Echoströme haben ihre Ursache in ungenügender Nachbildung bei der Gabelschaltung. Die Entstehung des Echos und der Lauf der Echobahnen ist in Abb. 97[1]) dargestellt.

Die Laufzeiten des Echos sind in erster Annäherung gegeben durch die Laufzeit der homogenen Ersatzleitung $t_0 = \dfrac{2l}{s \cdot \omega_0}$.

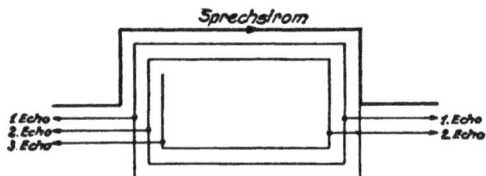

Abb. 97.

Dazu kommt noch die Einschwingzeit τ, welche die Erreichung eines stationären Zustandes der Schwingung verzögert.

Durch die Mittel zur Behebung der Phasenverzerrung kann t_0 und damit die Hauptursache der Echoerscheinung nicht beeinflußt werden.

Die Laufzeit des Echos berechnet sich zu:

$$T = t_0 + \tau$$

oder durch Umrechnung mit den oben erwähnten Beziehungen

$$T = \frac{l}{\omega_0} \cdot \frac{1}{\sqrt{1 - \left(\dfrac{\omega}{\omega_0}\right)^2}} \quad \text{für } s = 2{,}0 \,.$$

Wir sehen, daß nur durch Erhöhung der Grenzfrequenz die Echolaufzeit vermindert werden kann; daß außerdem auch Frequenzbegrenzung innerhalb der Verstärkerschaltung hinzutreten muß, um unter Berücksichtigung der Einschwingzeit nicht wiederum eine Erhöhung der Laufzeit zu erreichen.

Anderseits erkennen wir, daß die prinzipielle Beseitigung des Echos nur auf dem Wege möglich ist, den Abgleich an der Gabelschaltung ideal zu gestalten.

Mit Rücksicht auf die bei der Zweidrahtverstärkerbesprechung gegebenen Richtlinien und unter Berücksichtigung des Umstandes, daß Vierdrahtleitungen auch mit Zweidrahtleitungen verbunden werden müssen, läßt sich die Behauptung aufstellen, daß die Ursache des Echos nicht zu beseitigen ist.

Für die innerhalb der Vierdrahtverbindungen zur Übertragung gelangenden höchsten Frequenzen (für starke Pupinisierung $f = 2000$ und für schwache Pupinisierung $f = 2500$) errechnen sich für 1 km Leitungslänge folgende Laufzeiten:

---

[1]) A. B. Chark, „Telephonische Übertragung über lange Kabelleitungen". Technische Mitteilungen der schweizerischen Telegraphen- und Telephon-Verwaltung, Bern 1925, Nr. 6.

Mittelstarke Pupinisierung 88×10^{-6} Sek. ($\omega_0 = 16\,900$),
Schwache   ,, 33×10^{-6} ,,   ($\omega_0 = 34\,000$).

Dies ergibt für eine Leitung mittelstarker Pupinisierung von 500 km Länge eine Laufzeit von 44 ms. Nach der Erfahrung sind bei Laufzeiten über 20 ms bereits störende Einflüsse durch Echowirkung zu erwarten.

Wir haben gesehen, daß die Ursache des Echos nicht beseitigt werden kann; es wurden Apparate entwickelt, welche geeignet sind seine Wirkung unschädlich zu machen. Dies geschieht durch die sog. Echosperren[1]), deren prinzipielle Einschaltung in eine Vierdrahtleitung in Abb. 98 gezeigt wird.

Es sind folgende Forderungen an die Wirkungsweise der Echosperren gestellt:

1. Die Sperrung muß durchgeführt sein, ehe die Echoströme ankommen;
2. die Sperrung muß solange dauern, bis die letzten Echoströme eingetroffen sind;
3. durch die Steuerung der Echosperren darf keine Energie der Leitung entnommen werden;
4. die Echosperre darf auf Störgeräusche nicht ansprechen.

Die Firma Siemens & Halske hat einen Echosperrer entwickelt, welcher durch die Übertragungsenergie des einen Vierdraht- zweiges gesteuert die Verstärkung des an-

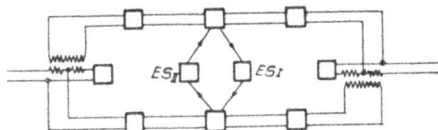

Abb 98

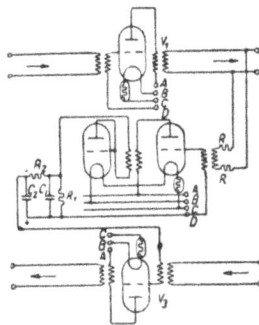

Abb 99.

deren Vierdrahtzweiges für diesen Augenblick gleich Null macht. Dies geschieht durch Gitterpotentialverlagerung des zweiten Verstärker- rohres (Stromlauf Abb. 99).

Die Gittervorspannung dieses Rohres wird durch die Echosperre auf ca. —40 Volt erhöht. Dadurch wird die Verstärkungsziffer dieses Rohres entsprechend Abb. 100 (Ab- hängigkeit der Verstärkungsziffer von der Gittervorspannung) auf 0 gebracht.

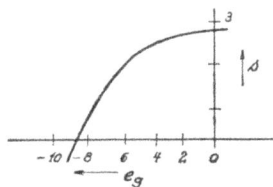

Abb. 100.

---

[1]) Dr. H. F. Mayer und H. Nottebrock, „Echosperrer für Fernverbin- dungen". Siemens-Zeitschrift 1926, H. 9.

Die Verzögerung der Wirkung der Echosperre, um die Sperrung solange aufrechtzuerhalten, bis die letzten Echoströme eingetroffen sind, wird durch parallel bzw. in Serie geschaltete Kondensatoren erreicht. Die Arbeitskennlinie des Echosperrers verläuft nach Abb. 101.

Andere Arten von Echosperreneinrichtungen wirken in der Weise, daß die Sperrung nicht auf elektrischem Wege, sondern mechanisch bewerkstelligt wird. Über einen Verstärker wird ein Gleichrichter gesteuert, welcher ein Relais betätigt, das die Rückleitung der Vierdrahtleitung für den Augenblick der Sperrung kurzschließt (Relais-Echosperre).

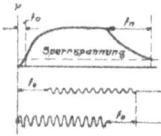

Abb. 101.

Es erübrigen sich an dieser Stelle noch einige Bemerkungen über die Rufverfahren in Fernkabelleitungen. Der Betrieb der Fernmeldeleitungen erfordert, daß zu Beginn und zu Beendigung der Betriebsbeanspruchung der Leitung Signalströme zur Kennzeichnung dieser Vorgänge zum fernen Amt gesandt werden. Ein Gleichstromrufverfahren, das an sich bei metallischer Leitung denkbar wäre (Telegraphie), gelangte praktisch beim Fernsprechwesen nicht zur Ausbildung. Es wurden frühzeitig Wechselströme bestimmter Frequenz als Signalströme verwendet, da dabei eine besondere Angleichung der Schaltelemente der Leitungsanfangs- und Endschaltung an die Erfordernisse des Rufvorganges unnötig wurde. Es genügte die Trennung der Arbeitsaufgaben der Schaltelemente, welche der Rufübertragung und jener, welche der Sprachübertragung dienten, dadurch durchzuführen, daß diese hinsichtlich ihrer wirksamen Widerstände voneinander weit verschiedenen Frequenzen angeglichen wurden. Aus der Entwicklungsgeschichte der Wechselstromläutwerke und der Rufrelais heraus ist es zu erklären, daß unter Berücksichtigung dieser Verhältnisse eine Ruffrequenz von 25 Perioden gewählt wurde. Jede Fernsprechleitung enthält mehrere Sprachübertrager, welche auch die Rufleistung zu durchlaufen hat. Aus den theoretischen Betrachtungen über das elektrische Verhalten der Übertrager geht hervor, daß diese eine hohe Dämpfung gerade niederen Frequenzen entgegensetzen. Dies ist ein Grund dafür, daß die Rufspannung am Anfang der Leitung rund das 60fache der mittleren Spannung der elektrischen Sprachklänge betragen muß.

Bei Entwicklung der mit Verstärker ausgerüsteten Zweidrahtleitungen wurden die Rufeinrichtungen der vorliegenden Ausrüstung der Fernmeldeleitungen zugrunde gelegt. Unter Berücksichtigung des Umstandes, daß das Verstärkerrohr, das nun im Zuge der Leitung für die Sprechströme eine Energiezulieferungsquelle bedeutet, nicht imstande ist, die Rufleistung zu verarbeiten, ergab sich die Notwendigkeit Relaisschaltungen vorzusehen, welche für den Augenblick des Rufvorganges das Verstärkerrohr aus der Verbindung ausschalten.

Eine derartige Schaltung (S. & H.) zeigt Abb. 102[1]).

Mit Hilfe von Rufrelais R und Weiterrufrelais W ist diese Schaltung in der Weise getroffen, daß die Energie zum Weiterruf der Rufmaschine ($\sim$ 25) des Verstärkeramtes entnommen wird.

Die Verstärkerschaltung wird gegen Eintritt des ankommenden Rufstromes geschützt durch einen der Leitung in Serie geschalteten Blockkondensator von $1\,\mu F$, welcher der niederen Frequenz einen hohen Widerstand entgegenstellt. Die Abriegelung des Verstärkers gegenüber dem abgehenden eigenen Rufstrom erfolgt durch Kurzschluß des Einganges des Verstärkers. Gleichzeitig wird der Ausgleichsübertrager kurzgeschlossen, damit für die Dauer des Rufvorganges durch die damit verbundene Störung des Abgleiches eine Selbsterregung der Verstärkerschaltung vermieden bleibt.

Die obige Schaltung zeigt auch die sogenannte Zeitrufeinrichtung, welche bezweckt, durch Dauerruf den Betriebsbeamten des Verstärkeramtes zu veranlassen, sich in die Leitung einzuschalten. Das Zeitkriterium liegt dabei in der Wirkungsweise des Thermorelais T, welches nach einer bestimmten Zeit (5 Sek.) über den Thermokontakt t, Hilfsrelais H das Anrufrelais A erregt.

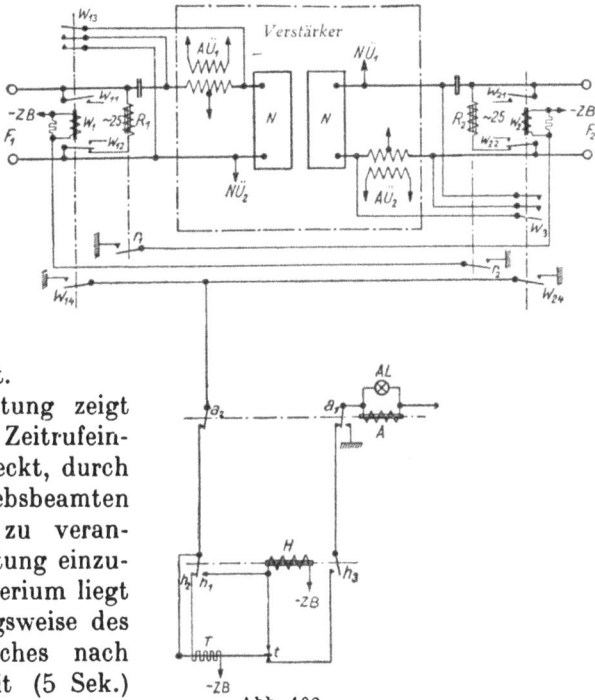

Abb. 102.

Wirtschaftliche Erwägungen der Entwicklung der letzten Zeit zwingen dazu, das Verfahren des Rufvorganges mit einem Wechselstrom von 25 Perioden auf unterirdisch geführten Leitungen zu verlassen. Es ist das Ziel der Entwicklungsarbeit des Fernsprechverkehrs, das in den Metallwerten der Kabelanlagen investierte Kapital restlos auszunutzen. Die Fernsprechströme beanspruchen das Frequenzband von 300 bis 2500 Hertz. Die Frequenzbänder über 2500 Hertz und unter 300 Hertz

---

[1]) Siehe W. Deutschmann und H. Nottebrock, „Neuzeitliche Fernsprech-Verstärkerämter". Siemens & Halske A.-G., Wernerwerk 1928.

sind unbenützt, letzteres lediglich in Anspruch genommen durch die Ruffrequenz von 25 Hertz. Eine Ausnützung des höheren Frequenzbandes kommt nicht in Frage, da mit Rücksicht auf die wirtschaftliche Verringerung der Dämpfung die Pupinisierung so getroffen ist, daß die Grenzfrequenz die Auswirkungsmöglichkeit dieses Frequenzbandes verhindert. Das untere Frequenzband (0 bis 300 Hertz) kann nun mit Signalströmen belegt werden, welche anderen als Sprechzwecken dienen. Das Frequenzband wird Träger von Telegraphiezeichen (Unterlagerungstelegraphie). Durch geeignete Sperrkreisschaltungen ist es möglich, gleichzeitig auf einen Übertragungskreis Sprech- und Telegraphieströme ohne gegenseitige Störung zur Auswirkung gelangen zu lassen, dadurch, daß verschiedene streng getrennte Frequenzbänder zur Übertragung benutzt werden.

Die Prinzipanordnung der Schaltung der Unterlagerungstelegraphie zeigt Abb. 103.

Bei den Verstärkerschaltungen müssen zur Überbrückung für die Telegraphiezeichen feste ruhende Schaltungen verwendet werden, welche im Prinzip die gleiche Wirkungsweise wie bei den Endschaltungen (Abb. 103) aufweisen. Für die Verstärkung der Telegraphieströme, welche in anderen (größeren) Abständen wie jene der Fernsprechströme erfolgt, kommen Relaisschaltungen zur Anwendung[1]).

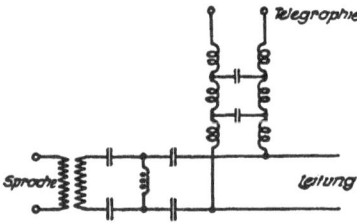

Abb. 103.

Durch die Beanspruchung des unteren Frequenzbandes durch die Unterlagerungstelegraphie kann die Frequenz von 25 Hertz für Signalzwecke der Sprechverbindung nicht beibehalten werden. Die Signalfrequenz muß in das Frequenzband der Sprachübertragung zu liegen kommen. Es wurde als Ruffrequenz die Periodenzahl 500 gewählt, welche neuerdings entsprechend internationaler Übereinkunft im Takt von 20 Perioden unterbrochen wird (modulierte Ruffrequenz). Dieses letztere Verfahren hat den Zweck, die Aussiebung der Ruffrequenz aus dem Frequenzband der Sprache zu erleichtern.

Bei Vierdrahtleitungen wurde dieses Rufverfahren bereits mit ihrer Entwicklung eingeführt. Dieser Vorgang war von vornherein dadurch erleichtert, daß Vierdrahtleitungen stets mit Verstärkerschaltungen am Ende der Leitung ausgerüstet sind, welche vermöge ihrer Energielieferung eine sichere Aussiebung der Ruf- und Sprachfrequenz

---

[1]) Näheres über Unterlagerungstelegraphie: A. Jipp und H. Nottebrock, „Die Telegraphie auf Fernkabeln, mit besonderer Berücksichtigung der Unterlagerungs- und Impulstelegraphie". Telegraphen- und Fernsprechtechnik 1928, H. 8.

gewährleisten. Bei Zweidrahtleitungen, für welche Endschaltungen für den Sprechübertragungsvorgang an sich nicht notwendig sind, ist die ankommende Rufenergie so klein, daß nun mit Einführung des Tonfrequenzrufes besondere Übersetzungsschaltungen notwendig werden, welche im Prinzip ähnlich jenen bei Vierdrahtleitungen aufgebaut sind.

Abb. 104 zeigt den Stromlauf einer Gabelschaltung mit den zugehörigen Vierdrahtverstärkern.

Der Verlauf der Sprechströme entspricht jenem bei den Zweidrahtverstärkern. Die Aussiebung der Ruffrequenz erfolgt dadurch, daß nach den Sperrkondensatoren der Gitterspannung des Verstärkerrohres an

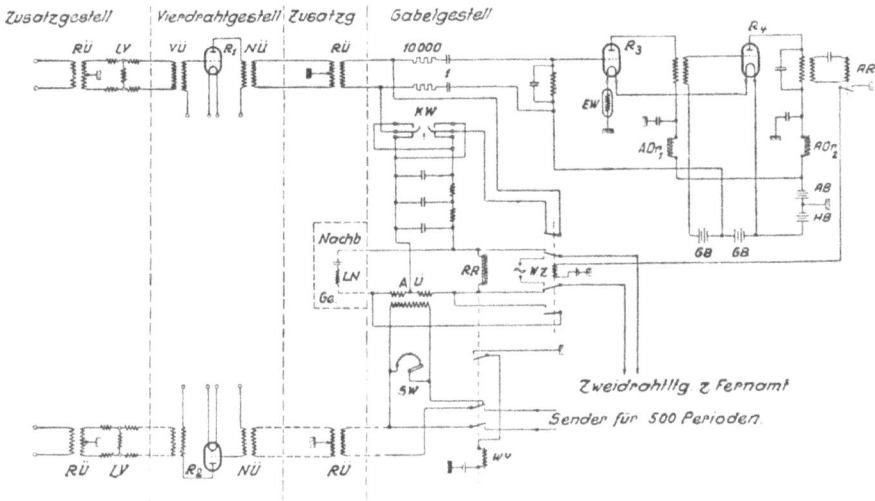

Abb. 104.

der Gabelschaltung gegenüber der Leitung ein Schwingungskreis mit einer Eigenfrequenz von 500 Hertz eingeschaltet wird, welcher für diese Frequenz einen sehr hohen, für alle anderen Frequenzen einen sehr kleinen Widerstand darstellt. Im Ausgangskreis des Gleichrichterrohres liegt nach einem Ausgangsübertrager das Anrufrelais, dessen Eigeninduktivität mit dem in Serie geschalteten Kondensator wiederum einen Schwingungskreis mit der Eigenfrequenz von 20 Hertz bildet. Der schalttechnische Vorgang zur Umsetzung der Ruffrequenzen in ankommender und abgehender Richtung erfolgt sinngemäß wie beim Rufsatz bei Zweidrahtverstärkern.

Aus den vorliegenden Ausführungen über das Zusammenwirken der Pupinleitung und der Verstärker lassen sich folgende prinzipielle Vorgänge erkennen. Im Zweidrahtbetrieb bedeuten Pupinleitung und Verstärkerrohr eine gegenseitige Behinderung der Leitungsausbeute.

Der Abgleich der Leitung ist nur in Annäherung möglich und zwingt zu kleinen Verstärkungsziffern; außerdem muß der Verstärker eine Frequenzbegrenzung erhalten, deren Grenzfrequenz erheblich unter die Grenzfrequenz des Kabels zu liegen kommt. Stärkere Pupinisierung bedingt wohl in gewissen Grenzen niedrigere Dämpfung, jedoch noch schlechtere Nachbildfähigkeit und damit geringere Verstärkungsziffer. Beide Schaltmittel arbeiten sich entgegen. Aus der Geschichte der Technik ist zu ersehen, daß große, wirtschaftlich bedeutende Erfindungen nur möglich waren, wenn technische Mittel sich in ihrer Wirkungsweise ergänzten; z. B. das dynamoelektrische Prinzip, das Gegenstromprinzip bei Kältemaschinen, die Rückkopplungsschaltung usw. Wir können uns nicht verhehlen, daß die elektrischen Vorgänge in pupinisierten Leitungen mit Verstärkern nicht das letzte Ziel technischer Entwicklungsarbeiten darstellen können.

Im Vierdrahtbetrieb liegen ähnliche Verhältnisse vor. Hier ist es wiederum die Grenzfrequenz der Pupinleitung, welche eine reibungslose Entwicklung der Fernsprechleitung auf weite Entfernung hemmt. Wir haben die geringe Fortpflanzungsgeschwindigkeit in Kettenleitern betrachtet. Echosperrer und Phasenausgleichschaltung mußten entwickelt werden und trotzdem ist auch bei Vierdrahtverstärkern eine künstliche Frequenzbegrenzung notwendig, welche es nicht ermöglicht, die erhöhte Grenzfrequenz der schwach pupinisierten Leitungen, welche zur Erhöhung der Übertragungsgüte notwendig wäre, voll auszunützen.

Die zunehmende Entwicklung von langen Leitungen in unterirdischer Führung bringt keine Vereinfachung, sondern mit jeder Neugestaltung neue Schwierigkeit; einerseits aus der Tatsache, daß Röhre und Leitung sich in der Entwicklung gegenseitig hemmen, andererseits aus der Eigenschaft der Pupinleitung als Kettenleiter. Die Röhre trägt zum geringeren Teil Schuld daran; sie besitzt den Nachteil, daß sie nur nach einer Richtung ihre Wirkung ausüben kann. Die Pupinleitung dagegen weist folgende Mängel auf:

1. Starke Frequenzabhängigkeit des Wellenwiderstandes;
2. Laufzeiten, welche bei einigermaßen großen Entfernungen erheblich Störungen hervorrufen können (unabhängig von der zur Übertragung gelangenden Frequenz);
3. Phasenverzerrungen, welche als Verzerrungen zweiten Grades das Klangbild wesentlich verändern können (abhängig von der zur Übertragung gelangenden Frequenz).

Als Vorteil steht gegenüber geringe Dämpfung für ein Frequenzband, welches für eine gute Übertragung noch ausreichend ist, so lange Verstärkerbetrieb nicht in Frage kommt.

Aus der geschichtlichen Entwicklung der Pupinisierungsarten lassen sich folgende Entwicklungsstufen feststellen:

1. Starke Pupinisierung $\omega_0 = 12000$;

2. mittelstarke Pupinisierung $\omega_0 = 17000$ (Grenzfrequenz der Stammleitungen des Fernkabels);

3. schwache Pupinisierung $\omega_0 = 34000$ (Stammleitungen);

4. Musik-Pupinisierung $\omega_0 = 60000$.

Wenn wir die Dämpfungskurve dieser letzteren Leitung mit jener einer 1,4 mm unpupinisierten Kabelader im prinzipiellen Verlauf vergleichen (Abb. 105), so drängt sich unwillkürlich die Frage auf, ob für Leitungen, welche Sonderzwecken dienen, Mittel für die Pupinisierung noch aufzuwenden sind.

In diesem Zusammenhang soll kurz betrachtet werden, in welcher Weise die unpupinisierten Leitungen auch für den Regelverkehr in das Fernkabelnetz einzuordnen wären. Dabei gilt als oberster Grundsatz, daß die jetzt durchgeführten Verstärkeramtsabschnitte von 75 km

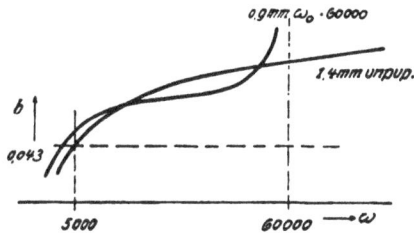

Abb. 105.

Länge beibehalten werden. Die einzelnen Leitungsarten weisen folgende Dämpfungszahlen für $f = 800$ Hertz auf:

0,9 Stamm stark pupinisiert $b = 0,02$ pro km

1,4 „ „ „ $b = 0,01$ „ „

0,9 „ schwach „ $b = 0,031$ „ „

0,9 „ unpupinisiert $b = 0,069$ „ „

1,4 „ „ $b = 0,0435$ „ „

Unter Beibehaltung der gleichen Verstärkeramtsabstände müssen entsprechend der erhöhten Dämpfung der unpupinisierten Leitungen die Verstärkungsziffern erhöht werden. Es ist zu untersuchen, welche Ansprüche an die Verstärker hinsichtlich ihrer Entzerrung zu stellen sind, um den Forderungen einer guten Übertragung auf unpupinisierten Leitungen gerecht zu werden.

In Abb. 106 ist die Dämpfungskurve einer unpupinisierten 1,4 mm Ader für 75 km Länge dargestellt. Die Werte sind gerechnet und durch Messung kontrolliert. Als maximal zu übertragende Frequenz soll $\omega = 30000$ bestimmt werden. Die maximale Verstär-

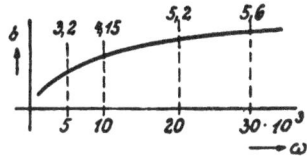

Abb. 106.

kungsziffer des Verstärkers ist auf $b = 6,0$ zu bemessen. Die Entzerrung hat nach den Forderungen zur Vermeidung der linearen Verzerrung zu erfolgen.

Der Wellenwiderstand weist den Verlauf nach Abb. 107 auf.

Nachbildung erfolgt in ähnlicher Weise wie bei oberirdischen Leitungen.

Der Entwicklung der Verstärker für unpupinisierte Leitungen stehen folgende Erscheinungen entgegen:

1. Die erhöhte Leistung des Verstärkers läßt erhöhten Einfluß der Nebensprechkopplungen erwarten. In den modernen Anlagen werden Übersprechwerte von $b = 8,5 \div 9$ gefordert. Die Leistung des Verstärkers von $b = 6$ erreicht bereits die Größenordnung der Übersprechdämpfung. Unter Berücksichtigung des Umstandes, daß der Energieinhalt der Sprachklänge bei $\omega = 30000$ rund nur $^1/_5$ des Energieinhaltes der Grundtöne bzw. Formanten enthält, ist zu erwarten, daß von diesem Gesichtspunkte aus die Störungen etwas günstiger beurteilt werden können, wenngleich bei einer Restdämpfung von $b = 1,5$ Neper, zu deren Erzielung noch besondere Maßnahmen zu treffen wären, und bei einer Verstärkungsziffer von $s = 3,0$ im Zweidrahtbetrieb immerhin eine Nebensprechdämpfung von mindestens $b = 10$ Neper zu fordern wäre.

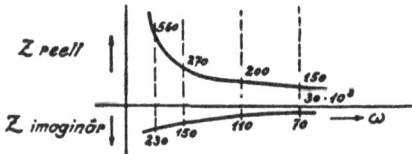

Abb. 107.

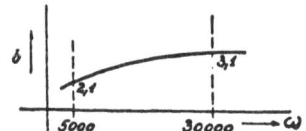

Abb. 108.

2. Der Zusammenhang zwischen Verstärkungsziffer und Rückkopplungsverzerrung infolge Nachbildfehler wird sich in der Weise auswirken, daß bereits äußerst geringe Unsymmetrien, wie sie der Ausgleichsübertrager selbst in fabrikationsmäßiger Serienausführung aufweist, bei der hohen Verstärkungsziffer zum Eigentönen führen können.

Es wäre in diesem Zusammenhange noch die Frage zu erwägen, inwieweit die Kosten für die Pupinisierung, welche rund $^1/_5$ der Kosten der gesamten Kabelanlage ausmachen, dazu Verwendung finden können, um die Schleifenkapazität zu erniedrigen. Informatorische Vorversuche führten zu dem Ergebnis, daß es voraussichtlich noch wirtschaftlich tragbar erscheint, die Kapazität der Stammadern von $0,035\,\mu F$ auf $0,025\,\mu F$ zu erniedrigen. In Abb. 108 ist die mit diesem neuen Wert errechnete Kabeldämpfungskurve einer unpupinisierten Leitung mit 1,4 mm Adern aufgezeichnet.

Die Verstärkungsziffer liegt in der Größenordnung jener der jetzigen Vierdrahtverstärker. Es wird notwendig sein, die Verstärker als Kaskaden-Verstärker mit Endröhren größerer Leistung auszurüsten. Die

Leitung besitzt keine höhere Grenzfrequenz als jene, welche durch die Endschaltungen bedingt ist, außerdem eine praktisch vernachlässigbare Laufzeit. Die Entzerrung der Verstärker ist mit einfachen Mitteln möglich.

Die Entscheidung über den Erfolg der Entwicklungsarbeit an Verstärkern für unpupinisierte Leitungen hat ausschließlich die wirtschaftliche Frage zu fällen. Der wirtschaftliche Vergleich der Leitungsarten verschiedener Qualität und damit verschiedener Reichweiten ist unmittelbar von den Anforderungen abhängig, welche heute und in naher Zukunft auf Grund der bestehenden und geplanten Sprechbeziehungen an deren Reichweite zu stellen sind. Solange nicht wesentliche Erhöhungen der Reichweiten über die z. Z. im zwischenstaatlichen Fernsprechnetz vorhandenen Maximalwerte (2000 bis 3000 km) gefordert werden, kann eine oberflächliche Betrachtung bereits die unpupinisierte Leitung gegenüber den bestehenden schwachpupinisierten Leitungsarten als unwirtschaftlich bezeichnen. Dies gilt, wenn die kommerzielle Sprachverständlichkeit, d. h. ein zu übertragendes Frequenzband von 300 bis 2500 Hertz zugrunde gelegt wird. Werden die Ansprüche gesteigert, welche Vorgänge z. B. die Musikübertragung auf weite Entfernung mit einer oberen Frequenzbandgrenze von 6000 bis 7000 Hertz erfordert, so kann die unpupinisierte Leitung in erfolgreiche Konkurrenz zur extrem schwach pupinisierten Leitungsart treten.

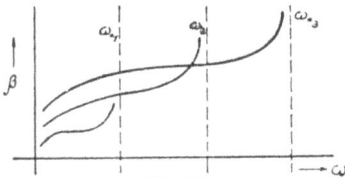

Abb. 109.

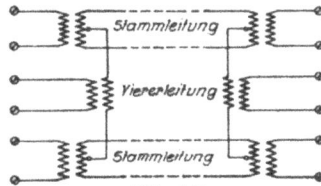

Abb. 110.

Die Erkenntnisse der linearen Verzerrung bedingen die Forderung der Entzerrung der Verstärker, d. h. die Angleichung ihrer Verstärkungsziffer an den frequenzabhängigen Verlauf der Kabeldämpfungskurve. Der frequenzabhängige Verlauf der Kabeldämpfung ist für die einzelnen Leitungsarten verschieden. Die Unterscheidung erstreckt sich auf Zweidraht- und Vierdrahtleitungen nach dem Durchmessser der Leitung, bei Vierdrahtleitungen nach mittelstarker und schwacher Pupinisierung, bei allen Leitungsarten nach Stamm- und Viererschaltung.

Die prinzipielle Abhängigkeit der Dämpfung von der Grenzfrequenz ergibt höhere Dämpfung bei höherer Grenzfrequenz (Abb. 109).

Der Wellenwiderstand nimmt mit zunehmender Grenzfrequenz ab.

Daß Stamm- und Viererleitung verschiedene Kabeldämpfungskurven besitzen müssen, geht aus folgender Überlegung hervor (Abb. 110).

Der Kupferquerschnitt wird bei Viererschaltung gegenüber der Stammschaltung auf das Doppelte erhöht; die spezifische Kapazität C_4 der Viererschaltung steht gegenüber der spezifischen Kapazität C_2 der Stammschaltung unter Zugrundelegung der Dieselhorst-Martin Verseilung in einem Verhältnis von $\dfrac{C_4}{C_2} = 1{,}6$. Das Verhältnis der Dämpfungen ergibt sich in Annäherung unter Vernachlässigung des Ableitungsgliedes und unter Vorraussetzung gleicher Selbstinduktion aus

$$\beta_{st} = \frac{R}{2}\sqrt{\frac{C_2}{L_{st}}} \quad \text{und} \quad \beta_v = \frac{R}{4}\sqrt{\frac{1{,}6 \cdot C_2}{L_v}} \quad \text{zu} \quad \frac{\beta_v}{\beta_s} = 0{,}63 \,.$$

Mit Rücksicht auf die Verstärkeranordnung können die Dämpfungen der beiden Leitungsarten nicht verschieden groß gewählt werden. Die günstigere Dämpfung der Viererleitung gestattet eine Erhöhung der Grenzfrequenz bei gleicher Dämpfung wie die Stammleitung unter Verringerung der Selbstinduktion zuzulassen.

Die spezifischen Selbstinduktionen der Stamm- und Viererleitung besitzen bei gleicher Dämpfung $\beta_{st} = \beta_v$ in Annäherung die Abhängigkeit $L_v = 0{,}4\,L_{st}$ (siehe obige Gleichung).

Über

$$\omega_{0st} = \frac{2}{s \cdot \sqrt{L_{st} \cdot C_2}} \quad \text{und} \quad \omega_{0v} = \frac{2}{s \cdot \sqrt{L_v \cdot C_4}}$$

erhält man

$$\omega_{0v} = 1{,}25\,\omega_{0st}$$

Durch die um rund 1,25 mal größere Grenzfrequenz ergibt sich für die Viererleitung zwangläufig ein anderer Dämpfungsverlauf wie bei der Stammleitung. Die Wellenwiderstände Z_{st} und Z_v stehen dann entsprechend

$$Z_{st} = \sqrt{\frac{L_{st}}{C_2}} \quad \text{und} \quad Z_v = \sqrt{\frac{0{,}4 \cdot L_{st}}{1{,}6 \cdot C_2}} \quad \text{im Verhältnis } 2{:}1 \,.$$

Bei der Entwicklung der Verstärkereinrichtungen bis zum Jahre 1926 war der Entzerrer konstruktiv mit den reinen Verstärkerelementen verbunden. Damit ergab sich die Notwendigkeit, für jede Leitungsart verschiedene vollständige Verstärkersätze vorzusehen. Die Wellenwiderstände der Leitungen sind verschieden; deshalb mußten auch diese Verstärker mit verschiedenen Eingangswiderständen dimensioniert werden. Diese Vorgänge sind nicht nur von betriebstechnischem Nachteil, sondern sie stellen auch hinsichtlich Beschaffung und Fabrikation bei den heute in Frage stehenden Stückzahlen ein unwirtschaftliches Verfahren dar.

Aus diesen Erwägungen entstand die Entwicklung des sogenannten Einheitsverstärkers[1]).

Die Verschiedenheit der Eingangswiderstände der Verstärker wurde einem Vorschlag des CCI (Comité Consultatif International des Communications Téléphoniques à grande distance) entsprechend dadurch beseitigt, daß der Eingangswiderstand aller Verstärker einheitlich auf ca. 800 Ohm festgelegt wurde. Die Leitungen werden mit Ringübertrager abgeschlossen, welche die Anpassung des Leitungswiderstandes an den Verstärkereingangswiderstand bewerkstelligen. Es ist dann lediglich der Verlauf des Wellenwiderstandes in der Nähe von 800 Ohm bei den einzelnen Leitungsarten verschieden.

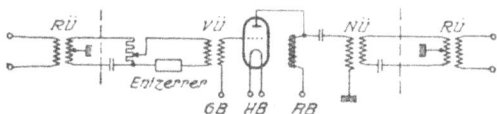

Abb. 111. Vierdrahtverstärker mit Längsentzerrer.

Auf Grund dieser Vereinheitlichung ist es möglich, allein durch den Entzerrer eine genügende Anpassung der Verstärkungskurven an die Kabeldämpfungskurve zu erzielen, ohne die anderen Schaltelemente einer Änderung zu unterwerfen. Diese werden zusammen mit jenen jedem Verstärker gleichen Schaltelementen und Konstruktionsteilen konstruktiv zum Grundverstärker vereinigt. Dazu wird zur Entzerrung entsprechend der Leitungsart das Ausgleichselement zugeordnet, welches alle für die Entzerrerschaltung notwendigen Teile, welche den Grundverstärkern nicht gemeinsam sind, enthält.

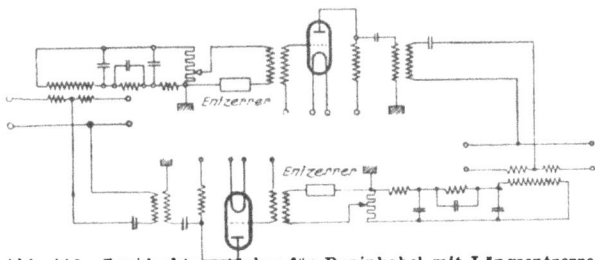

Abb. 112. Zweidrahtverstärker für Pupinkabel mit Längsentzerrer.

Die Entzerrerschaltung selbst ist für alle Verstärkerarten vereinheitlicht und auf der Grundlage der Längsentzerrung[1]) aufgebaut (Abb. 111 und 112).

Zum Längsentzerrer ist als wesentliche Neuerung als Regeleinrichtung ein Spannungsteiler zugeordnet, der in seiner Verbindung mit dem Entzerrer und den elektrischen Eigenschaften des Vorübertragers einen

---

[1]) H. Nottebrock und R. Feldtkeller, „Die Entwicklung der Fernsprechverstärker im Jahre 1927 und die Grundlagen des Einheitsverstärkers". Mitteilungen aus der Verstärkerabteilung und dem Zentrallaboratorium des Wernerwerkes der Siemens & Halske A.-G. Telegraphen- u. Fernsprechtechnik 1927, H. 11.

von seiner Stellung nahezu unabhängigen Eingangswiderstand des Verstärkers gewährleistet. Damit ist eine für die Bedürfnisse des Betriebes ausreichende Parallelverschiebung der Verstärkungskurve durch den Regelwiderstand sichergestellt.

Den konstruktiven Aufbau des Grundverstärkers und der Ausgleichsschaltung zeigen die Abbildungen 113 mit 116 (nach Ausführungen der Allgemeinen Elektrizitäts-Gesellschaft Berlin).

IV. Einordnung der Verstärker in das Leitungsnetz. Verstärkerämter.

Der Verstärker hat die Aufgabe, die Dämpfung des vorliegenden Verstärkerfeldes zu kompensieren und mit Rücksicht auf die lineare Verzerrung zu entzerren.

Entsprechend der Kabeldämpfungskurve ist die Verstärkungsziffer von der Frequenz abhängig. Für die Vordimensionierung von Lei-

Abb. 113. Vorderansicht des Grundverstärkers.

tungen wird für $f = 800$ Hertz die Verstärkungsziffer eines Zweidrahtverstärkers als Richtwert zu 1,5, eines Vierdrahtverstärkers zu 2,5 bis 3,0 Neper angenommen.

Auf Grundlage der angenäherten spezifischen Dämpfungszahlen der Leitungen des deutschen Fernkabelnetzes, welche

für 1,4 mm Adern in Stamm- und Viererschaltung mittelstarker Pupinisierung zu $\beta = 0,01$ Neper

für 0,9 mm Adern in Stamm- und Viererschaltung mittelstarker Pupinisierung zu $\beta = 0,02$ Neper und

für 0,9 mm Adern in Stamm- und Viererschaltung schwacher Pupinisierung zu $\beta = 0,034$ Neper angegeben wurden, ergeben sich folgende Verstärkerabschnitte:

1,4 mm Leitungen ca. 150 km,

0,9 mm   „   ca.   75 „   in Zweidrahtschaltung,

0,9 mm mittelstark. Pup. ca. 150 km,

0,9 mm schwacher   „   ca.   80 „   in Vierdrahtschaltung.

Verstärkerämter, in welchen 1,4 und 0,9 mm Zweidrahtleitungen und 0,9 mm Vierdrahtleitungen mittelstarker Pupinisierung zur Verstärkung gelangen, werden als Hauptverstärkerämter, die übrigen als Nebenverstärkerämter bezeichnet. Mit der laufenden Entwicklung des Fernkabelnetzes haben sich diese Begriffe insofern verschoben, als die Verknotung des Netzes in normalen Fällen eine Änderung dieses Prinzipes notwendig erscheinen läßt, wenn dadurch die Einschaltung eines Verstärkeramtes erspart werden kann. In solchen Fällen tritt eine Versetzung

Abb. 114. Rückansicht des Grundverstärkers.

der Verkehrsbedeutung der einzelnen Verstärkerämter ein, so daß bei Neudimensionierung von Verstärkerämtern gefordert wird, die Möglichkeit der Verstärkung aller Leitungsarten vorzusehen.

Jede neue in Betrieb zu nehmende Fernsprechverbindungsleitung wird zuerst rechnerisch und graphisch vordimensioniert. Dies geschieht in der Aufstellung der sogenannten Leitungskarten und Pegellinien. Die Leitungskarte enthält: die Betriebsstellen am Anfang und Ende; die Verstärkerämter, in welchen die Leitung zur Verstärkung gelangen soll; die Kabellängen zwischen Betriebsstellen und Verstärkerämtern untereinander; die Bezeichnung der Adernnummer; Grenzfrequenz und

Scheinwiderstand der Leitung; die Dämpfungswerte der Leitung, die Bezeichnung der Verstärker, die Stellung des Schwächungswiderstandes, mit welcher der Verstärker in Betrieb genommen werden soll; die einzuschaltenden Ringübertrager mit ihrem Übersetzungsverhältnis, die Anlaufergänzungen, die Verlängerungsleitungen, das Rufverfahren.

In den Pegellinien ist der Dämpfungsverlauf der Leitung graphisch dargestellt.

Abb. 115.
Vorderansicht des Ausgleichelementes.

Abb. 116.
Rückansicht des Ausgleichelementes.

Die Pegellinie gibt Aufschluß über den Verlauf der Dämpfung bzw. Verstärkung an jeder Stelle der Leitung. Sie dient als Unterlage für die Messungen zur Inbetriebnahme und Erhaltung des Betriebszustandes der Leitung.

Die resultierende Dämpfung zwischen den beiden Enden der Leitung heißt Betriebsdämpfung. Zwischen Betriebsdämpfung n und dem Verhältnis der Scheinleistungen am Anfang (N_1) und Ende (N_2) der Leitung besteht die Beziehung

$$\frac{N_1}{N_2} = e^{2n}.$$

Da die Leistungen durch relative Spannungsmessungen festgestellt werden, ist es notwendig, die Belastungswiderstände näher zu definieren[1]) (Abb. 117).

R_1 = innerer Widerstand des Generators,
R_2 = Belastungswiderstand der Leitung am Ende,
Z = Wellenwiderstand der Leitung,
E_1 = EMK des Generators,
V_2 = Spannung am Empfänger.

Unter Voraussetzung der Anpassung

Abb. 117.

($R_1 = Z$) wird an die Leitung die Leistung $N_1 = \dfrac{\left(\dfrac{E_1}{2}\right)^2}{R_1}$ abgegeben.

Die am Ende der Leitung nutzbare Leistung ist $N_2 = \dfrac{V_2^2}{R_2}$.

Aus der Definition der Betriebsdämpfung ist

$$n = \frac{1}{2} \cdot \ln \frac{N_1}{N_2} = \frac{1}{2} \cdot \ln \left[\left(\frac{\frac{E_1}{2}}{V_2} \right)^2 \cdot \frac{R_1}{R_2} \right]$$

$$= \ln \left(\frac{\frac{E_1}{2}}{V_2} \right) + \frac{1}{2} \cdot \ln \frac{R_1}{R_2}.$$

Durch zwischenstaatliche Vereinbarung werden $R_1 = R_2$ zu 600 Ohm festgelegt. Die Betriebsdämpfung ergibt sich unter dieser Voraussetzung zu

$$n = \ln \left(\frac{\frac{E_1}{2}}{V_2} \right).$$

Die Zahleneinheit der Betriebsdämpfung wird, wie bereits erwähnt, mit Neper bezeichnet.

Während in Deutschland und einer Reihe von anderen Ländern das Übertragungsmaß auf der Grundlage der natürlichen Logarithmen aufgebaut ist, benutzen andere Länder hierzu die dezimalen (Briggschen) Logarithmen nach der Definition

$$n = \log^{10} \frac{N_1}{N_2}.$$

Die Zahleneinheit dieses Dämpfungsmaßes wird als Bel, der zehnte Teil als Decibel bezeichnet.

---

[1]) Telegraphendirektor Rabanus, „Fernkabelleitungen und ihre Überwachung". Telegraphen- und Fernsprechtechnik 1928, H.1.

Die beiden Einheiten stehen auf Grund ihrer Definition in folgender Beziehung zueinander:

$$\frac{n_{Neper}}{n_{Decibel}} = 0{,}115\,.$$

Bei Pegelmessungen, bei welchen der Verlauf der Dämpfung an bestimmten Punkten der Leitung festgestellt wird, sind die beiden Widerstände R_1 und R_2 nicht gleich groß, da R_2 den Widerstand der Leitung in der Übertragungsrichtung gesehen darstellt. Die Dämpfungen werden in der Pegellinie negativ aufgetragen. Die obige Gleichung für n nimmt die Form an, wenn mit p die Pegeldämpfung bezeichnet wird

$$p = -n = -\ln\left(\frac{\frac{E_1}{2}}{V_2}\right) - \frac{1}{2}\ln\frac{R_2}{600}$$
$$= \ln\left(\frac{V_2}{\frac{E_1}{2}}\right) - \frac{1}{2}\ln\frac{R_2}{600}\,.$$

Durch Messung ist nur der Teilwert $\ln\left(\dfrac{V_2}{\frac{E_1}{2}}\right)$ erfaßt (Spannungspegel); um den Leistungspegel p zu erhalten, muß das Glied $-\dfrac{1}{2}\ln\dfrac{R_2}{600}$ abhängig vom jeweiligen Widerstand der Leitung in entsprechender Richtung zugeordnet werden[1]).

Entsprechend zwischenstaatlicher Vereinbarung sind an die Übertragungsäquivalente folgende Ansprüche zu stellen:

1. Die Betriebsdämpfung der Leitung zwischen zwei Endämtern soll 1,3 Neper nicht übersteigen;

2. die Dämpfung zwischen zwei Teilnehmersprechstellen soll nicht größer als 3,3 Neper sein;

3. damit ergibt sich als zulässige Dämpfung für die Verbindungsapparate vom Endpunkt der Leitung bis zur Teilnehmersprechstelle auf jeder Seite ein Wert von je 1,0 Neper.

Die notwendigen Verstärkerapparate und deren Zusätze werden im Zuge der Kabellinie in sogenannten Verstärkerämtern vereinigt. Die Leitungen werden mit Ringübertrager abgeschlossen und je nach Bedarf mit Verlängerungsleitungen und Spulenfeldergänzungen ausgerüstet.

---

[1]) Rabanus, „Fernkabelleitungen und ihre Überwachung", a. a. O.

Ringübertrager werden aus folgenden Gründen eingeschaltet:

1. Galvanische Trennung der Leitung von den Amtsschaltungen;
2. Möglichkeit der Viererbildung;
3. Anpassung des Wellenwiderstandes der Leitung an den Eingangswiderstand des Verstärkers zur Vermeidung von Reflektionsverlusten.

Nach dem internationalen Übereinkommen für das Fernsprechen im Weitverkehr ist der Eingangswiderstand der Verstärker auf ca. $Z = 800$ allgemein festgesetzt. Falsche Anpassung hat

1. Vergrößerung der Rückkopplungsverzerrung und
2. geringere Leistungsausbeute (Zusatzdämpfung) zur Folge. Außerdem tritt bei falscher Anpassung Abweichung der Verstärkungskurve von der Kabeldämpfungskurve bei festem, einem bestimmten Leitungswiderstand zugeordneten Entzerrer ein. Der Wellenwiderstand der Leitung muß deshalb dem Widerstand des Verstärkers angepaßt werden.

Zur Bemessung der Anpassung gelten für das deutsche Fernkabelnetz folgende Richtwerte:

1,4 mm Stamm mittelstarker Pupinisierung $Z = 1600\ \Omega$

0,9 mm „ „ „ $Z = 1600$ „

1,4 mm Vierer „ „ $Z = 800$ „

0,9 mm „ „ „ $Z = 800$ „

0,9 mm Stamm schwacher „ $Z = 800$ „

0,9 mm Vierer „ „ $Z = 400$ „

Aus diesen Werten bestimmt sich in Verbindung mit dem Eingangswiderstand des Verstärkers das Übersetzungsverhältnis der Ringübertrager, welches in den meisten Fällen nach dem Verhältnis der Widerstände bezeichnet wird.

Das Verhältnis der Windungszahlen entspricht dann annähernd der Quadratwurzel des Verhältnisses der Widerstandswerte.

Der Wellenwiderstandswert eines Übertragers ist auch bei Belastung in erster Annäherung abhängig vom Selbstinduktionswert. Die Selbstinduktionen verhalten sich bei gleichem Eisenkern und gleichem Wicklungsquerschnitt annähernd wie die Quadrate der Windungszahlen. Daraus ergibt sich, daß die Windungszahl, welche dem doppelten Wellenwiderstand entspricht, nur das 1,4 fache der Windungszahl des einfachen Wellenwiderstandes betragen muß.

Die Einschaltung der Ringübertrager dient in erster Linie der Vermeidung der Rückkopplungsverzerrung und der Bestimmung des richtigen Eingangswiderstandes für die Entzerrung. Die Erhöhung der Leistungsausbeute ist von untergeordneter Bedeutung, da das Leistungsmaximum abhängig vom Anpassungsverhältnis keine scharfe Resonanzspitze aufweist (Abb. 118).

Außerdem spielt der Ringübertrager eine große Rolle bei Bestimmung
der durch seine Anschaltung bedingten Frequenzbegrenzung hinsichtlich linearer Frequenzabhängigkeit (Abb. 119).

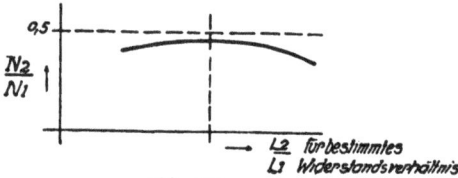

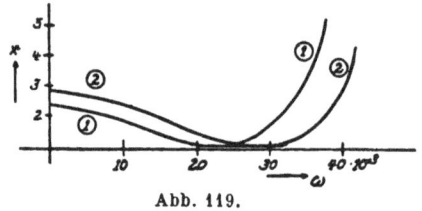

Abb. 118.   Abb. 119.

Diese Kurven sind so entstanden, daß für ein konkretes Beispiel
die Werte des Spannungsverhältnisses eines Übertragungskreises mit
und ohne Leitung in Vergleich gesetzt wurden (Verhältniswert $= x$).
Ist $x = 1$, so ist der Übertragungskreis mit und ohne Leitung gleich
wirksam. Je größer der Wert x ist, um so größeren Einfluß übt die
Leitung aus. Kurve 1 und 2 beziehen sich auf Übertrager verschiedener
Anpassung.

Es ist ersichtlich, daß man auch hier ohne vorhandenen Kettenleiter mit einer Frequenzbegrenzung zu rechnen hat, deren Höhe je
nach guter oder schlechter Anpassung verschieden ist.

Bei Anpassung von Ringübertragern bei Verbindung von Leitungen
verschiedenen Wellenwiderstandes soll der Übertrager zweckmäßig
überangepaßt werden, damit der niederperiodige Rufstrom entsprechend
der Ausführungen des ersten Abschnittes keiner zu großen Dämpfung
unterworfen ist.

Die Verlängerungsleitungen dienen dazu, die Dämpfung eines Verstärkerfeldes, dessen Länge von der Normalentfernung abweicht, auf
den normalen Wert zu erhöhen. Sie werden entsprechend ihrer Größenordnung und der Wichtigkeit der Leitungsverbindung verzerrend oder
nicht verzerrend ausgeführt. Eine Art von nicht verzerrender Verlängerungsleitung zeigt im Stromlauf Abb. 120.

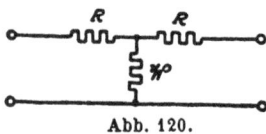

Abb. 120.

Mit der nicht verzerrenden Verlängerungsleitung kann man entsprechend der Verwendung frequenzunabhängiger Widerstände nur
für eine Frequenz die gewünschte Dämpfungserhöhung erzielen. Der frequenzabhängige Verlauf der Dämpfung der Verlängerungsleitung ist verschieden gegenüber
jenem der reellen Leitung. Dazu kommen noch die schwer zu erfassenden Dämpfungsänderungen durch Reflektion an der Stoßstelle —
Verlängerungsleitung — wirkliche Leitung für jene Frequenzen, für

welche eine Übereinstimmung der Wellenwiderstände der beiden Schaltgebilde nicht zu erreichen ist. Damit tritt eine Erschwerung der Nachbildung und als Folge Vergrößerung der Rückkopplungsverzerrung bei Zweidrahtleitungen sein. Eine gewisse Verbesserung dieser Verhältnisse ist dadurch zu erzielen, daß die nicht verzerrenden Verlängerungsleitungen auf der Nachbildseite wiederholt werden. Für größere Werte der Verlängerungsleitungen (über $b = 0,4$ Neper) führt jedoch auch dieses Verfahren nicht mehr zum Ziel. Es ist notwendig Schaltglieder zu verwenden, deren Dämpfung und Wellenwiderstand in ihrem frequenzabhängigen Verlauf sich den entsprechenden Werten der Leitung vollkommen angleicht, die sogenannten verzerrenden Verlängerungsleitungen[1]). Ein Beispiel eines derartigen Schaltgebildes zeigt Abb. 121.

Die verzerrenden Verlängerungsleitungen dienen also folgenden Zwecken:

Vermeidung von Stoßstellen im Wellenwiderstand, Erleichterung der Nachbildung;

Verminderung der linearen Verzerrung durch Erzielung von Übereinstimmung von Kabeldämpfungskurve und Verstärkerkurve.

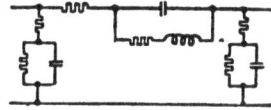

Abb. 121.

Bei Einschaltung von verzerrenden Verlängerungsleitungen ist die Frage zu untersuchen, ob der finanzielle Aufwand die erzielte Verbesserung der Sprachübertragung rechtfertigt.

Spulenfeldergänzungen dienen dazu, die Anlauflänge, d. h. die Leitungsentfernung zwischen dem 1. Spulenpunkt und dem Verstärkereingang auf den für die richtige Auswirkung der Verstärkerschaltung (siehe Abschnitt II) notwendigen Wert, im Normalfall auf die Hälfte des Spulenabstandes, zu bringen, soweit dieser Forderung nicht durch den Kabelbau bereits Rechnung getragen ist. Die Spulenfeldergänzungen werden nach dem Ringübertrager in Richtung zum Verstärker eingeschaltet, damit dem Grundsatz Rechnung getragen ist, daß an jenen Stellen der Leitung, welche metallisch mit der Leitungslinie in Verbindung sind, keine Schaltelemente sich befinden (Starkstromgefährdung). Man unterscheidet große und kleine Spulfeldergänzungen, je nachdem die Anlauflänge größer oder kleiner als das halbe Spulenfeld ist. Für die Ergänzung der Leitung genügt es bei den in Betracht kommenden kurzen Leitungsstücken, die elektrische Wirkung der Leitung durch einen Kondensator zu ersetzen, dessen Wert dem Kapazitätswert des Leitungsstückes entspricht. Bei großen Ergänzungen wird ein volles Spulenfeld durch Hinzuschalten des entsprechenden Kondensatorwertes hergestellt, eine Pupinspule des entsprechenden wirksamen Wertes eingeschaltet und ein halbes Spulenfeld mit Hilfe eines Konden-

---

[1]) A. Byk, „Verlängerungsleitungen zur elektrischen Ergänzung von Pupinkabeln". Archiv für Elektrotechnik, XX. Bd. 1928, H. 5/6.

sators hinzugefügt. Bei kleinen Ergänzungen wird lediglich das dem halben Spulenabstand fehlende Leitungsstück durch einen Kondensator entsprechenden Wertes zugeschaltet.

Die Werte der Spulenfeldergänzung sind abhängig in ähnlicher Weise wie die Werte der Nachbildung von dem Übersetzungsverhältnis des Ringübertragers. Unter der Voraussetzung eines verlustlosen Übertragers mit dem Widerstandübersetzungsverhältnis 1:2 erhält der Wellenwiderstand Z_2 das Doppelte des Wertes des Wellenwiderstandes Z_1. Die Spuleninduktivität auf der Seite Z_1 sei L_{s_1}, die kilometrische Kapazität auf dieser Seite C_1. Die entsprechenden Werte L_{s_2} und C_2 auf der Seite Z_2 ergeben sich unter der Voraussetzung gleichen Spulenabstandes und gleicher Grenzfrequenz der beiden Leitungsteile in Annäherung aus folgenden Beziehungen:

$$Z_1 = \sqrt{\frac{\dfrac{L_{s_1}}{s}}{C_1}} ; \qquad Z_2 = \sqrt{\frac{\dfrac{L_{s_2}}{s}}{C_2}} ;$$

$$\omega_{0_1} = \frac{2}{\sqrt{L_{s_1} \cdot C_1 \cdot s}} ; \qquad \omega_{0_2} = \frac{2}{\sqrt{L_{s_2} \cdot C_2 \cdot s}} .$$

Hieraus enthält man für $Z_2 = 2 Z_1$ und $\omega_{0_1} = \omega_{0_2}$

$$L_{s_2} = 2 L_{s_1} \quad \text{und} \quad C_2 = \frac{C_1}{2} .$$

Sinngemäß ergeben sich für ein Übersetzungsverhältnis des Ringübertragers von 2:1 die entsprechenden Werte zu

$$L_{s_2} = \frac{L_{s_1}}{2} \quad \text{und} \quad C_2 = 2 C_1 .$$

Man hat also bei Spulenfeldergänzungen für Leitungen, deren Wellenwiderstand das Doppelte des Eingangswiderstandes des Verstärkers beträgt und welche mit dem entsprechenden Ringübertrager abgeschlossen sind die Hälfte des wirksamen Spulenwertes und das Doppelte der Schleifenkapazität in Rechnung zu setzen. Sinngemäß ist zu verfahren, wenn der Wellenwiderstand die Hälfte des Verstärkereingangswiderstandes beträgt.

Die bisher besprochenen Verstärkereinrichtungen sind fest der Leitungsverbindung zugeordnet. Die Erfordernisse des Fernsprechbetriebes erfordern jedoch auch die Einschaltung von Mitteln zur Dämpfungsreduzierung bei den beweglichen Schaltelementen der End- und Zwischenämter, insbesonders dann, wenn es sich darum handelt, zwei Leitungen bestimmter Betriebsdämpfung miteinander zu verbinden. Man heißt solche Verstärkereinrichtungen, da sie in den meisten Fällen in das

Verbindungsorgan der Amtsschaltung, in das Fernschnurpaar einge-schaltet werden, Schnurverstärker. Die Einhaltung der Empfehlung des C. C. I., wonach die Betriebsdämpfung vom Ende der zwischenstaat-lichen Leitungsverbindung bis zum Teilnehmer auch bei Transit-, d. h. Durchgangsverbindungen nicht größer als 1,0 Neper sein soll, ist ohne Anwendung von Schnurverstärkern in der Mehrzahl der Fälle nicht möglich.

Insbesonders sind Schnurverstärker dann zu verwenden, wenn zwei mit Verstärkern ausgerüstete Leitungen miteinander verbunden werden sollen. Die Zahl der Zweidrahtverstärker einschließlich des Schnurverstärkers ist dabei entsprechend den im Abschnitt „Verstärker-einrichtungen" besprochenen Verhältnissen begrenzt. Die Vierdraht-leitung wird als ein Zweidrahtverstärker gezählt.

Daraus ergibt sich, daß unter den jetzigen Verhältnissen als hoch-wertige Leitung für den Transitverkehr in erster Linie die Vierdraht-leitung in Betracht kommt.

Im Gegensatz zur festen Verstärkeranlage werden bei Schnur-verstärkeranlagen die für wechselnden Verstärkerbetrieb notwendigen Verstärker wahlweise zwischen zwei amtsendigende Fernleitungen ge-schaltet. Die technischen Ausführungsformen zur Vornahme dieser Schal-tungen sind verschieden. So bestehen Einrichtungen, welche im Fern-amt eigene Verstärkerschränke vorsehen, an welchen die zu verstärken-den Verbindungen hergestellt und überwacht werden.

Bei anderen Anlagen werden Schnurverstärkerschaltungen in der Weise angeordnet, daß durch Verwendung eines besonderen Schnur-paares an den mit Schnurverstärkern ausgerüsteten Fernschränken die Vornahme und Überwachung von verstärkten Verbindungen durch die Platzbeamtin selbst ausgeführt werden. Die der Leitung zugehörige Nachbildung wird dabei selbsttätig zugeschaltet.

Dieses System der Verstärkerverteilung hat sich jedoch als zu starr erwiesen, um den Bedürfnissen des Betriebes schnell folgen zu können. Es wurde zunächst die Einrichtung getroffen, einem Verstärker zwei Arbeitsplätze umschaltbar zur Verfügung zu stellen; trotzdem tritt der Mißstand auf, daß einzelne Verstärker ständig belegt, andere Ver-stärker jedoch unbenützt stehen, trotzdem die Notwendigkeit der Ver-stärkung für eine Anzahl von Verbindungen vorliegt, welche dann nicht zur Verstärkung gelangen können.

Die Firma Siemens & Halske Berlin und später die Süddeutschen Telephon-Apparate-Kabel- und Drahtwerke Nürnberg haben deshalb Schnurverstärkerschaltungen entwickelt, bei welchen diese Mängel dadurch beseitigt werden, daß einem Schnurpaar eine Verstärkereinrichtung nicht fest zugeteilt, sondern erst über eine Wahlschaltung, die auf ein-fache Weise bei der ersteren Firma mit Drehwählern, bei der letzteren Firma mit Anrufsuchern vorgesehen ist, zur Verfügung gestellt wird.

Es können damit bei gleicher Anzahl von Verstärkern eine erheblich größere Anzahl von Plätzen mit Verstärkerschnurpaaren ausgerüstet und die Nutzungszeiten der teueren Verstärker wesentlich verbessert werden.

Nach den vorliegenden Betriebserfahrungen kann das Verhältnis 1:2,5 für die Zahl der Verstärker relativ zur Anzahl der Schnurpaare als Grundlage der Dimensionierung angenommen werden. Die Zahl der Schnurpaare ist abhängig von der Zahl und der Gesprächsbelastung der zur Verstärkung heranzuziehenden Leitungen, welche entsprechend der Leitungsart und Verkehrsbedeutung für jede Anlage verschieden ist. Für größere Anlagen werden die Einrichtungen so getroffen, daß hinsichtlich der Verschränkung zwischen Schnurpaar und Verstärker eine Auswahl je nach der Verkehrsbedeutung des Arbeitsplatzes getroffen werden kann. Auf diese Weise ist es möglich, das Mischungsverhältnis zwischen Schnurpaar und Verstärker entsprechend den Verkehrsbedürfnissen einzustellen.

Die Schnurverstärker werden bei diesen Anlagen nach einer mittleren Kabeldämpfungskurve entzerrt, welche zweckmäßig nach 3 Übertragungsbereichen abgestuft ist. Diese Übertragungsbereiche können entsprechend der Lage des Transitamtes und den Eigenschaften der dort endenden Leitungen auf einfache Weise eingestellt und geändert werden (Abb. 122).

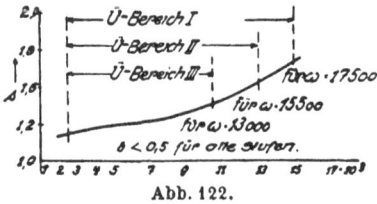

Abb. 122.

Bei amtsendigenden Vierdrahtleitungen hat es sich als zweckmäßig erwiesen, die Vorgänge der Schnurverstärkerschaltung auf etwas andere Weise vorzunehmen.

Solange die Vierdrahtleitung keine Transitverbindung zu übernehmen hat, ist sie im Fernamt nach der Gabelschaltung als normale Zweidrahtleitung zu behandeln. Wenn jedoch die Forderung auftritt, eine Vierdrahtleitung mit einer Zweidrahtleitung zu verbinden, muß mit Rücksicht auf die obere Grenze der Entzerrung der Zweidrahtleitung das Maß des die Zweidrahtleitung beanspruchenden Frequenzbandes begrenzt werden.

Nach den obigen Ausführungen besitzt die schwachpupinisierte Vierdrahtleitung eine obere Entzerrungsgrenze bei $f = 2500$; die stark pupinisierte Zweidrahtleitung eine solche bei $f = 1750$.

Bei Verbindungen Vierdraht-Vierdraht gleicher Art entfällt diese Forderung; bei Verbindungen Vierdraht-Vierdraht verschiedener Art ist sie jedoch zu berücksichtigen.

Bei Verbindung Vierdraht-Zweidraht soll ein besonderer Schnurverstärker entfallen und die erforderliche Verlängerung der Leitung

selbsttätig eingeschaltet bzw. geändert werden. Dabei sollen die Gabel-
verstärker gleichzeitig als Schnurverstärker wirksam werden.

Bei Verbindung Vierdraht-Teilnehmer wird die Einschaltung einer
anderen Verlängerungsleitung notwendig.

Um all diese Schaltvorgänge vornehmen zu können, hat die Firma
Siemens & Halske das sogenannte Einheitsschnurpaar entwickelt, das
zunächst die Verwendung eines Vorschalteschrankes vorsieht.

Es lassen sich jedoch die Einrichtungen so treffen, daß die notwendigen Schaltvorgänge für Verstärkerverbindungen am Vierdrahtschrank
mit dem normalen Schnurpaar ausgeführt werden, so daß am Einheits-
arbeitsplatz alle Schaltvorgänge ohne Rücksicht auf die Leitungsart
durchgeführt werden können. Als Zwischenlösung wurden Vierdraht-
schränke entwickelt, an welchen sämtliche Vierdrahtverbindungen vorgenommen werden. Herstellung und Überwachung dieser Verbindungen
liegt in Händen der Beamtin am Vierdrahtschrank. Das Abfragen und
die Verbindung mit dem Teilnehmer erfolgt mit dem gewöhnlichen Fernschnurpaar. Alle übrigen Ver-
bindungen werden mit einem
besonderen Schnurpaar ausgeführt. Die Vierdrahtleitungen,
sowie die für Transitverkehr
vorgesehenen, mit Zwischenverstärkern ausgerüsteten
Zweidrahtleitungen mit besonderen Schaltzusätzen werden dabei vielfach durch die
Schränke geführt.

Die Vielfachführung der
Leitungen, welche den mit normalem Schnurpaar herzustel-
lenden Transitverbindungen zur
Verfügung stehen, kann entweder wie bei den anderen
Schränken erfolgen oder es
werden die Vierdrahtleitungen
auf ihre Transitklinkenleitung
gelegt und erscheinen im Amt
als normale Fernleitungen.

Die Verstärkereinrichtun-

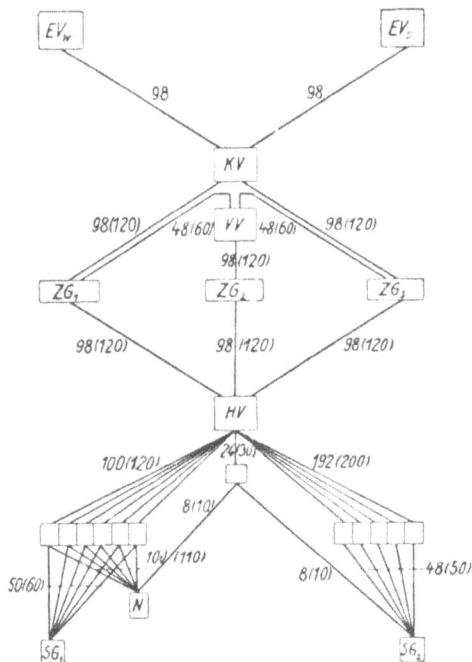

Abb. 123.

gen und deren Zusatzapparate werden in Verstärkerämtern vereinigt, welche im Zuge der Kabellinie liegend in den meisten Fällen
in besonderen Gebäuden untergebracht werden, soferne nicht Räume
in bestehenden Gebäuden der den Fernsprechbetrieb ausführenden Verwaltung zur Verfügung stehen.

Den schematischen Aufbau eines Verstärkeramtes für ein 98paariges Kabel zeigt Abb. 123[1]), den Grundriß mit Aufstellungsplan eines ausgeführten Verstärkeramtes kleineren Ausmaßes Abb. 124.

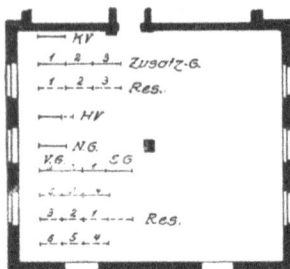

Vom Endverschluß werden die Fernkabelleitungen in hochspannungssicherer Führung zum Kabelverteiler, von dort zum Zusatzgestell geschaltet. Am Zusatzgestell sind die für den Abschluß der Leitungen und zur Viererbildung notwendigen Ringübertrager angebracht. Außerdem finden hier die unter Umständen benötigten Verlängerungsleitungen ihren Platz. Ein derartiger Leitungszusatz mit Verlängerungsleitung ist in Abb. 125[1]) dargestellt.

Abb. 124.

Vom Zusatzgestell erfolgt dann die Rangierung der Leitung über einen Verteiler zu den Verstärkergestellen und von dort aus bei Zweidrahtverstärkern zum Nachbildungsgestell.

In der ersten Entwicklung der Verstärkerämter war die Führung der Leitungen insofern verschieden, als für Hauptverstärkerämter alle

Abb. 125.

Leitungen auf den Hauptverteiler, für Nebenverstärkerämter nur die 0,9 mm Adern zum Hauptverteiler geführt werden. Hochspannungssichere Führung war nicht vorgesehen. In den modernen Anlagen werden die Vierdrahtleitungen sinngemäß ihrer Anordnung im Kabel durch das Verstärkeramt in getrennten Kabeln geführt. (Die Vierdrahtzweige sind im Fernkabel um 180° versetzt angeordnet, um Rückkopplung zu ver-

---

[1]) W. Deutschmann und H. Nottebrock, „Neuzeitliche Fernsprech-Verstärkerämter". Siemens & Halske A.-G. 1928.

meiden. So bilden z. B. Ader Nr. 60 und Ader Nr. 88 eine Vierdraht-
leitung).

In neuerer Zeit ist eine Änderung hinsichtlich der Beschaltung
der Zusatzgestelle in der Weise durchgeführt, daß der Bereitstellung
von Ringübertragern nicht die Anzahl der Leitungen, sondern die Anzahl der Verstärker zugrunde zu legen ist.

Besondere Berücksichtigung in der Leitungsführung erfährt der
Kernvierer, dessen Leitungen, soweit sie das Verstärkeramt berühren,
in besonderen Bleikabeln verlegt werden, damit der hohe Kopplungsschutz, welchen diese Leitungen im Kabel besitzen, auch in den Amtsschaltungen erhalten bleibt.

Die Kabeladern enden an Endverschlüssen oder Untersuchungs-
stellen, von wo aus die Verbindung mit dem Kabelverteiler durch hoch-

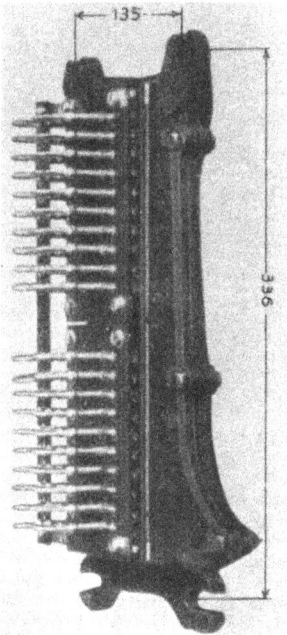

Abb. 126.

Abb. 127.

spannungssichere Lackpapierkabel erfolgt. Die neueste Entwicklung
sieht eine Kombination von Endverschluß und Kabelverteiler in der
Weise vor, daß die Kabelleitungen über Aufteilungsmuffen und Auf-
teilungskabel zu Trennendverschlüssen direkt geschaltet werden, welche
am Kabelverteiler angeordnet sind. Einen derartigen Trennendverschluß[1])
zeigt Abb. 126.

---

[1]) W. Deutschmann und H. Nottebrock, a. a. O.

Die Verstärker werden in den neueren Verstärkeranlagen an Verstärkergestellen (Abb. 127)[1]) zu je 10 Verstärkersätzen vereinigt (Abb. 128)[1]).

Das Klinkenfeld, das der Messung und der Überwachung der Verstärker dient, ist dabei am Verstärkergestell untergebracht im Gegensatz zur früheren Anordnung, wo für diese Zwecke ein eigener Klinkenumschalter vorgesehen wurde.

Die Stromversorgung der Verstärker erfolgt vom Sicherungsgestell (Abb. 129)[1]) aus, das die Spannungszuführung vom Maschinenraum über die Einzelschalter für Heiz- und Anodenspannung zu den Einzelverstärkern vermittelt.

Am Sicherungsgestell sind angeordnet:

Verstärkermeßeinrichtung;

Spannungsmeßeinrichtung für alle zum Verstärkerbetrieb notwendigen Spannungen;

Abb. 128.

Abb. 129.

Strommesser für Heizstrom und Anodenstrom jedes Rohres;

Anodensicherungslampen;

Signaleinrichtung für fehlende Spannungen usw.

Sämtliche Gestelle sind mit einer Schutzerde verbunden, welche von der Batterieerde getrennt angeordnet wird.

Der Dimensionierung der Stromlieferungsanlage für ein Verstärkeramt mittlerer Größe liegen folgende Stromverbrauchsziffern zugrunde (der Stromverbrauch der Nebenapparate, wie Verstärkermeßeinrichtung, Pegelmeßgeräte usw. ist besonders zu berücksichtigen):

---

[1]) Fernsprech-Verstärkerämter. Allgemeine Elektrizitätsgesellschaft Berlin.

1. Heizspannung 12 Volt;
   Stromverbrauch 1,1 Amp. pro Verstärker;
   Batterie ausreichend für 2 Betriebstage bei einer Belastung von
      60 Verstärkern;
   Ladegenerator 12 bis 17 Volt.
   Sämtliche Einrichtungen sind doppelt angeordnet; die Batterien
   können in Einzel- und Parallelschaltung der Maschinen geladen
   werden; in der Schaltungsanlage ist Pufferbetrieb vorgesehen,
   welcher für normale Betriebsvorgänge jedoch nicht benötigt wird.
   Die Ladegeneratoren für Heizspannung besitzen zur Verminde-
   rung der Oberschwingungen besondere Anordnung (schräge
   Nuten). Die Batterie soll auf die doppelte Kapazität ohne
   Änderung der Ladeaggregate ausgebaut werden können.
2. Anodenspannung 220 Volt;
   Anodenstrom pro Verstärker ca. 0,01 Amp.;
   Batterie ausreichend für 2 Betriebstage bei einer Belastung von
      60 Verstärkern;
   Ladegenerator 220 bis 300 Volt.
      Die ursprüngliche Anordnung von reiner Maschinenspei-
   sung ist mit Rücksicht auf die Abhängigkeit der Anodenspannung
   von der Netzspannung und auf die auftretenden Maschinengeräusche verlassen worden.
3. Rufspannung 65 Volt 25 Perioden.
      Es gelangen zur Aufstellung 1 Netzrufumformersatz (Motor-
   generator) und 1 Batterierufumformer (Einankerumformer) mit
   Speisung aus der Heizbatterie. Die Schaltung ist so getroffen,
   daß bei fehlender Netzspannung die Batteriemaschine selbsttätig
   eingeschaltet wird. In die Zuleitung der Batteriemaschine von
   der Antriebsseite aus werden zur Beseitigung der Geräusch-
   rückwirkungen der Maschine auf die Heizbatterie Drossel-
   spulen eingeschaltet. Die Leistung beider Maschinen beträgt je
   200 VA. Die Spannungsangabe bezieht sich auf induktionslose
   Belastung (cos $\varphi = 1$).
4. Rufspannung 150 Volt 50 Perioden.
      Die schalttechnische Einrichtung ist gleich jener für die
   Lieferung der Rufspannung 65 Volt. Die Leistung der Maschinen
   beträgt je 100 VA. Die Spannung dient zum Betrieb der Fern-
   wählung auf langen Leitungen zur Speisung der Wählstromum-
   gehungsschaltungen, welche in ähnlicher Weise wie jene für den
   niederperiodigen Rufstrom angeordnet werden.
5. Gitterbatterie.
      Es werden pro Sicherungsgestell Akkometzellen für 6 Volt
   Spannung mit einer Abzweigung bei 4 Volt verwendet. Die Batterien werden aus der Heizbatterie geladen.

6. ZB-Batterie 24 Volt.

Sie wird schalttechnisch durch Hintereinanderschalten der 12 Volt Heizbatterien erhalten und wird verwendet zur Betätigung der Signale und zur Notbeleuchtung.

Die apparatetechnischen Einrichtungen des Verstärkeramtes erfordern für die hochbautechnische Entwicklung des Gebäudes die Berücksichtigung folgender Einflußgrößen:

1. Platzbedarf:

   Als Richtwerte dienen:

   a) für den Verstärkersaal unter Berücksichtigung des doppelten Ausbaues pro Verstärker einschl. aller Zusatzapparate ein Raumbedarf von 2 qm;

   b) für die Größe des Maschinen- und Batterieraumes werden je die Hälfte des Platzbedarfes des Verstärkersaales angenommen;

   c) Nebenräume wie Werkstätte, Büro, Säureraum, unter Umständen Meßraum erfordern ca. 60 qm zusammen.

2. Raumhöhe.

   Diese soll im Verstärkersaal mindestens 3,80 m, in den Maschinen- und Batterieräumen mindestens 2,80 m betragen.

3. Bodenbelastung.

   Man rechnet für den Verstärkersaal mit einer Bodenbelastung von 500 kg pro qm; bei verteilter Last für den Maschinenraum und Batterieraum werden, soweit die Räume nicht im Kellergeschoß zu liegen kommen, die zulässigen Bodenbelastungen für jedes Objekt gesondert zu bestimmen sein.

In Abb. 130 ist der Maschinen- und Batterieaufstellungsplan für

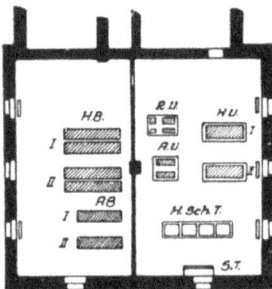

Abb. 130.

ein modernes Verstärkeramt gezeigt.

Die Stromlieferungsanlage des Verstärkeramtes übt einen weitgehenden Einfluß auf die Beständigkeit der Übertragungsgüte aus[1]).

Bei einer Anzahl von hintereinanderliegenden Verstärkern müssen die Verstärkungsschwankungen, welche durch die Ungleichmäßigkeit der Stromlieferungsanlage bedingt werden, innerhalb der Grenzen liegen, welche für die Einstellgenauigkeit der Verstärkung vorgesehen sind. Die Einstellgenauigkeit beträgt

bei Zweidrahtverstärkern $\Delta s = 0,1$,

bei Vierdrahtverstärkern starker Pupinisierung $\Delta s = 0,05$,

bei Vierdrahtverstärkern schwacher Pupinisierung $\Delta s = 0,03$.

---

[1]) B. Pohlmann, „Stand der Verstärkeramtstechnik". ENT 1926, H. 3.

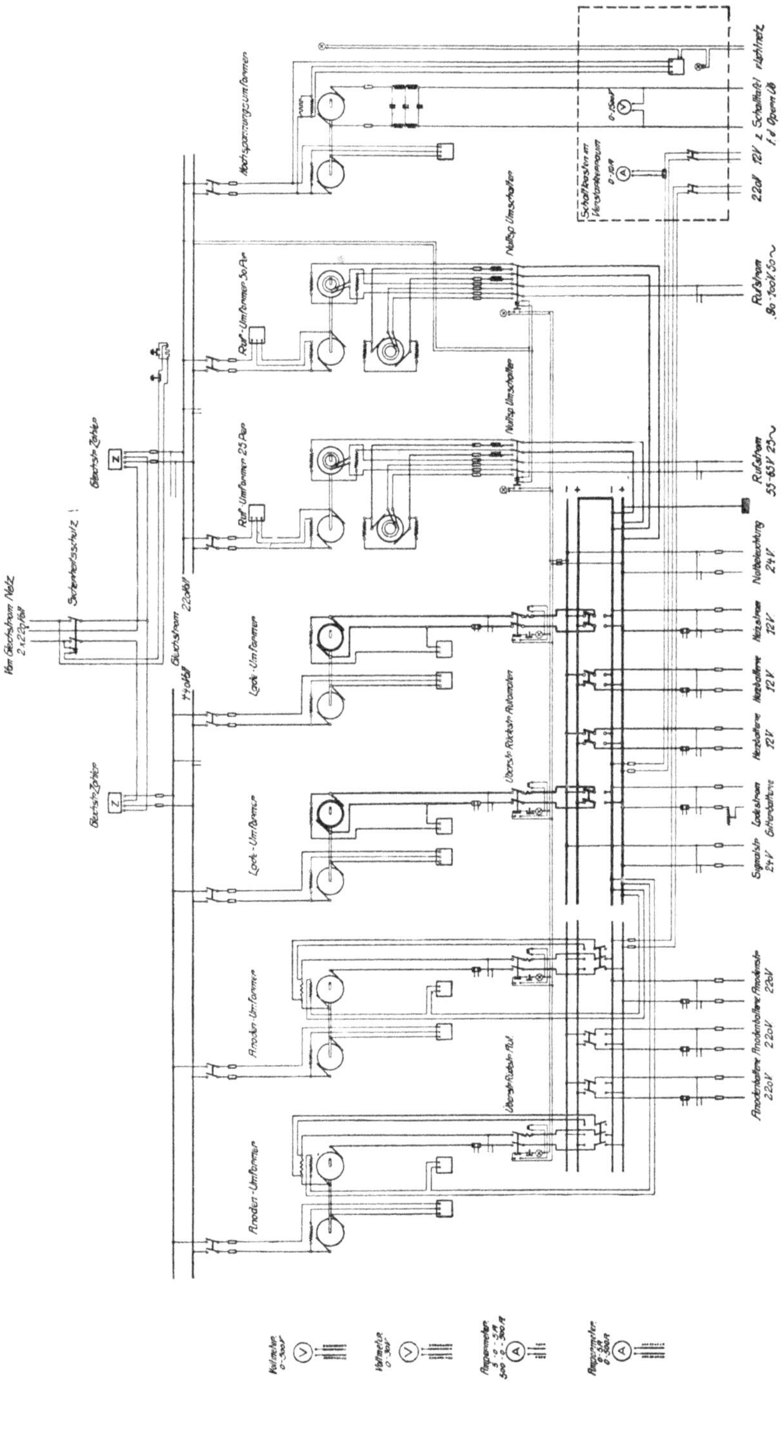

Abb. 131.

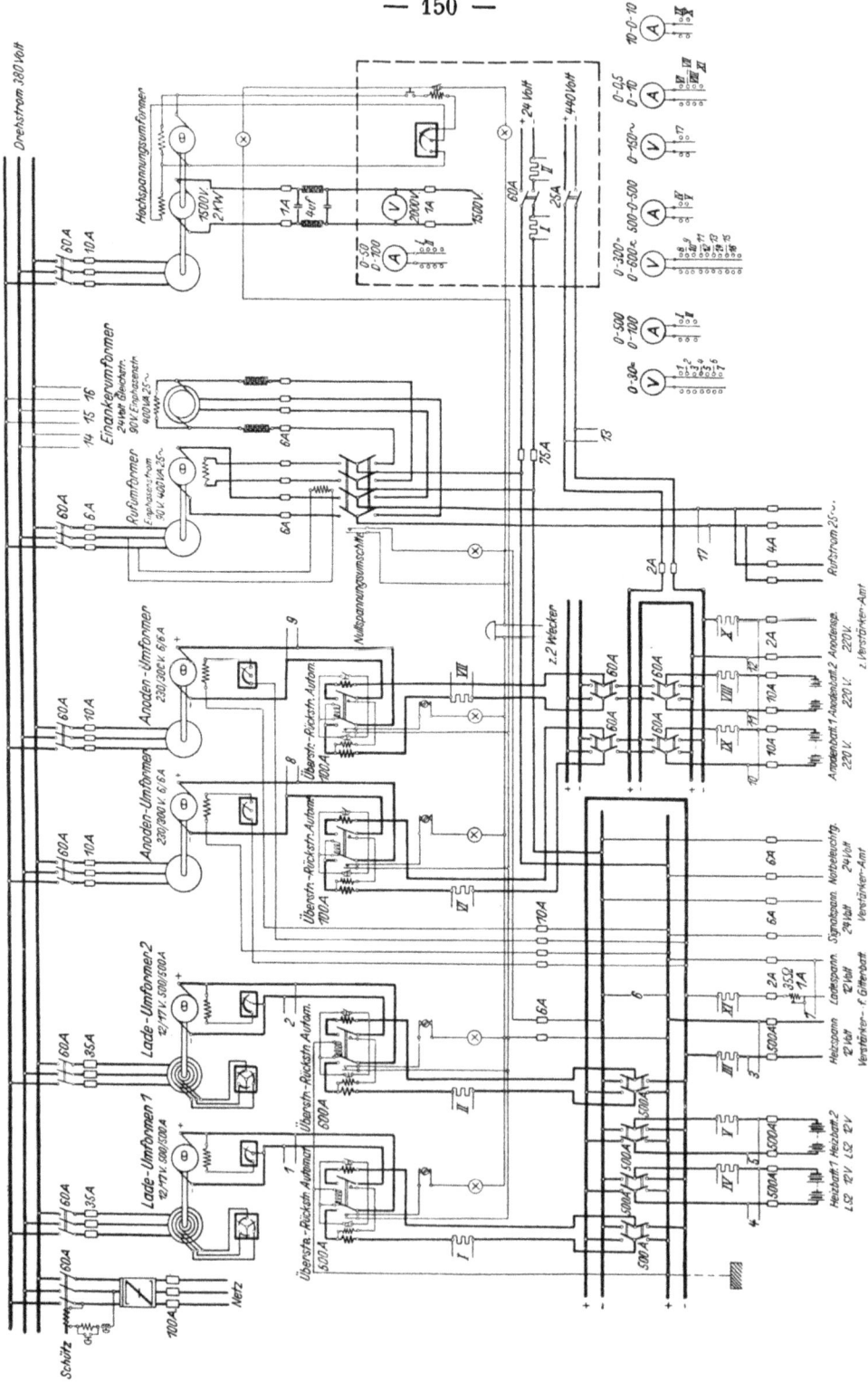

Unter Berücksichtigung der Veränderungen der Betriebsspannungen sind die Verstärker folgenden Einflüssen unterworfen.

Die Heizstromstärke wird bei Änderung der Heizspannung um $\pm$ 10% durch die Eisen-Wasserstoffwiderstände auf $\pm 3\%$ konstant gehalten. Die Verstärkung schwankt dann zwischen $\Delta s = \pm 0{,}015$. Die gleiche Schwankung der Verstärkungsziffer tritt auf, wenn die Anodenspannung um $\pm 5\%$ ihres Sollwertes schwankt. Im ungünstigsten Fall, wenn beide Änderungen gleichzeitig auftreten, tritt eine Schwankung der Verstärkungsziffer um $\Delta s = 0{,}03$ auf, deren Größe jedoch in den Bereich der Einstellgenauigkeit zu liegen kommt.

Von größerem Einfluß ist die Änderung der Verstärkungsziffer, welche durch Verwendung verschiedener Verstärkerrohre verursacht wird. Sie kann so bedeutend werden, daß unter Umständen die Verlängerungsleitung zu ändern ist. Auf jeden Fall sollen exakte Vergleichsmessungen an Verstärkern nur mit gleichen Verstärkerrohren vorgenommen werden.

Die Abbildungen 131 und 132 zeigen die Prinzipschaltbilder der Stromlieferungsanlage eines Verstärkeramtes mit Gleichstrom- und Drehstromnetzanschluß.

V. Die Meßeinrichtungen in Verstärkerämtern.

Die Meßeinrichtungen in den Verstärkerämtern lassen sich unterscheiden in Meßeinrichtungen, welche sich ausschließlich auf die in den Verstärkerämtern aufgestellten Apparate beziehen und in Meßeinrichtungen, welche der Messung von Leitungen oder betriebsmäßig geschalteten Verbindungen dienen.

Zu den Meßeinrichtungen erster Art zählen der Abgleichprüfer und Nachbildungssucher, die Verstärkermeßeinrichtung nach der akustischen und optischen Methode. Die Meßeinrichtungen zweiter Art umfassen: Leitungsprüfer, Restdämpfungsmesser, Pegelmesser, Geräuschunsymmetriemesser, Geräuschspannungsmesser, Impulsmesser, Echomesser, Übersprechmesser. Teile der einzelnen Meßeinrichtungen können auch für Meßapparaturen beider Art Verwendung finden.

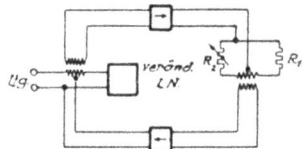
Abb. 133.

Abb. 133 zeigt den Abgleichprüfer einfacher Art zur Ermittlung der Leitungsnachbildung.

Die Stabilität einer Zweidrahtverstärkereinrichtung ist abhängig vom Produkt der Nachbildungsfehler auf beiden Seiten des Verstärkers. Man benützt die Unsymmetrie an einem Ausgleichübertrager, um zwischen Leitungswellenwiderstand und Kunstschaltgebilde der Nachbildung möglichst Übereinstimmung zu erzielen. Die beiden Widerstände R_1 und R_2, von denen R_1 fest zu 1000 Ohm, R_2 variabel von 0—1100 Ohm ausgebildet sind, stellen den Abgleichprüfer dar, durch dessen Unsymmetrie das System zur Selbsterregung gebracht wird, welche durch Veränderung der Nachbildung am Nachbildsucher und möglichster Übereinstimmung derselben mit dem Leitungswellenwiderstand beseitigt werden soll. Dies gelingt bis zu einem bestimmten Verhältnis von R_1 zu R_2, welches sodann ein Maß für die Abgleichgüte darstellt. Dieses Verhältnis bewegt sich in den Normalfällen der Leitungsnachbildung um 1000 : 500 Ω. Im Nachbildsucher ist die Kunstschaltung der Leitungsnachbildung nach einem der im Abschnitt II besprochenen Nachbildungssystem aufgebaut. Die neueren Nachbildsucher gestatten den Aufbau der Leitungsnachbildung nach mehreren Systemen in der Weise, daß jene Schaltmittel, welche später zum Einbau in der Nachbildung Verwendung finden, auch zu deren Bestimmung dienen.

Ein solches Gerät dient zur Herstellung eines Netzwerkes gemäß Abb. 134, so daß fast alle vorkommenden gebräuchlichen Nachbildungen damit zu erzielen sind.

Für jedes Schaltelement sind Steckkontakte vorgesehen, in welchen Kondensatoren bezw. Widerstände in bestimmten Stufenwerten eingesetzt werden.

Hat man mittels des Nachbildsuchers für eine Leitung einen Ab-

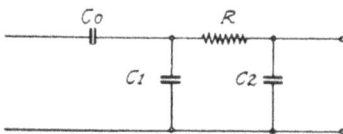

Abb. 134.

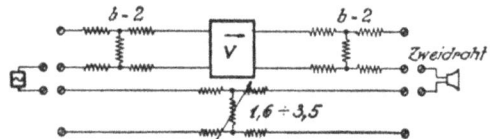

Abb. 135.

gleich gefunden, so nimmt man die eingeschalteten Stücke heraus und setzt sie zur festen Nachbildung zusammen.

Die Verstärker müssen daraufhin geprüft werden, ob ihre Verstärkungsziffer mit der Sollverstärkung übereinstimmt, auf Grund deren Werte die Pegellinie der Leitung aufgestellt wurde. Diesen Zwecken dient die Verstärkermeßeinrichtung. Man unterscheidet solche mit akustischen (subjektiven) und optischen (objektiven) Anzeigeinstrumenten.

In Abb. 135 und 136 sind die Prinzipschaltbilder der Verstärkermeßeinrichtung nach der akustischen Methode für Zwei- und Vierdrahtverstärker dargestellt.

Das Prinzip der Messung beruht darauf, zwei Stromkreise auf gleiche Lautstärke einzustellen. Die Summen der Dämpfungen und Verstärkungen müssen dann gleich groß sein. Dementsprechend lassen sich folgende Gleichungen aufstellen:

1. für die Zweidrahtverstärkermeßeinrichtung

$$4 - s_v = 1,6 \div 3,5$$
$$s_v = 2,4 \div 0,5,$$

2. für die Vierdrahtverstärkermeßeinrichtung

$$2 + 6 - s_v = (2,0 \div 3,5) + 2$$
$$s_v = 2,5 \div 4,0.$$

Die akustische Methode birgt den Fehler in sich, daß ihre Ergebnisse auf rein individueller Messung beruhen. Es wurden deshalb neue Einrichtungen entwickelt, welche gestatten, die Gleichheit der beiden Spannungen über die beiden Stromkreise bei gleichem inneren Widerstand auf optische Weise zu erkennen. Als Indikatorinstrument dient dabei ein Rohrvoltmeter.

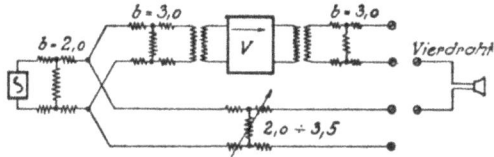

Abb. 136.

Außerdem hat sich die Notwendigkeit herausgestellt, den Verlauf der Verstärkungskurve für mehrere Frequenzen zu bestimmen und zu überwachen. Als Meßfrequenzen können dabei die Frequenzen $f = 500$, 800, 1400, 2000 Hertz dienen.

Abb. 137 zeigt das Prinzipschaltbild einer Verstärkungsmeßeinrichtung nach neuerer Art. Hierbei werden nicht mehr veränderliche Eichleitungen verwendet, sondern es wird das Verhältnis des abgegriffenen Widerstandes zum gesamten Widerstand eines Spannungsteilers als Maß für die Verstärkungsziffer definiert. Der Abgreifwiderstand ist dabei im Dämpfungsmaß geeicht.

Als Wechselstromquellen für die Lieferung der Meßspannung dienen:

Magnetsummer,
Mehrfrequenzmaschine,
Rohrsummer,
Stimmgabelmeßsummer.

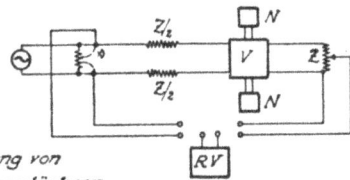

Abb 137.

Der Magnetsummer oder Unterbrechersummer hat den Nachteil einer unreinen Stromkurve und geringer Leistung.

Die Mehrfrequenzmaschinen, welche von den Firmen C. Lorenz A. G. und Süddeutsche Telephon-Apparate-Kabel- und Drahtwerke A. G. entwickelt wurden, erzeugen die erforderliche Meßspannung mit Hilfe von Polrädern, welche bei ihrer Drehung einem magnetischen Feld ausgesetzt werden. Für jede Frequenz ist ein besonderes Polrad vorgesehen.

Beim Rohrsummer wird die Frequenz mit Hilfe der Meißnerschen Rückkopplungsschaltung erzeugt; die Frequenzhöhe kann durch Veränderungen der elektrischen Größen des Schwingkreises stetig veränderlich eingestellt werden. Zur Vermeidung der Veränderung der Frequenz mit der Belastung ist ein Schwingrohr und ein Senderohr angeordnet (Abb. 138).

In ähnlicher Weise ist der Stimmgabelmeßsummer von Siemens & Halske aufgebaut; die Kopplung von Anodenkreis auf Gitterkreis er-

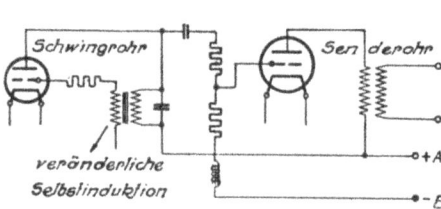

Abb 138.

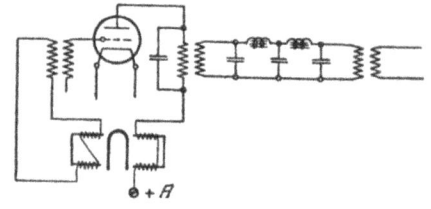

Abb 139

folgt mit Hilfe einer zwangläufigen Steuerung durch die Eigenfrequenz einer Stimmgabel. Für jede abzunehmende Frequenz ist ein besonderes System vorhanden. Der Stimmgabelmeßsummer hat den Vorteil großer Konstanz der Frequenz (Abb. 139).

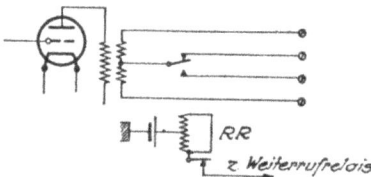

Abb. 140.

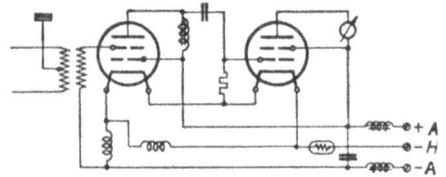

Abb 141

Die gleiche Einrichtung wird auch verwendet zur Erzeugung 500 periodigen, modulierten Rufstromes; zu diesem Zweck wird zur Erhöhung der Leistungsabgabe ein Senderohr angeordnet; der abgegebene Rufstrom wird mit Hilfe eines Resonanzrelais im Takte von 20 Perioden unterbrochen (Abb. 140).

Das Rohrvoltmeter (Abb. 141) dient zur Messung kleiner Spannungen. Über ein Verstärkerrohr wird der Ruhestrom eines Gleichrichterrohres beeinflußt.

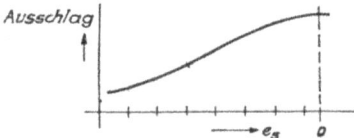

Abb. 142

Den prinzipiellen Verlauf der Eichkurve eines Rohrvoltmeters zeigt Abb. 142.

Der Betriebszustand von Fernsprechverbindungsleitungen wird durch Messung der betriebsmäßigen Dämpfung zwischen den beiden

Endstellen und durch Feststellung des Pegelstandes bei den Zwischen-
verstärkerämtern überwacht.

Diesem Zwecke dienen die Restdämpfungs- und Pegelmeßeinrich-
tungen[1]). (Prinzipschaltung Abb. 143.)

Bei den einzelnen Meßstellen sind Wechselstromgeneratoren gleicher
Frequenzen und gleicher Leistung vorhanden. Die von Amt a gesendete
Energie wird hinsichtlich des Dämpfungsmaßes mit jener des Generators
des Amtes b verglichen. Zur Bestimmung der Vergleichsspannungen
werden Rohrvoltmeter verwendet.

Nach zwischenstaatli-
cher Vereinbarung werden
die Tonfrequenzsender auf
eine Spannung eingestellt,

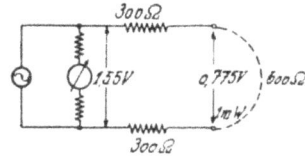

Abb. 143.

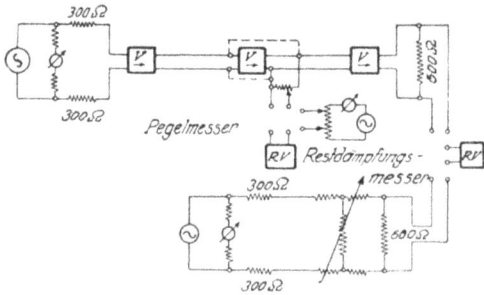

Abb. 144.

die über einen inneren Widerstand von 600 Ohm am Anfang einer Leitung mit einem reellen Eingangswiderstand von 600 Ohm eine Leistung
von 1 MW entwickelt. Abweichungen des Wellenwiderstandes der Leitung
von 600 Ohm bedingen Reflektionsverluste, welche in der gemessenen
Betriebsdämpfung enthalten sind. Die Spannungsverhältnisse bestimmen
sich entsprechend obiger Definition nach Abb. 144.

Der Pegelmesser zeigt eine ähnliche Einrichtung. Dabei wird das
Rohrvoltmeter mit einem inneren Widerstand von ca. 100 000 Ohm
für alle Frequenzen direkt an die Leitung vor oder hinter den Verstärker
gelegt (Messung der Dämpfung bzw. Verstärkung). Der Vergleich der
Spannungen geschieht in gleicher Weise wie beim Restdämpfungsmesser. Ein Restdämpfungsmeßplatz umfaßt folgende Apparate:

Tonfrequenzsender,
Stromreiniger (Drosselkette),
Tonfrequenzmesser,
Restdämpfungsmesser,
Rohrvoltmeter.

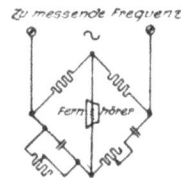

Abb. 145.

Der Tonfrequenzmesser stellt eine Brückenanordnung dar, bei welcher zwei Brückenzweige fest, die beiden anderen als frequenzabhängige

---

[1]) Rabanus, „Fernkabelleitungen und ihre Überwachung", a. a. O.

Scheinwiderstände in der Weise ausgebildet sind, daß für eine bestimmte Frequenz die Brücke abgeglichen ist, d. h. Tonminimum zeigt. Die Eichung erfolgt durch Bestimmung der elektrischen Größen der einzuschaltenden frequenzabhängigen Schaltmittel (Stromlauf Abb. 145) [1].

VI. Das Leitungsrundspruchnetz.
Rundfunkübertragungsleitungen.

Seit 1923 werden durch Rundfunkübertragung in umfangreicher Weise Musik und Sprache durch die Vermittlung elektrischer Energieumformungsschaltungen weitesten Bevölkerungsschichten zu Gehör gebracht. Hinsichtlich der Einstellung der beteiligten Hörerkreise zur ästhetischen Wertung der Übertragungsgüte können im wesentlichen zwei große Gruppen unterschieden werden. Während einerseits die Freude am technischen Gelingen eine besondere Bevorzugung der technischen Seite der Empfangsapparatur ohne weitere Rücksicht auf die Qualität der Übertragung hervorruft, werden andererseits die Fragen der technischen Bedienung gegenüber den Ansprüchen an eine gute Übertragung zurückgedrängt, unter Umständen sogar in einer Weise unangenehm empfunden, daß die Hörfreudigkeit dadurch wesentlich beeinflußt wird. Um den Wünschen solcher Hörer nach extrem einfacher Empfangsapparatur Rechnung zu tragen, entstanden sogenannte Rundfunkvermittlungsanlagen, bei welchen von einer Zentralstelle aus über ein mehr oder minder ausgedehntes Leitungsnetz die Hörenergie zu den Wohnräumen der Hörer geführt wird, wo zu ihrer Abnahme eine einfache Steckdose angeordnet wird.

Technisch bietet dieses System insofern Besonderheiten, als neben Verstärkern großer Leistung und genau vorberechneter Verteilungsschaltung die Fragen der Energiebelastungsfähigkeit der Leitungen eine ausschlaggebende Rolle spielt.

Insbesonders sind diese letzteren Einflüsse von Bedeutung, wenn es sich darum handelt, einem vorhandenen Fernsprechnetz ein Leitungsübertragungsnetz einzuordnen, wie es bei dem seit 1924 bestehenden Leitungsrundspruchnetz in Bayern geschieht (Abb. 146).

Neben der allgemeinen Berücksichtigung der Einstellung eines Teiles der Hörer zu den Wechselbeziehungen zwischen technischer Be-

[1] Näheres über die übrigen Meßeinrichtungen: P. Kaspareck und W. Gebhardt, „Geräte für Wechselstrommessungen an Fernsprechanlagen". Siemens & Halske A.-G., Berlin 1927, welcher Schrift auch die Bilder 138, 139, 141 und 145 entnommen sind; weiterhin: W. Gebhardt und P. Richter, „Der Meßschrank für Fernkabelleitungen". Telegraphen- und Fernsprechtechnik 1928, H. 11. — R. Feldtkeller und H. Jakoby, „Über die Messung der Echodämpfung". Telegraphen- und Fernsprechtechnik 1928, H. 3. — Th. Volk und W. Gebhardt, „Wechselstrommeßgeräte für die Fernmeldetechnik". Siemens & Halske A.-G., Berlin 1928.

dienung und Hörvorgang hat die Einführung dieses Leitungsrundspruchnetzes zum Ziel, die Wirtschaftlichkeit der Fernsprechanlagen dadurch
zu heben, daß das in ihnen ruhende Material zu verkehrsschwachen
Zeiten, da die normale, für Gebühren verwertbare Benutzung ruht,
dem Zwecke der Übertragung nutzbar gemacht wird. Das Netz ist entsprechend seiner Entstehung, als Rundspruchnetz mit einem gemeinsamen Zentralpunkt, ausgesprochen radial angeordnet. Querverbindungen bestehen nur in dem Ausmaß, als es die Betriebssicherheit für
Ortsnetze großer Teilnehmeranschlußzahlen erfordert. Es ist beabsich

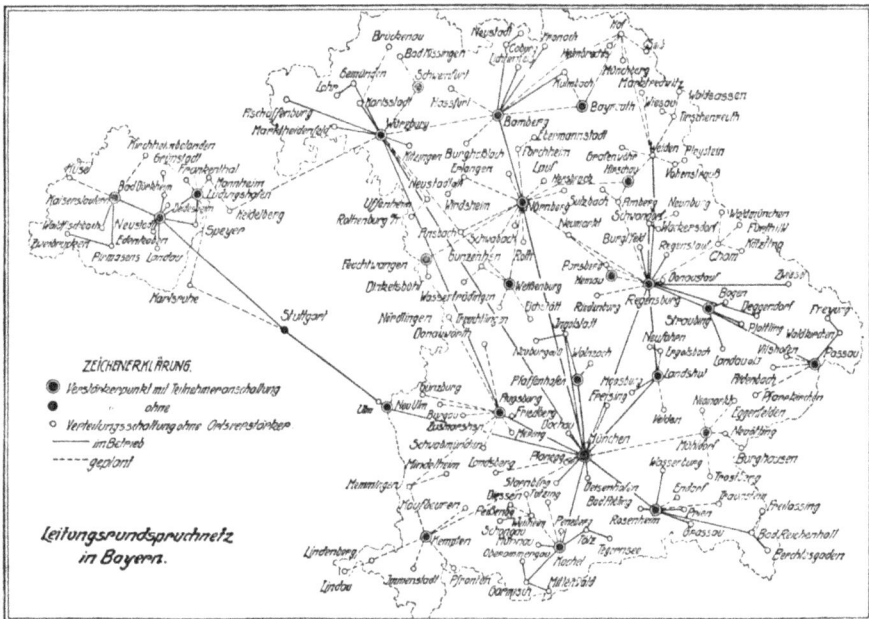

Abb. 146.

tigt, den Grundsatz durchzuführen, daß Zentralentnahmestellen mit
mehr als 500 Teilnehmeranschlußorganen auf zwei unabhängigen
Leitungswegen mit Energie versorgt werden können. Von diesem Gesichtspunkte aus ergab sich die Einführung von Ringleitungen zwangläufig. Außerdem wurde das Ziel verfolgt, die Zahl von hintereinanderzuschaltenden Verstärkern vom Zentralpunkt bis zur äußersten Entnahmestelle auf die geringst mögliche Zahl zu beschränken.

Prinzipiell sind zwei Wege zur Leistungsverteilung eingeschlagen:
1. Art: Vom Zentralpunkt des Netzes aus gelangt die Besprechungsenergie über eine Verbindungsleitung zu einem weiteren Verstärkerpunkt, wo die Energie entsprechend der Zahl der anzuschließenden
Teilnehmeranschlußorgane mit Hilfe der Verstärkereinrichtung vervielfältigt wird (selbständige Übertragungsortsnetze).

2. Art: Von einem Verstärkerpunkt aus werden Ortsnetze kleinerer Teilnehmeranschlußzahlen in direkter Energieversorgung angeschlossen (unselbständige Übertragungsortsnetze). Die durchschnittliche Entfernung für Versorgung von Ortsnetzen bis zu 50 Teilnehmeranschlußorganen von einem Zentralpunkt aus beträgt 50 km. Vom wirtschaftlichen Standpunkt aus ist für die Zahl der Anschlußorgane bei Ortsnetzen in direkter Anschaltung nach unten keine Grenze gesetzt, solange der Verkehrswert der verwendeten Übertragungsleitung für die Zeit der Übertragung vernachlässigt werden kann.

Beide Arten der Leistungsverteilung unterscheiden sich prinzipiell in der Art der Verwendung der Verbindungsleitung. Bei der ersten Art ist die Leitung Vermittler von reiner Steuerenergie, bei der zweiten Art Energieträger in der Weise, daß die Gesamtenergie, welche am fernen Ende entnommen wird, die Leitung belastet.

Dieser letztere Gesichtspunkt ist für die Leistungsanordnung und die Wahl der Art der Übertragungsleitung insofern von Bedeutung, als die Belastungsfähigkeit einer Fernsprechlinie mit größeren Besprechungsenergien der Größe der am fernen Ende zu entnehmenden Energie und damit der Zahl der Teilnehmeranschlußorgane eine Grenze nach oben setzt. Ist die Notwendigkeit gegeben, diese Zahl zu vergrößern, so kann dies nur unter Anordnung eines Verstärkers am fernen Ende der Leitung geschehen. Wirtschaftliche Gesichtspunkte, hauptsächlich die Berücksichtigung des zu erwartenden Einzugsgebietes des Verstärkerpunktes, entscheiden darüber, ob eine Großverstärkereinrichtung mit besonderer Bedienung zur Aufstellung gelangt, oder ob eine vereinfachte Verstärkereinrichtung nach folgendem System angeordnet wird. Die Leitung wird mit der zulässigen Energie belastet; diese wird nach Berücksichtigung der Verluste für Entzerrung und Geräuschbeseitigung ausschließlich dazu verwendet, die Steuerspannung für ein Energierohr zu erzeugen, für welches unter diesen Umständen ohne Schwierigkeiten die benötigten Spannungen und Ströme aus den Starkstromnetzen entnommen werden können. Die Notwendigkeit einer besonderen Bedienung dieser Einrichtung entfällt damit.

Die Wahl der Übertragungsleitungen ist entsprechend dem Grundsatz der Leitungsrundspruchübertragung in einer bestimmten Richtung festgelegt.

Der Leitungsrundspruch darf die Bereitstellung besonderer, für den Regelfernsprechverkehr nicht geeigneter Leitungen nicht erfordern.

In den Fern- und Bezirkskabeln stehen im allgemeinen Kernvierer zur Verfügung, welche, ausnahmlich für Meßzwecke, für den Regelverkehr nicht beansprucht werden. Diese erhalten dann in der Viererschaltung eine elektrische Ausrüstung (schwache Pupinisierung oder Verzicht auf Pupinisierung), welche den im Abschnitt I besprochenen

Grundsätzen einer guten Übertragung entspricht, die Sprechkreise selbst jedoch für die Benutzung durch den Regelverkehr ausschließt.

Es gilt der Grundsatz, daß an das Leitungsrundspruchnetz nur Orte angeschlossen werden können, bei welchen durch die Bereitstellung der Übertragungsleitung für den Zeitpunkt ihrer Benutzung eine Beengung des Regelbetriebes nicht eintritt. Dies trifft wohl bei allen Ortsnetzen zu, die vermöge ihrer Teilnehmeranschlußzahl für den Anschluß an sich in Betracht kommen können.

Für die Übertragung sollen in der Regel reine Stammleitungen (ohne Viererbildung) Verwendung finden; dies schließt nicht aus, daß in besonderen Fällen Stammleitungen eines in Betrieb befindlichen Vierers oder die Viererleitung bei zwei in Betrieb befindlichen Stammleitungen für Übertragungszwecke geschaltet werden. In letzteren Fällen sind besondere Vorkehrungen zur Beseitigung der Mitsprecherscheinungen notwendig.

Leitungen, welche hohe Energie führen, wie es insbesonders bei direkter Anschaltung vorkommen kann, werden in den neuen Bezirkskabelanlagen mit einem besonderen statischen Schutz versehen und als sogenannte Staniol- oder Metallfolievierer (MF-Vierer) ausgebildet.

Für die Bemessung der Anzahl der Übertragungsleitungen gelten folgende Richtlinien:

1. Zwischen zwei Verstärkerpunkten werden zwei selbständige Sprechkreise benötigt. Bei oberirdischen Leitungen wird die Schaltung so getroffen, daß zwischen beiden Sprechkreisen ein sofortiger Wechsel möglich ist. Bei unterirdischen Leitungen kann diese Wechselschaltung im normalen Falle entfallen.

Ein Übertragungskreis wird als Überwachungs- und Betriebsleitung, der andere als Übertragungsleitung verwendet. Ausnahmen von dieser Regel treten dann ein, wenn entsprechend der Ringbildung des Netzes eine Reserveleitung entbehrt werden kann.

2. Zur Verbindung von Ortsnetzen ohne eigenen Verstärker in direkter Anschaltung an einen Verstärkerpunkt wird nur eine Übertragungsleitung benötigt. Um auch hier Reserveleitungen schnell schalten zu können, ist folgende Einrichtung vorgesehen: Am Klinkenumschalter bzw. Linienumschalter des Endamtes werden eine oder mehrere Klinken oder Klemmen, welche mit mittlerer Übertragungsenergie besprochen werden, bereitgehalten, um bei plötzlich auftretenden Störungen der Übertragungsleitung das ferne Ortsnetz auf einem anderen Leitungsweg mit Energie versorgen zu können. Am fernen Ende muß sinngemäß die gleiche Einrichtung getroffen sein, welche die Anschaltung der Leitungen auf die Teilnehmeranschlußorgane vermittelt.

Diese Vorkehrungen für den Störungsfall sind deshalb notwendig, weil die Regelübertragungsleitungen aus betriebstechnischen Gründen so geführt werden, daß sie, bevor sie zum Klinkenumschalter oder Linienumschalter gelangen, die Schaltelemente der Übertragung (Wechsel-schalter zur Anschaltung der Leitung an Amt oder Übertragungseinrich-tung) durchlaufen.

Die Forderungen der Entzerrung sind beim Leitungsrundspruchnetz hinsichtlich der Anfangsbelastung der Leitung anderen Bedingungen unterworfen wie beim Regelfernsprechverkehr. Wirtschaftliche und be-triebstechnische Gesichtspunkte verlangen die Zentralisierung der Ener-gielieferungsanlagen. Es besteht die Aufgabe, an einige wenige Ver-stärker großer Leistung zahlreiche Übertragungsleitungen verschiedener elektrischer Eigenschaften anzuschließen. Grobe Ent- bzw. Verzerrungs-schaltungen, die entsprechend hohen Energieaufwand erfordern, werden prinzipiell vor dem Energieleistungsrohr angeordnet. Feinentzerrungen befinden sich in der Regel am Leitungsende. Entsprechend der Ein-teilung der Übertragungsortsnetze in selbständige und unselbständige unterscheidet man Übertragungsleitungen erster Ordnung, welche der Verbindung zweier Verstärkerpunkte dienen und Übertragungsleitungen zweiter Ordnung, welche ein unselbständiges Übertragungsortsnetz mit einem Verstärkerpunkt verbinden.

An Leitungsarten für Übertragungsleitungen erster Ordnung kom-men in Betracht: unpupinisierte, musikpupinisierte ($\omega_0 = 60\,000$), schwachpupinisierte ($\omega_0 = 43\,000$) Kabelleitungen und unpupinisierte oberirdische Fernmeldeleitungen. Für Übertragungsleitungen zweiter Ordnung werden verwendet unpupinisierte oberirdische Leitungen und mittelstark pupinisierte Kabelleitungen ($\omega_0 = 22\,000$). Die Anordnung von Sonderpupinisierung ist für Leitungen letzterer Art wirtschaft-lich nicht vertretbar.

Mit Rücksicht auf die Phasenverzerrung bei den vorliegenden Leitungslängen wird die obere Übertragungsgrenze für Übertragungs-leitungen erster Ordnung auf $f_0 = 6000$ ($\omega_0 = 38\,000$) festgelegt. Für die relativ kleinen Anschlußlängen der unselbständigen Ortsnetze wird bei Übertragungsleitungen zweiter Ordnung bei mittelstark pupini-sierten Leitungen keine Frequenzbegrenzung vorgesehen.

Die Verstärker, welche Teilnehmeranschlußorgane des eigenen Übertragungsortsnetzes und Übertragungsortsnetze zweiter Ordnung mit Besprechungsenergie versorgen, werden genau entzerrt auf einen Frequenzbereich von 50 bis 6000 Hertz. Dabei gilt als Bezugswiderstand der Leistung am Teilnehmerteilübertrager ein Belastungswiderstand von 600 Ohm nach einer Teilnehmeranschlußleitung von 2 km Länge 0,8 mm-Teilnehmeranschlußkabel. Für unselbständige Ortsnetze werden die gleichen Gesichtspunkte zugrunde gelegt. Erfahrungsgemäß treten hier unter Berücksichtigung der unter Umständen vorhandenen mittel-stark pupinisierten Übertragungsleitungen nur kleine Abweichungen auf, welche durch örtliche Feinentzerrung kompensiert werden.

Die Übertragungsleitungen erster Ordnung werden an Verstärkern zusammengefaßt, welche den frequenzabhängigen Dämpfungen dieser Leitungsarten durch grobe Verzerrungen Rechnung tragen. Sämtliche Verzerrungsschaltmittel liegen vor dem Leistungsrohr. Die Energie zur Verzerrung wird durch besondere Verstärker (sogenannte Steuerverstärker) geliefert. Die genaue Entzerrung erfolgt am Ende der Übertragungsleitung erster Ordnung vor dem Großverstärker für die Ortsanschaltung bzw. für die Besprechung der Übertragungsleitungen zweiter Ordnung. Diese Entzerrung erfolgt individuell für jedes selbständige Übertragungsortsnetz abhängig von der Art und Länge der Übertragungsleitung erster Ordnung. Das System der Vorverzerrung ist begründet durch die Energiewirtschaftlichkeit der Verstärkeranlagen, welche fordert, daß die Verstärkerleistungsrohre zur Lieferung von jener Energie entlastet werden, welche im weiteren Verlauf des Übertragungskreises durch Entzerrungsschaltmittel wieder aufgezehrt werden müßte. Durch das System der Entlastung von Leerlaufenergie ist es möglich geworden, bei den vorliegenden Gebrauchsenergien die Verstärkerschaltung nicht auf Mittelbeanspruchungen, sondern auf Spitzenleistungen zu dimensionieren, so daß sie zur vollständigen Aufnahme der dynamischen Skala geeignet sind. Damit entfällt die Notwendigkeit einer manuellen oder selbsttätigen Lautstärkereguliereinrichtung, ein Vorgang, der sowohl für die betriebstechnische Güte als auch hinsichtlich der ästhetischen Wertung des Hörvorganges von grundlegender Bedeutung ist.

Zur Inbetriebnahme und zur Erhaltung und Überwachung der Übertragungsgüte dienen Meßeinrichtungen, welche nach folgendem Prinzip angeordnet werden. Bei jedem Großverstärkerpunkt ist ein Tonfrequenzsender einschließlich der notwendigen Zusatzapparate, wie Tonfrequenzmesser, Stromreiniger usw. vorhanden. Mit Hilfe eines Leistungsindikators wird eine Frequenz ($f = 1000$ Hertz) konstanter Leistung, welche der Spitzenleistung des Verstärkers entspricht, an den komplex reproduzierten inneren Widerstand der Leitungsanschaltung an Stelle der Leitung geschaltet und die rechnerisch voraus dimensionierte Verteilungsschaltung dadurch kontrolliert, daß am Teilnehmeranschlußorgan an dem oben definierten Belastungswiderstand eine bestimmte Spannung V_1 vorhanden ist, welche mit Hilfe eines Rohrvoltmeters gemessen wird und welche als Maß für die beim Teilnehmer zu entnehmende Leistung gilt. Gleichzeitig wird die Spannung V_2 an der Sammelschiene des Großverstärkers festgestellt und ihre Übereinstimmung mit der rechnerischen Vorausbestimmung kontrolliert (Abb. 147).

Die Inbetriebnahme von neuen unselbständigen Ortsnetzen wird in gleicher Weise überwacht.

Die Messung der frequenzabhängigen Leistung an jedem Teilnehmeranschlußorgan wird sowohl für die Inbetriebnahme als auch für die Überwachung stets vom Zentralpunkt aus vorgenommen. Der prinzipielle Vorgang ist der gleiche wie bei der obigen Messung. Als Tonfrequenzsender wird hier ein Überlagerungssummer mit einem Frequenzbereich von 20 bis ca. 9000 Hertz verwendet. Die Anschaltung des Senders erfolgt an Stelle des Mikrophons über einen mittleren inneren Widerstand des Mikrophons. Bei Inbetriebnahme neuer selbständiger Übertragungsortsnetze dient das Verfahren dazu, durch Einstellung der Entzerrung nach der Übertragungsleitung erster Ordnung die Kurve V_1 abhängig von der Frequenz als möglichst frequenzunabhängig über das verlangte Frequenzband zu erzielen. Gleichzeitig wird dabei die Kurve V_2 abhängig von der Frequenz gemessen; der Verlauf dieser Kurve wird unter voller Belastung des Verstärkers von jenen der Kurve V_1/f etwas im Sinne einer größeren Spannung für höhere Frequenzen abweichen. Für $f = 1000$ Hertz ist für V_1 und V_2 der gleiche Wert wie bei der Messung zu erzielen, welche der örtlichen Feststellung der richtigen Energieverteilung beim selbständigen Übertragungsortsnetz

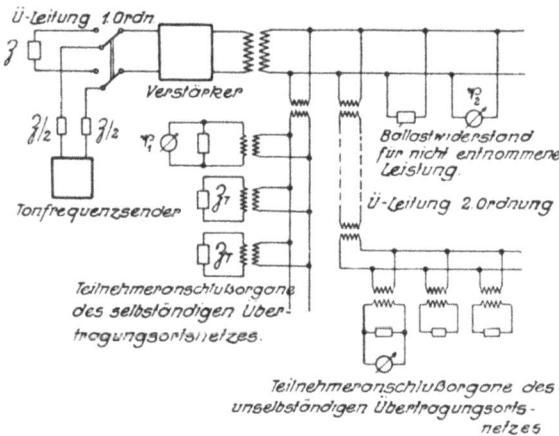

Abb. 147.

diente. Die Kurve V_2/f dient sodann als Grundlage für die täglichen Überwachungsmessungen, welche, da sie in kurze Pausen des laufenden Betriebes eingeschoben werden, rasch und sicher vorgenommen werden müssen. Als Meßinstrument zur Bestimmung der Spannung V_2 dient bei der vorliegenden Größenordnung der Spannung ein Hitzdrahtvoltmeter, das für einen weiten Frequenzbereich frequenzunabhängige Anzeige gewährleistet. Der innere Widerstand des Voltmeters (ca. 400 Ohm) ist gegenüber dem inneren Widerstand der Sammelschiene (ca. 15 Ohm) zu vernachlässigen. Für die Leistungsverteilung stellt das Instrument einen Dauerbelastungsfall dar.

Neben den für eine gute Übertragung notwendigen elektrischen Eigenschaften der Leitung ist bei Schaltung von Übertragungsleitungen ein Hauptaugenmerk auf die Geräuschbeseitigung zu legen. Eine prinzipielle Fehlerquelle bei Anschaltung einer Leitung an den Verstärker tritt durch die durch die Stromlieferungsanlage bedingte Unsymmetrie der Verstärkerschaltung gegen Erde auf. Diese kann sich in derart großem Maße auswirken, daß bei falscher Schaltung eine Bereitstellung geschützter Leitungen vollständig nutzlos wird. Ein Beispiel einer falschen Anschaltung ist in Abb. 148 gezeigt.

Ein praktisches Kennzeichen für Auftreten von Geräuschen, welche durch unsymmetrische Schaltung bedingt sind, besteht darin, daß bei Kurzschluß der Übertragungsleitung vor dem Verstärker die Störgeräusche nicht zum Verschwinden gebracht werden können. Bei jeder

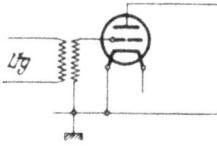

Abb. 148.

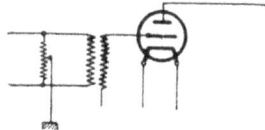

Abb. 149.

Verstärkeranschaltung ist deshalb eine einfache Einrichtung notwendig, welche angenäherte Symmetrie gewährleistet.

Bei oberirdischen Leitungen dient hierzu eine veränderliche symmetrische Erdschaltung (Abb. 149).

Bei unterirdischen Leitungen ist prinzipiell die Anordnung eines besonderen symmetrischen Übertragers nach Abb. 150 notwendig.

Der Eingangswiderstand des Verstärkers muß zur Vermeidung von Reflektionsverlusten dem Wellenwiderstand der Leitung angepaßt sein. Zur Lautstärkeregulierung am Ende der Leitung ist deshalb die Anordnung eines Spannungsteilers notwendig. Außerdem muß vor dem Verstärker eine Entzerrungsschaltung angebracht werden, welche die

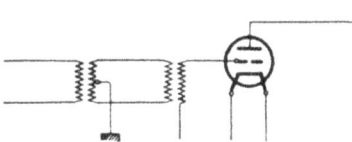

Abb. 150.

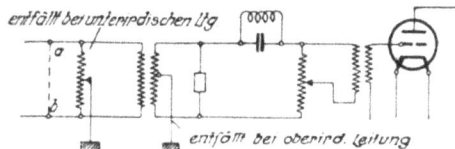

Abb. 151.

lineare Verzerrung der Übertragungsleitungen auszugleichen hat. Die Anordnung einer derartigen Leitungsabschlußschaltung für oberirdische und unterirdische Leitung ist in vereinfachter prinzipieller Form in Abb. 151 dargestellt.

Der Spannungsteiler muß dabei so dimensioniert sein, daß seine Veränderung in Verbindung mit dem Eingangswiderstand des Vorübertragers eine Veränderung des Widerstandes an den Punkten a und b nicht hervorruft. Bei Leitungen zur Verbindung von Ortsnetzen mit direkter Anschaltung an einen Zentralverstärkerpunkt ist die Berücksichtigung besonderer Schaltmittel zur Geräuschbeseitigung nicht notwendig, da die Störgeräusche der Leitung wie die Besprechungsenergie im Verhältnis der Zahl der anzuschaltenden Teilnehmer geteilt wird.

11*

Dagegen bedarf der Energieaufwand und die Anpassung auf maximale Energieentnahme eingehender Berechnung.

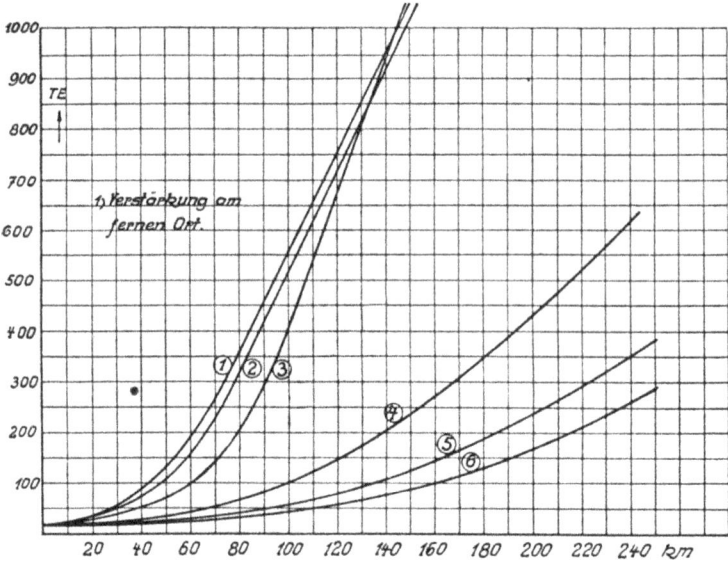

Abb. 152 a.

Die Abbildungen 152a und b zeigen den Energiebedarf für Leitungen zur Verbindung zweier Verstärkerpunkte und für Leitungen für

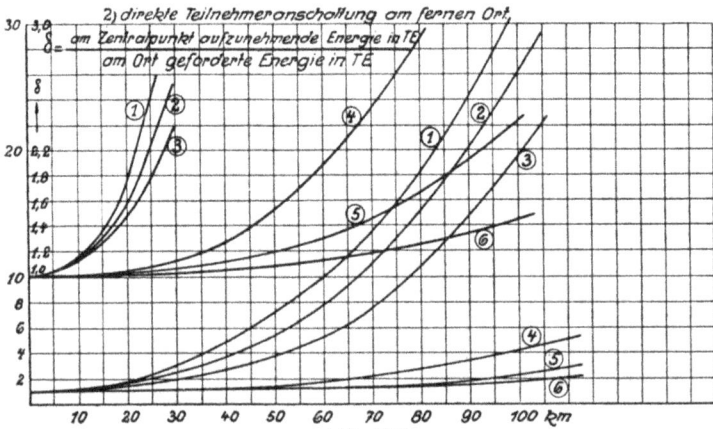

Abb. 152 b.

direkte Anschaltung abhängig von der Länge der Leitung, ausgedrückt in Teilnehmereinheiten. (Über die Definition der Teilnehmereinheit siehe Abschnitt II S. 100).

Die Numerierungen der Diagramme beziehen sich auf folgende Leitungsarten:

1. Kabelleitung 1,4 mm Stamm mittelstark pupinisiert,
2. Kabelleitung 1,4 mm Vierer mittelstark pupinisiert,
3. Kabelleitung 1,4 mm Stamm unpupinisiert (obere Grenze des Übertragungsbereiches $f_o = 4000$ H.),
4. oberirdische Leitung 2 mm Bronze,
5. oberirdische Leitung 3 mm Bronze,
6. oberirdische Leitung 4 mm Bronze.

Für die Abhängigkeit der letzteren Art ist das Verhältnis der geforderten Leistung am Ende der Leitung zu der am Anfang der Leitung aufzuwendenden Leistung gezeigt. Für Leitungen normalen Betriebszustandes gelten folgende Grenzleistungsziffern als Richtwerte:

Oberirdische Leitung unter 100 km Länge · · · 40 TE.
Oberirdische Leitung über 100 km Länge · · · 70 TE.

(abhängig von der Güte des Induktionsschutzes).

Unterirdische Leitung mit Kondensatorabgleich 120 TE.
Unterirdische Leitung ohne Kondensatorabgleich 60 TE.

Für unterirdische pupinisierte Leitung mit elektrostatischem Schutz ist die obere Grenze der Energiebelastung annähernd durch die Belastungsfähigkeit der Pupinspule mit Rücksicht auf die nichtlineare Verzerrung gegeben.

Für unselbständige Übertragungsnetze (direkte Anschaltung) muß der Angleich zur maximalen Energieentnahme sorgfältig vordimensioniert werden. Die Definition der Widerstände zeigt Abb. 153.

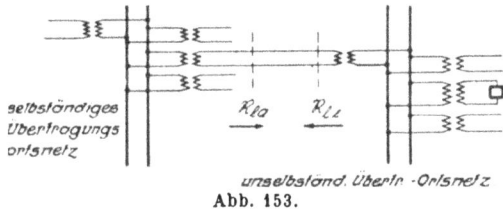

Abb. 153.

Es genügt hier nicht mit dem Wellenwiderstand der Leitung allein zu rechnen; bei elektrisch kurzen Leitungen ist es notwendig, den Leitungsanfangs- und Leitungsendwiderstand in der in Abb 153 angezeigten Richtung, welche durch den Dimensionierungsgang vorgeschrieben ist, unter teilweiser Berücksichtigung der Leitungsendbelastung, und zwar für verschiedene Frequenzen der Berechnung zugrunde zu legen.

Die Widerstände ergeben sich zu

$$\Re_{l_e} = 3 \cdot \mathfrak{Tang}\, \gamma\, l$$

$$\Re_{l_a} = 3 \cdot \frac{\Re_{l_e} + 3\, \mathfrak{Tang}\, \gamma\, l}{3 + \Re_{l_e}\, \mathfrak{Tang}\, \gamma\, l}.$$

Aus diesen Zusammenhängen ist die Entwicklung der Eingangs-
und Ausgangsübertrager und die Leistungsverhältnisziffer (s. Abb. 152 b)
bestimmt.

Für die Verteilung der Gesamtenergiezahl sind bei Dimensionierung
der Leitungsrundspruchnetze Forderungen maßgebend, welche sich nach
Leitungsart und -länge und nach der im Fernorte benötigten Energie
richten. Die Entwicklung der Leitungsrundspruchnetze drängt immer
mehr zur Zentralisierung und zur Versorgung auch weiter entfernter
Ortsnetze ohne eigene Verstärkung von einem Zentralpunkt aus. Die
ursprüngliche Entwicklung hat sich in der Richtung ausgewirkt, daß
für die Energielieferung im fernen Ende besondere kleine Verstärkereinrichtungen zur Aufstellung gelangen mußten. Die Neuentwicklung
zentralisiert diese Verstärkereinrichtungen auf einen Punkt und benützt
die Fernmeldeleitung dementsprechend als Energieträger. Durch diese

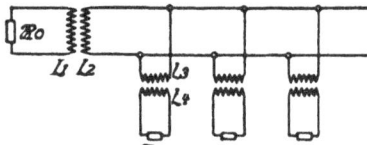

Abb. 154.

Entwicklung wurde es notwendig, vom
Zentralpunkt aus · genau abgemessene
Leistungsziffern auf die einzelnen Leitungen zu legen, im Gegensatz zur ursprünglichen Entwicklung, wo jede Leitung mit annähernd gleicher Energie
besprochen wurde. Die rechnerische
Durchbildung dieses letzteren Falles begegnet keinen besonderen Schwierigkeiten. Nach Abb. 154 läßt sich das maximale Übersetzungsverhältnis vom
Widerstand $\mathfrak{R}_0$ des Energierohres bis zum Nutzwiderstand an der Leitung errechnen zu:

$$\ddot{u}_{\text{max}} = \frac{M_1 M_2}{L_1 L_3 + L_2 L_3 \dfrac{\mathfrak{R}_0}{\mathfrak{R}_n} + z L_2 L_4 \dfrac{\mathfrak{R}_0}{\mathfrak{R}_n}},$$

und die angepaßte Frequenz ω_a zu:

$$\omega_a = \frac{\mathfrak{R}_0 L_3 + z \mathfrak{R}_0 L_2}{L_1 L_3 + L_2 L_3 \dfrac{\mathfrak{R}_0}{\mathfrak{R}_n} + z L_2 L_4 \dfrac{\mathfrak{R}_0}{\mathfrak{R}_n}},$$

wenn z die Anzahl der gleichen Energieentnahmestellen bedeutet.

Die Bedingung für maximale Anpassung lautet:

$$\frac{L_3}{z} = \frac{L_2 L_4 \cdot \dfrac{\mathfrak{R}_0}{\mathfrak{R}_n}}{L_1 + L_2 \cdot \dfrac{\mathfrak{R}_0}{\mathfrak{R}_n}}.$$

Für gleichen Belastungswiderstand erhalten wir gleiche Leistung pro
Teilübertrager.

Für die Durchdimensionierung der Energieverteilung bei geteilter Leistungsentnahme soll Abb. 155 betrachtet werden.

Voraussetzung für die Gültigkeit der nachfolgenden Erörterungen ist unendlich kleiner Widerstand zwischen den Wicklungen L_0' und L_3. Der Kombinationswiderstand der Anschaltung $\Re_0'$ bestimmt sich aus den Teilwiderständen $\Re_1'$, $\Re_2'$ usw. zu

$$\frac{1}{\Re_0'} = \frac{1}{\Re_1'} + \frac{1}{\Re_2'} + \frac{1}{\Re_3'}.$$

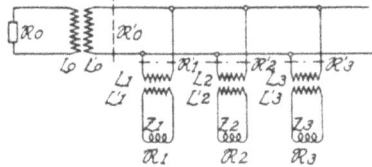

Abb. 155.

Bei guter Anpassung, d. h.

$$j\,\omega\,L_1' > \Re_1,$$

erhalten wir aus:

$$\Re_1' = \frac{j\,\omega\,L_1 \cdot \Re_1}{j\,\omega\,L_1' + \Re_1};$$

$$\Re_1' = \frac{L_1\,\Re_1}{L_1'} \quad \text{und sinngemäß} \quad \Re_2' = \frac{L_2\,\Re_2}{L_2'}\;; \quad \Re_3' = \cdots.$$

Wir wollen nun für das Übersetzungsverhältnis der Teilübertrager folgende Bezeichnung einführen

$$\frac{L_1'}{L_1} = a\,; \qquad \frac{L_2'}{L_2} = b \quad \text{usw.}$$

und erhalten für $\Re_0'$

$$\frac{1}{\Re_0'} = \frac{a}{\Re_1'} + \frac{b}{\Re_2'} + \frac{c}{\Re_3'}.$$

Wir können das Übersetzungsverhältnis $\ddot{u}_0'$ zwischen $\Re_0$ und Kombinationswiderstand $\Re_0'$ bestimmen zu:

$$\ddot{u}_0' = \frac{M_0}{L_0 + L_0' \cdot \dfrac{\Re_0}{\Re_0'}}.$$

Entsprechend der Definition enthält dieses Übersetzungsverhältnis die Berücksichtigung einer Anpassung. Die Gesamtleistung des Verstärkers (siehe S. 101) ist jedoch unter Zugrundelegung zweier Anpassungen dimensioniert. Es ist daher $\ddot{u}_0'$ mit $\dfrac{1}{\sqrt{2}}$ zu multiplizieren, um das Verhältnis der Leistungsbestimmung und das entsprechende Übersetzungsverhältnis $\ddot{u}_0$ zu errechnen zu $\ddot{u}_0 = \dfrac{\ddot{u}_0'}{\sqrt{2}}$.

Für die Dimensionierung des Nachübertragers ist maximale Anpassung gefordert, d. h.

$$\frac{L_0}{\Re_0} = \frac{L_0'}{\Re_0'} \, .$$

Für unendlich kleinen Widerstand zwischen L_0' und L_1 wird:

$$\ddot{u}_1 = \ddot{u}_0 \cdot \sqrt{a} \, ; \qquad \ddot{u}_2 = \ddot{u}_0 \sqrt{b} \quad \text{usw.}$$

Es erübrigt sich nun, den Zusammenhang aufzustellen zwischen dem Übersetzungsverhältnis $\ddot{u}$ und der Zahl der geforderten T.E. für die Entnahmestelle bei verschiedenen Belastungswiderständen. Bei voller Belastung liefert der Verstärker pro Teilnehmeranschluß die Einheitslautstärke. Die Zahl der T.E., welche der vollen Belastung entspricht, sei mit z_{gr} bezeichnet. Erhöht man die Lautstärke der T.E. um einen beliebigen Betrag, so wird die Zahl der möglichen Anschaltungen vermindert auf einen neuen Wert, welcher mit z_{Einheit} bezeichnet wird. Der rechnerische Zusammenhang ergibt sich aus:

$$\ddot{u} = \sqrt{\frac{\nu}{z_{\text{Einheit}}}} \, . \qquad\qquad (\nu = \text{Verstärkerzahl})$$

Am Normalwiderstand $\Re_T$ soll nun eine Leistung für z_x T.E. mit Normallautstärke zu liegen kommen. Man führt eine neue Lautstärkeeinheit ein, welche der obenbezeichneten Zahl z_{Einheit} entspricht. Diese ergibt sich zu:

$$z_{\text{Einheit}} = \frac{z_{gr}}{z_x} \, ;$$

und damit erhalten wir

$$\ddot{u} = \sqrt{\frac{\nu}{z_{gr}} \cdot z_x} \, .$$

In dieser Formel bezeichnet $\sqrt{\dfrac{\nu}{z_{gr}}}$ die Übersetzung der Normaleinheit. Die Leistung am Belastungswiderstand $\Re_T \, N_T = \dfrac{V_x^2}{\Re_T}$ ist als konstant bezüglich des Belastungswiderstandes anzunehmen. Bezeichnen wir das Verhältnis zwischen dem Normalwiderstand und dem tatsächlichen Belastungswiderstand als α_x, so erhalten wir $\Re_x = \alpha_x \cdot \Re_T$.

Das Gesamtübersetzungsverhältnis $\ddot{u}$ ist demnach mit $\sqrt{\alpha_x}$ zu multiplizieren.

Der Zusammenhang zwischen $\ddot{u}$, der Grenzleistungsziffer und dem Belastungswiderstand ergibt sich zu:

$$\ddot{u} = \sqrt{\frac{v}{z_{gr}} \cdot z_x \cdot \alpha_x}.$$

Für den Gang der Dimensionierung ist zu beachten, daß $\Re_0'$ wählbar ist. Die Wahl soll so getroffen werden, daß die zu erwartenden inneren Widerstände der Teilübertrager gegenüber ihren Selbstinduktionen zu vernachlässigen sind. Die inneren Widerstände der Teilübertrager selbst sind bei der Vordimensionierung nicht zu berücksichtigen, solange die primären Selbstinduktionen in annähernd gleicher Größenordnung liegen.

$\Re_0'$ darf nicht zu klein gewählt werden, damit die Leistungsentnahme in erster Annäherung nur abhängig von der Selbstinduktion, jedoch nicht abhängig von den Verlustwiderständen ist. Für die Dimensionierung der Zentralverstärkereinrichtungen des Leitungsrundspruchnetzes wurde $\Re_0'$ zu 15 Ohm bestimmt.

In den meisten Fällen wird die aus anderen Gesichtspunkten geforderte Summe der Leistungszahlen der Verzweigungskreise die Grenzleistungszahl des Verstärkers nicht genau erreichen, sondern sie mehr oder minder unterschreiten. Für die prinzipielle Dimensionierung bleiben drei Wege offen:

1. Man erhöht die Normallautstärke unter voller Aussteuerung des Verstärkers unter Beibehaltung der nun relativen Leistungsziffern. Dieses Verfahren hat den Nachteil, daß jede weitere Anschaltung im Rahmen der Grenzleistungsziffer die Gesamtlautstärke vermindert und die Voraussetzungen für die genaue Entzerrung stört.

2. Man steuert den Verstärker weniger stark aus, um bei geringer Leistungsanschaltung die Normallautstärke einzuhalten. Man beachte jedoch dabei, daß der Hauptübertrager bereits für die Gesamtanschaltung für maximale Leistungsentnahme angepaßt sein muß, sofern man nicht einen Hauptübertrager mit entsprechend der Leistungsentnahme veränderlicher Anpassung verwenden will, welches Verfahren jedoch gewisse betriebstechnische Nachteile veränderlicher Lautstärke und veränderlicher Entzerrung bedingt.

3. Für die nicht verbrauchte Zahl von T.E. ordnet man einen Belastungswiderstand an, an dessen Stelle dann bei weiterer Anschaltung ein Übertrager mit entsprechender Anpassung tritt. Der Vorteil dieses Verfahrens besteht darin, daß die Aussteuerung des Verstärkers und die genaue Entzerrung bei geeigneter Form des Belastungswiderstandes von der Belastungsanschaltung bis zur Grenzleistung unabhängig wird.

Dieses letztere Verfahren soll an Hand eines Gesamtbeispiels behandelt werden. Dabei wird der Ersatzwiderstand zur Vereinfachung der Rechnung frequenzunabhängig angenommen. Desgleichen ist die

Rechnung hinsichtlich der Belastungswiderstände nur auf eine Frequenz bezogen.

Zur Verwendung gelangt ein Verstärker mit dem Endrohr Type RV 24, dessen innerer Widerstand bei 600 V Anodenspannung im Arbeitspunkt ca. $\Re_0 = 3200$ Ohm beträgt. Die Verstärkerzahl v errechnet sich demnach zu

$$v = \frac{\Re_T}{8 \cdot \Re_0} = \frac{200}{8 \cdot 3200} = \frac{200}{25600} = 0,00781.$$

Durch Messung wurde festgestellt, daß die Grenzleistungszahl $z_{gr} = 650$ beträgt an einem Bezugswiderstand von $\Re_T = 200\,\Omega$, welcher der weiteren Rechnung zugrunde gelegt werden soll (siehe auch vor-

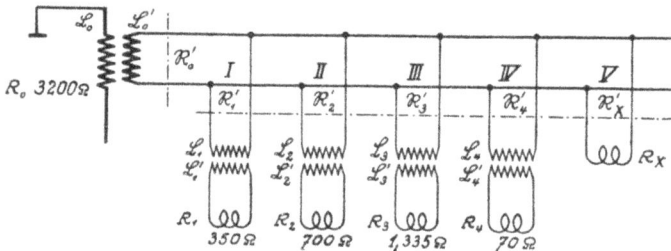

Abb. 156.

stehende Gleichung). Die Leistungsverteilung soll nach folgendem Verzweigungsschema (Abb. 156) erfolgen:

Kreis I: Fernleitungsbesprechung . . . $z_1 = 85$ T.E. $R_1 = 350$ Ohm
„ II: Fernleitungsbesprechung . . . $z_2 = 220$ T.E. $R_2 = 700$ „
„ III: Besprechung der Teilnehmer-
anschlußorgane im Ortsbezirk $z_3 = 150$ T.E. $R_3 = 1,335$ „
„ IV: Besprechung einer Großab-
nehmerschaltung . . . . . . $z_4 = 50$ T.E. $R_4 = 70$ „
„ V: Reserveanschaltung . . . . $z_5 = \underline{145}$ T.E. $R_x = R_x$
$$z_0 = 650 = z_{gr}$$

Der Bezugswiderstand $\Re_T$ wird bei dieser Rechnung zur Vereinfachung frequenzunabhängig angenommen.

1. $\Re_0'$ wird gewählt zu $\Re_0' = 15$ Ohm; damit wird

$$\alpha_0 = \frac{\Re_0'}{\Re_T} = \frac{15}{200} = 0,075;$$

und

$$\ddot{u}_0 = \sqrt{\frac{v}{z_{gr}} \cdot z_{gr} \cdot \alpha_0} = \sqrt{0,00781 \cdot 0,075}$$
$$= 0,0242.$$

Aus $L_0 = L_0' \dfrac{\Re_0}{\Re_0'}$ bestimmt sich unter Wahl von $L_0' > \dfrac{\Re_0'}{200}$.

$$L_0' > \frac{15}{200} > 0{,}075; \quad L_0' = 0{,}1\,H$$

und L_0 zu

$$L_0 = 0{,}1 \cdot \frac{3200}{15} = 21{,}4\,H;$$

und

$$\ddot{u}_0' = \frac{1{,}46}{21{,}4 + 0{,}1 \cdot \dfrac{3200}{15}} = \frac{1{,}46}{42{,}8} = 0{,}0341;$$

$$M_0^2 = 2{,}14; \quad M_0 = 1{,}46;$$

$$\omega_a = \frac{3200}{42{,}8} = 75.$$

$\Re_0'$ kann mit Rücksicht auf ω_a beibehalten werden.

$$\ddot{u}_0 = \frac{0{,}0341}{\sqrt{2}} = 0{,}0242.$$

2. Es folgt die Bestimmung von $\Re_1'$, $\Re_2'$, $\Re_3'$, $\Re_4'$, $\Re_x'$;

$\alpha_0 = 0{,}075;$	$z_0 = z_{gr} = 650;$	
$\alpha_1 = \dfrac{350}{200} = 1{,}75;$	$z_1 = 85;$	$R_1 = 350;$
$\alpha_2 = \dfrac{700}{200} = 3{,}50;$	$z_2 = 220;$	$R_2 = 700;$
$\alpha_3 = \dfrac{1{,}335}{200} = 0{,}00667;$	$z_3 = 150;$	$R_3 = 1{,}335;$
$\alpha_4 = \dfrac{70}{200} = 0{,}35;$	$z_4 = 50;$	$R_4 = 70;$

$$\Re_1' = 350 \cdot \frac{650 \cdot 0{,}075}{85 \cdot 1{,}75} = 350 \cdot 0{,}328 = 114{,}5\,\Omega;$$

$$\Re_2' = 700 \cdot \frac{650 \cdot 0{,}075}{220 \cdot 3{,}5} = 700 \cdot 0{,}0634 = 44{,}4\,\Omega;$$

$$\Re_3' = 1{,}335 \cdot \frac{650 \cdot 0{,}075}{150 \cdot 0{,}00667} = 1{,}335 \cdot 48{,}8 = 65{,}0\,\Omega;$$

$$\Re_4' = 70 \cdot \frac{650 \cdot 0{,}075}{50 \cdot 0{,}35} = 70 \cdot 2{,}79 = 195{,}0\,\Omega.$$

Andere Rechnungsart:

Aus

$$\Re_0' = \alpha_0 \Re_T \quad \text{und} \quad \Re_x' = \alpha_x \Re_T \cdot \frac{z_0 \alpha_0}{z_x \alpha_x}$$

folgt

$$\frac{\mathfrak{R}_0'}{\mathfrak{R}_x'} = \frac{z_0}{z_x};$$

daraus

$$\mathfrak{R}_x' = \mathfrak{R}_0' \cdot \frac{z_0}{z_x} = \frac{9750}{z_x}.$$

Aus

$$\frac{1}{\mathfrak{R}_0'} = \frac{1}{\mathfrak{R}_1'} + \frac{1}{\mathfrak{R}_2'} + \frac{1}{\mathfrak{R}_3'} + \frac{1}{\mathfrak{R}_4'} + \frac{1}{\mathfrak{R}_x}$$

bestimmt sich R_x zu

$$\frac{1}{R_x} = \frac{1}{\mathfrak{R}_0'} - \frac{1}{\mathfrak{R}_1'} - \frac{1}{\mathfrak{R}_2'} - \frac{1}{\mathfrak{R}_3'} - \frac{1}{\mathfrak{R}_4'};$$

$$\frac{1}{R_x} = \frac{1}{15} - \frac{1}{114,5} - \frac{1}{44,5} - \frac{1}{65,0} - \frac{1}{195,0};$$

$$R_x = 66,9\ \Omega.$$

Nach obigem entspricht $R_x = 66,9$ Ohm einem

$$z_x = \frac{9750}{R_x} = 145,5.$$

3. Bestimmung der Teilübertrager.

$$a = \frac{R_1}{\mathfrak{R}_1'} = \frac{350}{114,5} = 3,06;$$

$$b = \frac{R_2}{\mathfrak{R}_2'} = \frac{700}{44,4} = 15,75;$$

$$c = \frac{R_3}{\mathfrak{R}_3'} = \frac{1,335}{65,0} = 0,0205;$$

$$d = \frac{R_4}{\mathfrak{R}_4'} = \frac{70}{195} = 0,359;$$

$$L_x' > \frac{R_x}{200}; \quad L_1' > \frac{350}{200} > 1,75 = 2,5\ H;$$

$$L_2' > \frac{700}{200} > 3,5 = 4,0\ H;$$

$$L_3' > \frac{1,335}{200} > 0,00667 = 0,01\ H;$$

$$L_4' > \frac{70}{200} > 0,35 = 0,5\ H.$$

$$L_x = \frac{L_x'}{a}; \quad L_1 = \frac{L_1'}{a} = \frac{2,5}{3,06} = 0,816\ H;$$

$$L_2 = \frac{L_2'}{b} = \frac{4,0}{15,75} = 0,254\ H;$$

$$L_3 = \frac{L_3'}{c} = \frac{0{,}01}{0{,}0205} = 0{,}488\,H\,;$$

$$L_4 = \frac{L_4'}{d} = \frac{0{,}5}{0{,}359} = 1{,}39\,H\,.$$

4. Kontrollrechnungen:

$$\ddot{u}_1 = \ddot{u}_0 \cdot \sqrt{a} = 0{,}0242 \cdot \sqrt{3{,}06} = 0{,}0242 \cdot 1{,}75 = 0{,}0424\,;$$

$$\ddot{u}_2 = \ddot{u}_0 \cdot \sqrt{b} = 0{,}0242 \cdot \sqrt{15{,}75} = 0{,}0961\,;$$

$$\ddot{u}_3 = \ddot{u}_0 \cdot \sqrt{c} = 0{,}0242 \cdot \sqrt{0{,}0205} = 0{,}00347\,;$$

$$\ddot{u}_4 = \ddot{u}_0 \cdot \sqrt{d} = 0{,}0242 \cdot \sqrt{0{,}359} = 0{,}0145\,;$$

und

$$\ddot{u}_1 = \sqrt{\frac{\varrho}{z_{gr}} \cdot z_1 \cdot \alpha_1} = \sqrt{\frac{0{,}00781}{650} \cdot 85 \cdot 1{,}75} = 0{,}00179 = 0{,}0423\,;$$

$$\ddot{u}_2 = \sqrt{\frac{0{,}00781}{650} \cdot 220 \cdot 3{,}5} = \sqrt{0{,}00923} = 0{,}096\,;$$

$$\ddot{u}_3 = \sqrt{\frac{0{,}00781}{650} \cdot 150 \cdot 0{,}00667} = \sqrt{0{,}00001\,200} = 0{,}00347\,;$$

$$\ddot{u}_4 = \sqrt{\frac{0{,}00781}{650} \cdot 50 \cdot 0{,}35} = \sqrt{0{,}000211} = 0{,}0145\,.$$

Eine weitere Kontrolle besteht darin, daß für Verzweigungskreise, deren $R_x = \dfrac{\Re_T}{z_x}$ ist, die Übersetzung den gleichen Wert besitzen muß wie für $\ddot{u} = \sqrt{\dfrac{\varrho}{z_{gr}}}$; d. h. daß die Lautstärke an der Einheit des Verzweigungskreises der Normallautstärke entspricht. Der Beweis folgt aus:

$$\ddot{u}_x = \sqrt{\frac{\varrho}{z_{gr}} \cdot z_x \cdot \alpha_x}\,; \qquad\qquad z_x = \frac{\Re_T}{R_x}\,;$$

$$\ddot{u}_x = \sqrt{\frac{\varrho}{z_{gr}} \cdot \frac{\Re_T}{R_x} \cdot \frac{R_x}{\Re_T}} = \sqrt{\frac{\varrho}{z_{gr}}}\,; \qquad\qquad \alpha_x = \frac{R_x}{\Re_T}\,.$$

Im obigen Kreis III ist dies durchgeführt:

$$\ddot{u} = \sqrt{\frac{\varrho}{z_{gr}}} = \sqrt{\frac{0{,}00781}{650}} = \sqrt{0{,}000012} = 0{,}00347\,.$$

Dieser Zahl entspricht jene Lautstärke, welche bei Messung von z_{gr} als Vergleichsnormale, d. h. als Teilnehmerlautstärke bezeichnet wurde.

Es sollen folgende Übertragertypen Verwendung finden:

Als Nachübertrager Energieübertrager mit $p_{pr} = 650$ UW
und $p_{sek} = 560$ UW;
als Teilübertrager, Ringübertrager mit $p = 1050$ UW.

Es ergeben sich folgende Werte der Selbstinduktionen im Leerlauf und der zugehörigen Windungszahlen mit Angabe des maximal zulässigen rein Ohmschen Verlustwiderstandes.

Wicklungs-bezeichnung	Selbst-induktion H	Windungszahl	max. Ohm Widerstand der Wicklung
L_0	21,4	3000	30
L_0'	0,1	177	0,05
L_1	0,816	960	12,0
L_1'	2,5	1660	20,0
L_2	0,254	530	9,0
L_2'	4,0	2100	25,0
L_3	0,488	735	10,0
L_3'	0,01	105	0,8
L_4	1,39	1240	15,0
L_4'	0,5	740	10,0

Der Verzweigungskreis V steht mit 145 T.E. als Reserve zur Verfügung. Unter der Annahme, daß eine weitere Fernleitung mit $z_5 = 90$ und $R_5 = 600$ zur Besprechungsentnahme hinzutritt, gestaltet sich die Vordimensionierung in folgender Weise:

$$\mathfrak{R}_5' = 600 \cdot \frac{650 \cdot 0{,}075}{90 \cdot 3{,}0};$$

$$= 600 \cdot 0{,}18 = 108{,}0 \, \Omega;$$

$$\frac{1}{\mathfrak{R}_5'} + \frac{1}{R_{x_1}} = \frac{1}{66{,}9}; \quad \frac{1}{R_{x_2}} = 0{,}01496 - 0{,}00928 = 0{,}00568;$$

$$R_{x_2} = 176{,}4 \, \Omega.$$

Diesem R_{x_2} entspricht eine Reserve an T. E. von

$$z_{x_2} = \frac{9750}{176{,}4} = 55{,}1.$$

Mit $\mathfrak{R}_5' = 108{,}0$ errechnet sich:

$$e = \frac{R_5}{\mathfrak{R}_5'} = \frac{600}{108} = 5{,}55;$$

$$L_5' = > \frac{600}{200} > 3{,}0 = 3{,}50;$$

$$L_5 = \frac{L_5'}{e} = \frac{3,5}{5,55} = 0,631;$$

$$\ddot{u}_5 = \ddot{u}_0 \cdot \sqrt{e} = 0,0242 \cdot \sqrt{5,55} = 0,0570;$$

$$\ddot{u}_5 = \sqrt{\frac{0,00781}{650} \cdot 90 \cdot 3,0} = \sqrt{0,00324} = 0,0570.$$

Die entsprechenden Windungszahlen werden:

Wicklungs-bezeichnung	Selbst-induktion H	Windungszahl	max. Ohm Widerstand
L_5	0,631	860	11,0
L_5'	3,5	1960	23,0

Für die verschiedenen Fälle der Leistungsentnahme ergibt sich nach dieser Rechnungsweise eine Anzahl Übertrager verschiedener Wicklungsarten. Es soll in der Weiterentwicklung dazu übergegangen werden, diese Übertrager zu typisieren und für bestimmte Energieentnahme Einheitsübertrager zu verwenden. Dieses Ziel kann um so leichter erreicht werden, als das Energiemaximum der Anpassung abhängig von den elektrischen Daten der Übertrager nicht nach scharfer Resonanzspitze, sondern nach einem Resonanzrücken verläuft. Ein Dimensionierungsfehler wird demnach nur in geringem Maße die Leistungsausbeute beeinflussen. Es darf darauf hingewiesen werden, daß die beschriebene Rechnungsweise in erster Linie die Bedeutung einer Vordimensionierung besitzt, da sie die Verlustwiderstände der Energie- und Teilübertrager nur in der experimentellen Bestimmung der Grenzleistungsziffer berücksichtigt. Sie besitzt solange Berechtigung, als es sich um Verwendung bekannter Übertragertypen handelt, deren Verlustwiderstände rechnerisch und experimentell genau erfaßt sind. Für die Durchbildung neuer Übertragertypen müssen eingehende Untersuchungen die Tragweite der Einwirkung der Verlustwiderstände klarstellen und unter Umständen die Anwendung von Korrektionen festlegen. Auf weitere Einzelheiten soll hier nicht näher eingegangen werden.

Die Verbindung der Hörstelle in der Wohnung des Teilnehmers mit der Übertragungseinrichtung erfolgt über die Teilnehmeranschlußleitung, welche im Arbeitszustand dem Regelfernsprechverkehr dient.

Die Teilnehmeranschaltung an die Übertragungseinrichtung ist prinzipiell so getroffen, daß die Übertragungseinrichtung an jene Schaltmittel des Vermittlungsamtes angeschlossen wird, welche im Ruhezustand des Teilnehmeranschlusses mit der Teilnehmeranschlußleitung in Verbindung stehen. Es ist die Forderung an die Teilnehmeranschlußschaltung zu stellen, daß bei Anruf oder eigenem Ruf der Teilnehmerstelle die Übertragungsschaltung von der Teilnehmeranschlußleitung abgeschaltet wird.

Für Selbstanschlußämter nach dem Schleifensystem soll die Einrichtung kurz beschrieben werden. Die Anschlußorgane bestehen aus einem Übertrager von 1400 Umwindungen auf der primären und 2100 Umwindungen auf der sekundären Seite; ferner aus einer Drosselspule mit 3300 Umwindungen und einem Kondensator von $4\,\mu F$. Die Induktivität der Drosselspule entspricht jener der aktiven Wicklung des R-Relais des ersten Vorwählers, um die Leitung im Ruhezustand des Teilnehmeranschlusses gegen Erde symmetrisch zu schalten. Die Anschlußorgane werden in den neueren Übertragungseinrichtungen an besonderen Gestellen vereinigt, von wo aus die Verbindung mit den einzelnen Teilnehmeranschlüssen über Unterverteiler bei den Vorwählergruppen mittels dreiadriger Leitungen erfolgt.

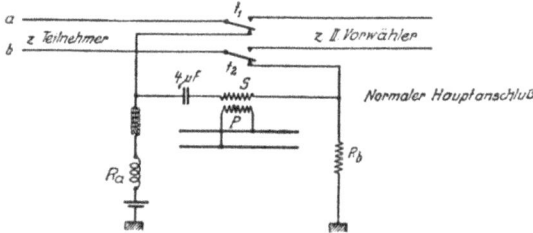

Abb. 157

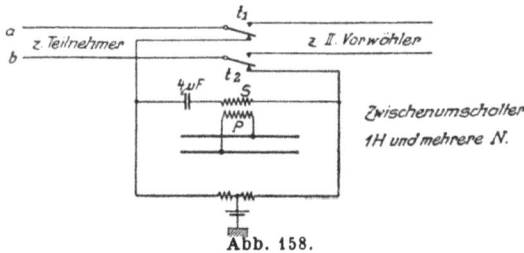

Abb. 158.

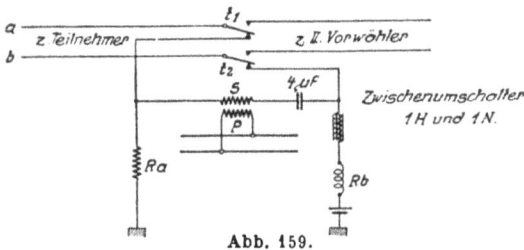

Abb. 159.

Entsprechend der Wirkungsweise der Drosselspule und der verschiedenen Anschaltungen der Vorwähler im Schleifensystem sind die in den folgenden Abbildungen 157, 158, 159 dargestellten Prinzipschaltungen aufgebaut.

Entsprechend den Bedingungen der Teilnahme am Leitungsrundspruchnetz mußte eine Einrichtung getroffen werden, welche bei Anschaltung von sogenannten dritten Übertragungsteilnehmern den Rundspruchanschluß für diese Teilnehmer bei Beanspruchung der Teilnehmeranschlußleitung für den Gesprächsverkehr durch den Hauptanschlußinhaber abschaltet. Dies geschieht bei ZB-Ämtern durch das Abschalterelais, bei EB-Ämtern im normalen Fall durch Anschaltung der dritten Leitung als zweiter Wecker.

Bei den zahlreichen übrigen Vermittlungssystemen ist die Anschaltung der Teilnehmeranschlußleitung an die Übertragungseinrichtung entsprechend verschieden. In den folgenden Abbildungen 160 mit 168 sind für einige Vermittlungssysteme die Teilnehmeranschaltungen im Prinzipstromlauf gezeigt.

Abb. 162 zeigt auch die Anschaltung der unselbständigen Übertragungsleitung einschließlich Reserveleitung an die Amtsschaltung.

In Abb. 167 wird nochmals die Teilnehmeranschaltung für ein Selbstanschlußamt nach dem Schleifensystem mit Vorwählern mit Sprechstelle und Stromlauf des Vorwählers gezeigt.

Die Teilnehmeranschaltung in einem Selbstanschlußamt nach dem Schleifensystem mit Anrufsuchern erfolgt entsprechend Abb. 168.

An den Anschlußstellen beim Teilnehmer ist auch die Verwendung von Lautsprechern mit Niederfrequenzverstärkern möglich. Es sind zu diesem Zwecke für solche Anschlüsse die sogenannten Lautsprecherzusatzeinrichtungen vorgesehen, welche einen Schwächungswiderstand und einen Übertrager enthalten, der den Wellenwiderstand der Leitung dem Eingangswiderstand des Verstärkers in zwei vorgesehenen Abstufungen angleicht.

Bei den im Leitungsrundspruchnetz zur Verfügung stehenden Besprechungsenergien und den zugehörigen Großverstärkeranlagen ist der

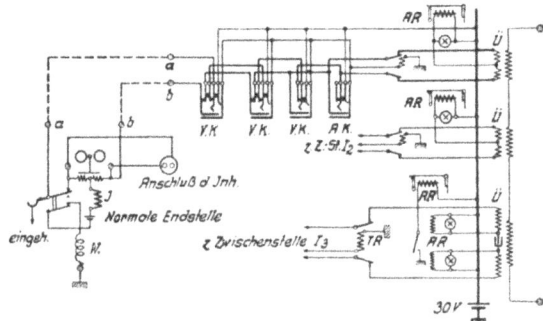

Abb. 160. Teilnehmeranschaltung für ein EBAmt mit Fernladung.

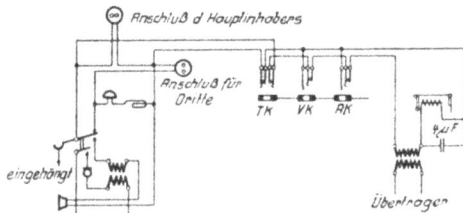

Abb. 161. Teilnehmeranschaltung für ein EBAmt System Mix & Genest.

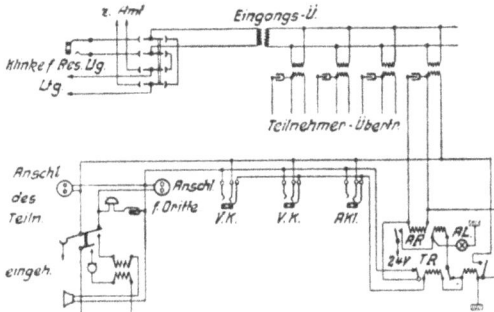

Abb. 162. Teilnehmeranschaltung für ein EBAmt mit Glühlampenanruf.

Schritt naheliegend, die beim Teilnehmer befindlichen Lautsprecher-einrichtungen mit Besprechungsenergie über die Leitung vom Zentral-verstärker zu versorgen, so daß die örtliche Verstärkereinrichtung beim Teilnehmer in Wegfall kommen kann. Diese Maßnahme ist abhängig von der Energiebela-stungsfähigkeit der Teil-nehmeranschlußleitungs-netze.

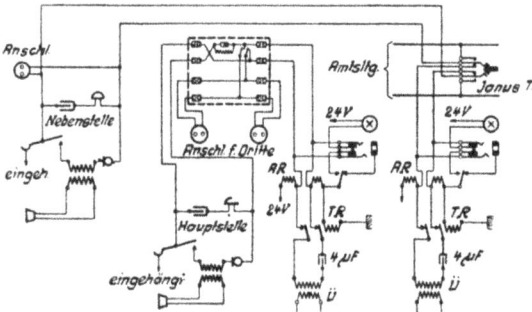

Abb. 163. Teilnehmeranschaltung am Janusschrank.

Bei normalem Kopf-hörerempfang ist die Ener-gie der Übertragung so abgestimmt, daß sie nicht wesentlich die abgegebene Energie eines Sprechapparates übersteigt, so daß also hinsichtlich der Nebensprech-erscheinungen im Leitungsnetz ge-genüber dem nor-malen Sprechver-kehr keine besonderen Rück-sichten notwendig werden, wenn die Leitungen im Ruhezustand einschließlich ihrer Endapparate die gleiche Symmetrie gegen Erde wie im Sprechzustand besitzen.

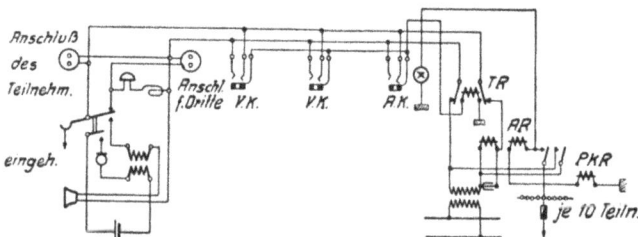

Abb. 164. Teilnehmeranschaltung einen EB Glühlampenschrank.

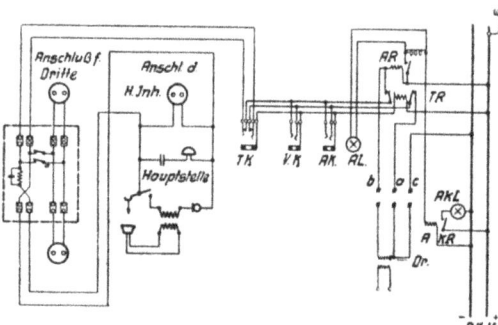

Abb. 165. Teilnehmeranschaltung für ZBAmt System Zwietusch.

Es tritt nun die For-derung auf, die Übertra-gungsenergie auf der Teil-nehmerleitung in der Weise zu erhöhen, daß es ermög-licht wird, an deren Ende Lautsprecher ohne örtliche Verstärkung zu betreiben. Neben der allgemeinen Beurteilung der Nebensprechwerte erscheint dabei die Untersuchung hierüber wichtig, ob zwischen dem wirksamen Nebensprechwert und der Zahl der in einer Leitungslinie vorhandenen Übertragungsleitungen eine Abhängigkeit besteht. Dabei entscheidet sich auch die Frage der zweckmäßigsten Art der Schal-tung der Energieentnahmeapparate an ein Verteilungsnetz.

Beim normalen Sprechverkehr liegt der ungünstige Fall der Beeinflussung dann vor, wenn eine Fernverbindung, deren zulässige Höchstrestdämpfung voll ausgenützt wird, durch ein Ortsgespräch gestört wird. Es ergeben sich entsprechend Abb. 169 folgende Energieverhältnisse.

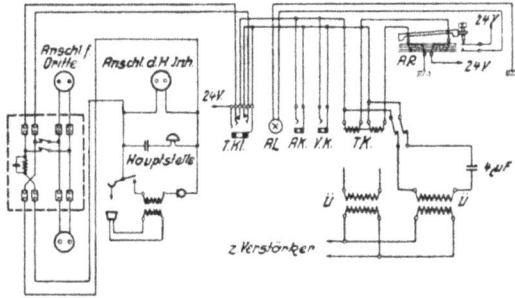

Abb. 166. Teilnehmeranschaltung für ZBAmt System Siemens & Halske.

Die Anfangsleistungen N_a werden gleichmäßig zu $N_{a\,1,2} = 0{,}002$ Watt angenommen. Die Nebensprechdämpfung b_n, bei welcher das Gespräch der Ortsverbindung vom Teilnehmer 2 der Fernverbindung tatsächlich nicht mehr verstanden wird, beträgt $b_n = 7{,}5$ Neper[1]). Aus der Definition des Dämpfungsmaßes $\dfrac{N_a}{N_e} = e^{2b}$ ergibt sich

$$N_{e_1} = 4{,}96 \cdot 10^{-6} \text{ Watt}$$

und

$$N_{e_n} = 0{,}611 \cdot 10^{-9} \text{ Watt,}$$

wobei die Dämpfung zwischen Teilnehmer 1 und Teilnehmer 2 der Fernverbindung zu $b = 3{,}0$ Neper angenommen wird. Die Dämpfung der Ortsverbindung von Teilnehmer 3 zu Teilnehmer 4 wird vernachlässigt.

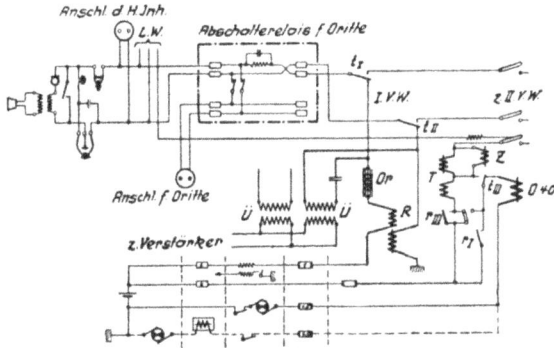

Abb. 167.

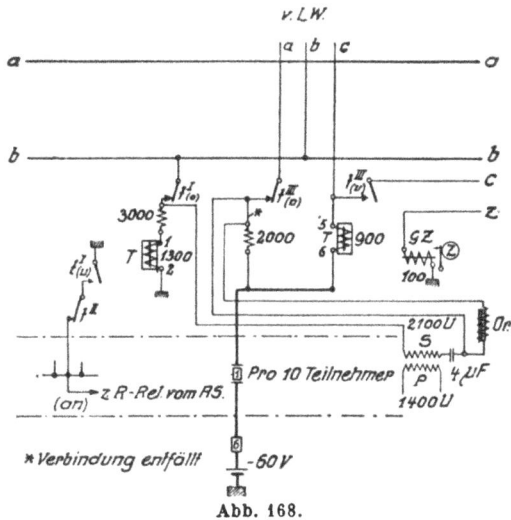

Abb. 168.

---

[1]) Dr. F. Lüschen und K. Küpfmüller, „Über die zweckmäßigste Pupinisierungsart von Fernkabeln". Europäischer Fernsprechdienst 1927, H. 4, S. 12.

Das Verhältnis von Nutzleistung zu Störleistung beträgt demnach

$$\frac{N_{e_1}}{N_{e_n}} = \frac{4,96}{0,611} \cdot 10^3 = 8,1 \cdot 10^3.$$

Die Anforderungen, welche an die wirksame Nebensprechstörung bei Übertragungsbetrieb zu stellen sind, sind nun verschieden gegen jene, welche der Sprechverkehr erfordert. Beim Sprechverkehr kommt es darauf an, daß das störende Gespräch in Gesprächspausen des gestörten Gespräches nicht verstanden wird (Wahrung des Fernsprechgeheimnisses). Bei Störung eines Gespräches durch übertragene Musik oder Sprache ist es notwendig, jenen Grenzwert der Nebensprechstörung zu bestimmen, bei welchem eine Beeinflussung der Sprechverständlichkeit des Gespräches auftritt. Dabei kann sehr wohl in Gesprächspausen der übertragene Klang verständlich zu Gehör kommen. Es handelt sich hier also um Feststellung der zulässigen relativen Stärke der Störenergie zur Nutzenergie.

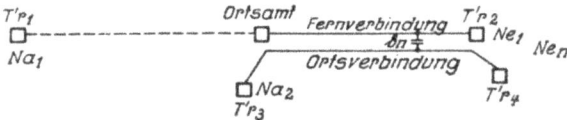
Abb. 169.

Der hier zulässige Nebensprechdämpfungswert wurde nun in folgender Weise experimentell bestimmt (Abb. 170).

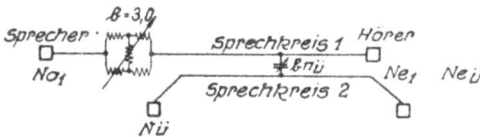
Abb. 170.

Beim Sprecher und Hörer befinden sich Teilnehmerapparate normaler, in dem untersuchten Ortsnetz gebräuchlicher Ausführung. Zwischen Sprechkreis 1 und Sprechkreis 2 befindet sich eine nach Dämpfungszahlen geeichte Kopplung. Es wird bei gegebener primärer Störleistung $N_{\ddot{u}}$ jener Kopplungswert $b_{n_{\ddot{u}}}$ bestimmt, bei dem eine merkbare Beeinflussung der Silbenverständlichkeit im Sprechkreis 1 auftritt.

Es ergeben sich folgende Werte:

$$N_{\ddot{u}} = 0,09 \text{ Watt},$$
$$b_{n_{\ddot{u}}} = 7,8 \text{ Neper}.$$

Dies entspricht einer Störleistung von $N_{e_{\ddot{u}}} = 0,0156 \cdot 10^{-6}$ Watt. Das Verhältnis von Störleistung zu Nutzleistung erniedrigt sich dementsprechend, beim Sprecher die Normalleistung von $N_{a1} = 0,002$ Watt vorausgesetzt, auf

$$\frac{N_{e_1}}{N_{e_{\ddot{u}}}} = \frac{4,96 \cdot 10^{-6}}{1,56 \cdot 10^{-8}} = 3,18 \cdot 10^2 \sim 3,2 \cdot 10^2.$$

Wird die hier bestimmte Störleistung von $N_{e_{ü}} = 0,0156 \cdot 10^{-6}$ Watt ebenfalls auf die Normalanfangsleistung von $N_{ü} = 0,002$ Watt bezogen, so ergibt sich eine wirksame Nebensprechdämpfung von $b_n' = 5,9$ Neper. Dabei ist Voraussetzung, daß der wirksame Nebensprechdämpfungswert von der Energie der Störung annähernd unabhängig ist, eine Annahme, welche entsprechend den späteren Meßergebnissen durchaus berechtigt ist. Die Nebensprechmessungen wurden mit einer normalen Betriebsübertragung (Musik mit Gesang) durchgeführt.

Es ergibt sich, daß nach Beziehung der Störleistung auf die Normalanfangsleistung von $N_a = 0,002$ Watt ein Nebensprechwert von $b_n = 7,5$ Neper die Unverständlichkeit des störenden Geräusches ge-

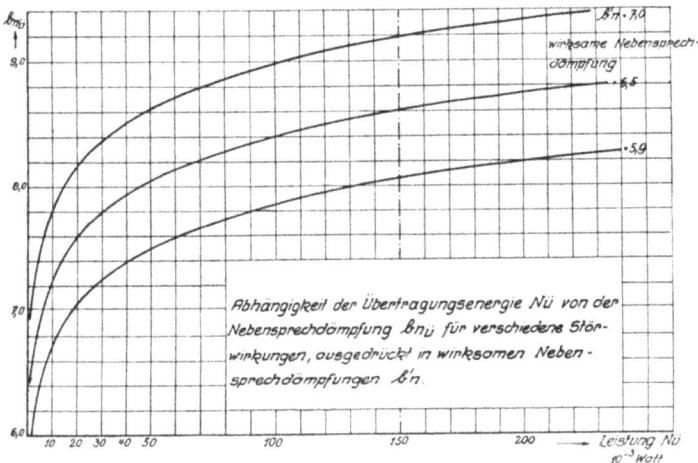

Abb. 171.

währleistet, während bei einem Nebensprechwert von $b_n \sim 6,0$ Neper die Störung in ihrem klanglichen Wesen wohl erkannt werden kann; die relative Stärke zur Nutzenergie ist jedoch so gering $\left(\frac{1}{320}\right)$, daß die Sprechverständlichkeit nicht beeinträchtigt wird.

Mit Hilfe der festgestellten maximal zulässigen Störenergie von $N_{e_{ü}} = 0,0156 \cdot 10^{-6}$ Watt läßt sich nun aus $\frac{N_ü}{N_{e_{ü}}} = e^{2b_{ü}}$ die Abhängigkeit der Übertragungsenergie $N_ü$ von dem Nebensprechdämpfungswert $b_{n_ü}$ aufstellen (Abb. 171).

Die Beziehung ist aufgestellt für drei verschiedene wirksame Nebensprechdämpfungen b_n', welche die Wirkung der Störung bezogen auf die Normalleistung von 0,002 Watt kennzeichnen. Die Größe b_n' entspricht den verschiedenen Anforderungen, welche an die Auswirkung der Störbeeinflussung gestellt werden können. Die Kurve für $b_n' = 5,9$ Neper gibt die zulässigen unteren Grenzwerte an.

Für den beabsichtigten Lautsprecherbetrieb wird dem Teilnehmer eine Übertragungsenergie von rund 0,1 Watt am Ende der Leitung zur Verfügung gestellt. Dies entspricht bei einer durchschnittlichen Länge der Teilnehmeranschlußleitung von 2 km einer aufzuwendenden Energie am Anfang der Leitung von rund 0,15 Watt. Das Diagramm (Abb. 171) zeigt, daß eine derartige Einrichtung nur möglich ist in Ortsnetzen, deren Nebensprechdämpfungswerte in allen Teilen $b_{n_\ddot{u}} = 8{,}0$ Neper nicht unterschreitet. Will man in Ortsnetzen, welche Werte von $b_{n_\ddot{u}}$ bis 7,5 Neper aufweisen, Übertragungsbetrieb mit direkt besprochenen Lautsprechern einrichten, so muß die Übertragungsenergie am Anfang der Leitung auf 0,05 Watt beschränkt werden; dies entspricht einer Nutzenergie beim Teilnehmer von rund 0,033 Watt.

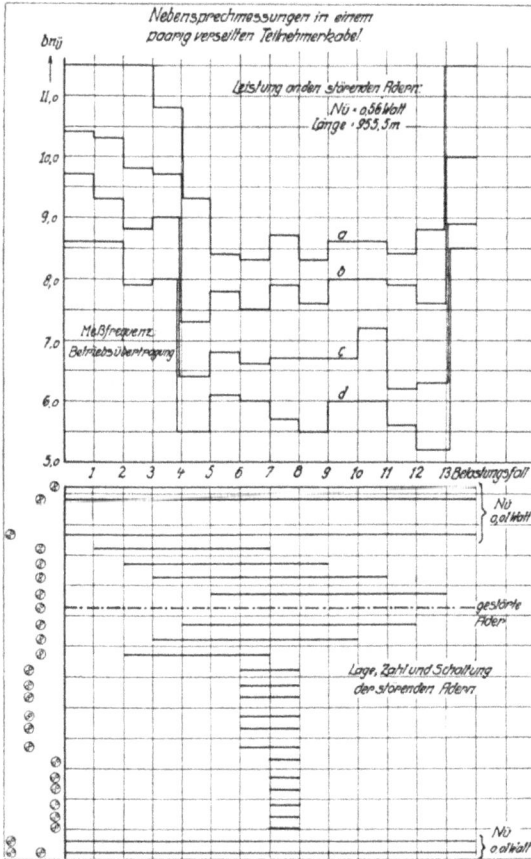

Abb. 172 a.

Damit sind die Nebensprechdämpfungswerte in ihrer Wechselwirkung zu der zur Übertragung gelangenden Energie festgelegt. In einem Ortsnetz wird eine Kabellinie eine Anzahl mit der gleichen Übertragungsenergie belasteter Leitungen enthalten. Es ist zu untersuchen, ob und in welcher Weise eine Abhängigkeit besteht zwischen dem Nebensprechdämpfungswert einer gestörten Leitung für verschiedene Symmetrie der Endapparate und der Anzahl und der relativen Lage der Übertragungsenergie führenden Leitungen innerhalb einer Kabellinie. Die Messungen wurden durchgeführt an einer paarig verseilten und einer sternverseilten Teilnehmerkabelstrecke in einem Ortsnetz mit Selbstanschlußbetrieb. Der Messung diente die subjektive Hörvergleichsmethode, welche sowohl mit betriebsmäßiger Übertragungsbesprechung als mit Einzelfrequenzen verschiedener Energien erfolgte. Die verschiedene Erdsymmetrie der Endapparate wurde in der Weise hergestellt, daß der Abschlußwiderstand von 600 Ohm in verschiedenem Teilverhältnis geerdet wurde, und zwar bei den Messungen a in der Mitte 300/300 Ohm, bei b im Verhältnis 400/200 Ohm, bei c im Verhältnis 500/100 Ohm und bei d im Verhältnis 600/0 Ohm. Der Abschlußwiderstand am Anfang der Leitung wurde zu 600 Ohm konstant gehalten. Meßwerte über $b_{n_u} = 11{,}0$ Neper wurden gleichmäßig bei $b_{n_u} = 11{,}5$ Neper eingetragen. Gleichzeitig wurden Untersuchungen über die Abhängigkeit des Nebensprechwertes von der Frequenz und von der Größe der Störenergie durchgeführt. Die Messung der Energie am Anfang der Leitung erfolgte durch Spannungsmessung mit einem in weiten Grenzen frequenzunabhängigen Hitzdrahtvoltmeter über einen bekannten verlustfreien Widerstand (Abb. 172a, 172b und 173).

Für die symmetrisch abgeschlossene Leitung tritt bei paariger Verseilung eine merkbare Beeinflussung des Nebensprechwertes

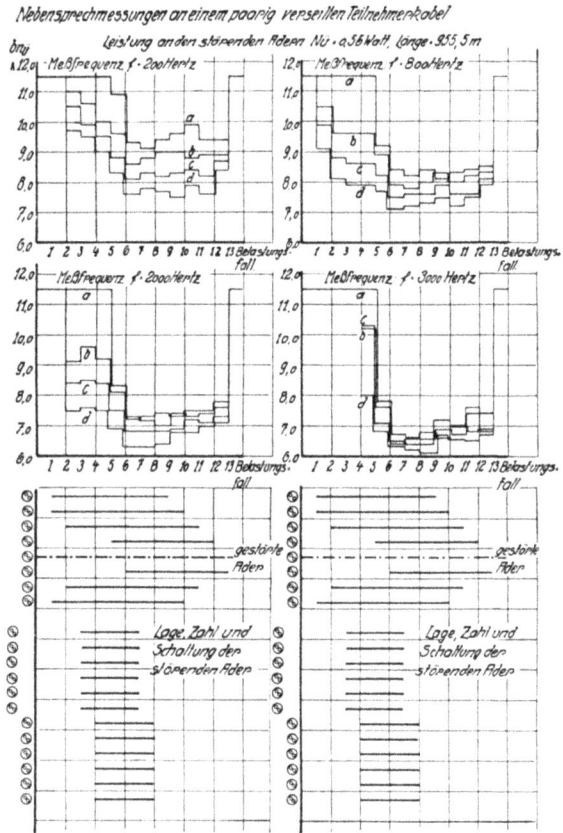

Abb. 172 b.

erst bei Hinzutreten der beiden Nachbardoppeladern der gleichen Lage als störende Leitung ein. Der Beitrag zur Minderung des Nebensprechwertes ist von beiden Nachbaradern bei mittlerer Meßfrequenz annähernd gleich. Bei Sternverseilung beeinflußt den Nebensprechwert in maßgebender Weise naturgemäß die zur gestörten Ader im Vierer liegende Leitung. Bei kontinuierlicher Abschaltung von Störadern, welche in weiterer Nachbarschaft in der gleichen Lage geführt sind, tritt eine allmähliche Verbesserung des Nebensprechwertes ein; die Abhängigkeit verläuft annähernd linear; es entspricht einer Verbesserung des Neben-

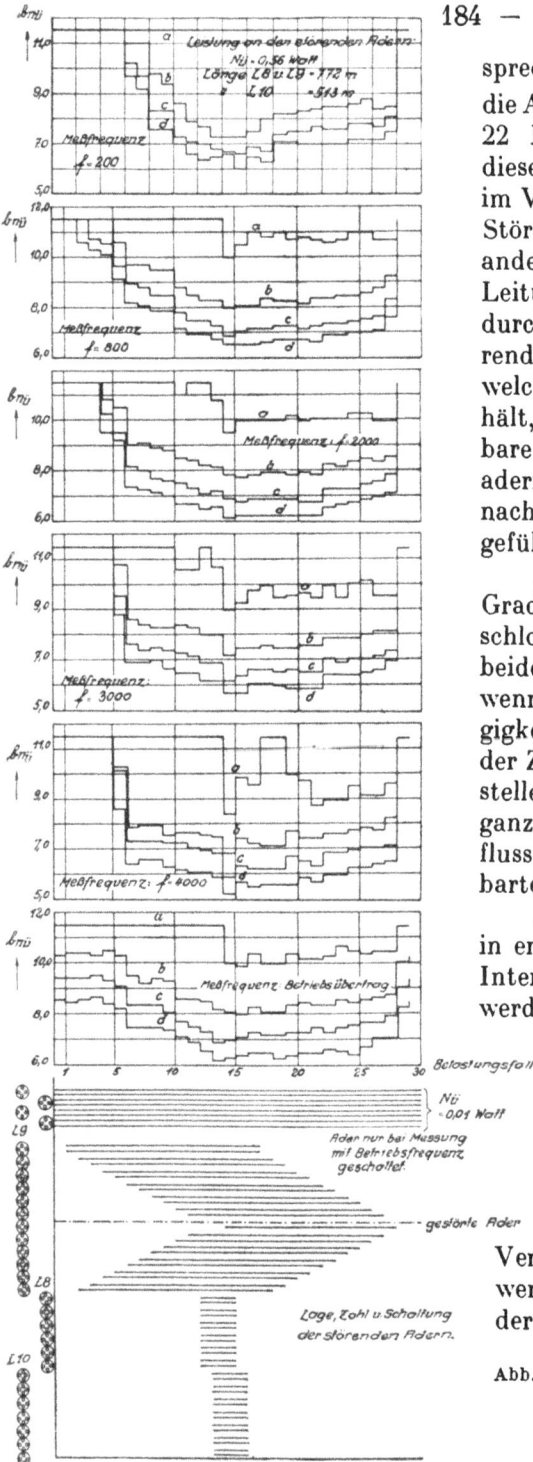

Abb. 173. Nebensprechmessungen an einem sternverseilten Teilnehmerkabel.

sprechwertes um $b_{n\ddot{u}} = 0,5$ Neper die Aufhebung der Störwirkung von 22 Leitungen. Voraussetzung zu dieser Abhängigkeit ist, daß die im Vierer konjugierte Ader an der Störwirkung beteiligt ist, und daß andererseits die weiteren störenden Leitungen ohne Unterbrechung durch Leitungen, welche keine störende Energie führen, dem Vierer, welcher die gestörte Leitung enthält, benachbart liegen. Eine merkbare Beeinflussung durch Störadern, welche in anderen, auch benachbarten Lagen der Kabelanlage geführt sind, tritt nicht ein.

Bei der in den verschiedenen Graden unsymmetrisch abgeschlossenen gestörten Leitung bei beiden Verseilarten läßt sich eine, wenn auch unregelmäßige Abhängigkeit des Nebensprechwertes von der Zahl der störenden Adern feststellen. Außerdem läßt sich in ganz geringem Maße eine Beeinflussung durch Störadern benachbarter Lagen feststellen.

Auf zwei Erscheinungen, die in erster Linie von theoretischem Interesse sind, darf hingewiesen werden:

1. Bei beiden Verseilarten tritt bei bestimmten Kombinationen der störenden Adern und bei bestimmten Meßfrequenzen eine Entkopplung, d. h. eine Verbesserung des Nebensprechwertes bei Vergrößerung der Zahl der störenden Adern ein.

2. Bei paariger Verseilung nimmt der relative Unterschied der Nebensprechwerte bei symmetrischem Abschluß gegenüber jenem bei unsymmetrischem Abschluß verschiedener Grade mit zunehmender Meßfrequenz ab; d. h. die gestörte Leitung ist an sich bereits mit beträchtlicher kapazitiver Unsymmetrie behaftet.

Hinsichtlich der Wechselwirkung des Einflusses einer symmetrisch abgeschlossenen Störader auf eine unsymmetrisch abgeschlossene gestörte Ader und umgekehrt ist festzustellen, daß für die Beurteilung der Nebensprechdämpfung nur der Zustand der gestörten Leitung maßgebend ist, d. h. die Nebensprechdämpfung ist bei symmetrisch abgeschlossener gestörter Leitung vom Symmetriezustand der störenden Leitung in praktischen Grenzen unabhängig.

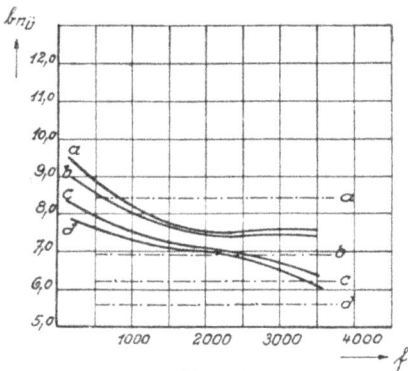 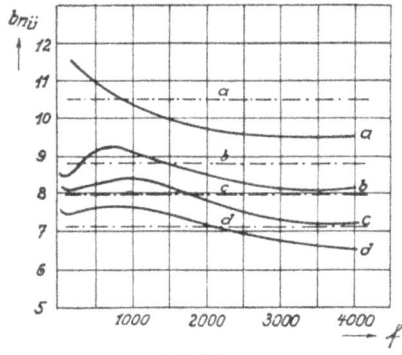

Abb. 174.   Abb. 175.

Die Frequenzabhängigkeit des Nebensprechdämpfungswertes (Abb. 174 und 175) zeigt im allgemeinen den zu erwartenden Verlauf:

Abnahme der Nebensprechdämpfung mit zunehmender Frequenz. Bei unsymmetrisch abgeschlossener Leitung tritt in einigen Belastungsfällen Abnahme auch bei abnehmender Frequenz ein. In die vorliegenden Diagramme wurden auch die mit betriebsmäßiger Übertragungsfrequenz (Musik und Gesang) gemessenen Werte für die einzelnen Symmetriezustände eingetragen. Die Ersatzmeßfrequenz zur Erzielung des gleichen Meßwertes wie bei betriebsmäßiger Besprechung liegt im allgemeinen um $f = 1000$ Hertz bei vollkommener Symmetrie der Endschaltung der gestörten Leitung. Bei gestörter Symmetrie der Endschaltung liegt die Ersatzfrequenz entsprechend höher (bei ca. $f = 2000$ Hertz und darüber).

Es wurde weiterhin die Abhängigkeit des Nebensprechdämpfungswertes von der Störenergie untersucht (Abb. 176 und 177).

Für größere Störenergien ist sowohl bei paariger wie bei Sternverseilung keine nennenswerte Abhängigkeit sowohl hinsichtlich der Störfrequenz als hinsichtlich des Symmetriezustandes der Endapparate der gestörten Leitung festzustellen. Nur bei paariger Verseilung und der Frequenz $f = 200$ Hertz tritt eine geringe Abhängigkeit in der Weise ein, daß mit abnehmender Leistung der Nebensprechdämpfungswert zunimmt.

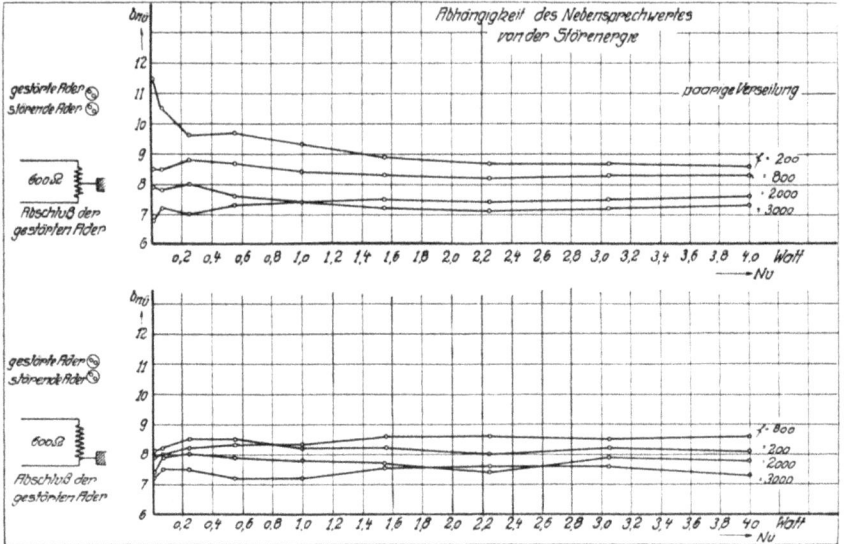

Abb. 176.

Der geringste mit Betriebsfrequenz gemessene Nebensprechdämpfungswert beträgt bei vollkommen symmetrischer Endschaltung der ge-

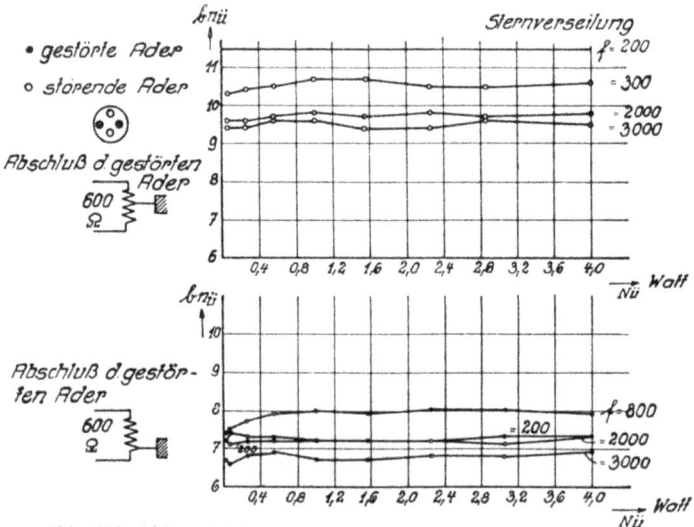

Abb. 177. Abhängigkeit des Nebensprechwertes von der Störenergie.

störten Leitung $b_{n_{\ddot{u}}} = 8,3$ Neper. Wird dieser Wert dem ganzen Netz zugrunde gelegt, so wäre dieses belastbar mit einer Energie von 0,25 Watt für die Einzelleitung ohne Rücksicht auf die Lage der Störadern und deren Zahl. Wird die Energie am Anfang der Leitung auf 0,15 Watt beschränkt, so ergibt sich unter den gleichen Voraussetzungen eine wirksame Nebensprechdämpfung von ca. $b'_n = 6,2$ Neper.

Für die Anschaltung von Wohnungsanschlüssen über Leitungen an eine Übertragungszentraleinrichtung bestehen prinzipiell zwei Möglichkeiten: der Radialanschluß und der Ringanschluß. Beim Radialanschluß besitzt jede Hörstelle eine eigene Leitung bis zur Zentralstelle, Verhältnisse, wie sie beim normalen Telephonanschluß gegeben sind; beim Ringanschluß werden an eine Leitung eine Reihe von Hörstellen parallelgeschaltet. Sollen für die Zwecke der Übertragung Leitungen Verwendung finden, welche in einem Leitungsnetz verlaufen, welches gleichzeitig auch anderen Zwecken (Fernsprechverkehr) dient, so geben die Werte der Nebensprechdämpfung die Grenzen der maximalen Energiebelastungsfähigkeit an. Die oben festgestellten Meßwerte entsprechen den Durchschnittswerten guter Fernsprechortsnetze. Die maximal mögliche Energiebelastung entspricht einer Anschaltemöglichkeit von höchstens zwei Lautsprechern in Parallelschaltung. Soll die Energie erhöht werden, so müssen zur Übertragung statisch geschützte Leitungen verwendet werden.

Mit einer Leistung von 5 Watt können rund 40 Lautsprecher mit mittlerer guter Lautstärke versorgt werden. Bei einer wirksamen Nebensprechdämpfung von $b'_n \sim 6,0$ Neper erfordert die störungsfreie Energiebelastungsfähigkeit, wenn diese Leistung auf einer Ringleitung übertragen werden soll, einen minimalen Nebensprechwert von $b_{n\,\ddot{u}} \sim 10,0$ Neper. Verteilt man die Energie der Übertragung in Radialschaltung und ordnet man jedem Hausanschluß eine besondere Leitung zu, welche in der gleichen Leitungslinie geführt werden, so ist bei gleichen Ansprüchen an die Störbeeinflussung der geforderte Nebensprechwert $b_{n\,\ddot{u}} = 8,0$ Neper, da der Nebensprechwert für eine beeinflußte Leitung von der Anzahl der Störenergie führenden Leitungen in der gleichen Linie unabhängig ist. Für die Beurteilung des wirksamen Nebensprechwertes von $b'_n \sim 6,0$ Neper wird vorausgesetzt, daß die der gestörten Leitung benachbarten Leitungen bzw. die im Vierer konjugierte Doppelader Übertragungsenergie führen; ist dies nicht der Fall, so wird der wirksame Nebensprechwert entsprechend höher; er wird bei Sternverseilung Werte von $b'_n \sim 8,4$ Neper erreichen.

Bei einem derartigen wirksamen Nebensprechwert kann man damit rechnen, daß die störende Energie in ihrer Wirkung kaum mehr wahrgenommen werden kann.

Innerhalb von Übertragungsortsnetzen eines derartigen Leitungsrundspruchnetzes besteht die Möglichkeit, da die Hörstelle bei der Entnahmeschaltung in schalttechnischer Beziehung zur Zentraleinrichtung steht, dem Hörer auf einfache Weise mehrere Übertragungsprogramme zur selbständigen Auswahl zur Verfügung zu stellen. Wirtschaftliche Gesichtspunkte beschränken eine derartige Einrichtung vorerst auf selbständige Übertragungsortsnetze, deren Vermittlungssystem nach der Zentralbatterieschaltung erfolgt (Abb. 178).

Der Wechsel des Übertragungsanschlußorganes zwischen den Sammelschienen der Übertragungsprogramme *I* und *II* wird durch ein Umschalterelais *UR* betätigt, welches vom *R*-Relais des ersten Vorwählers gesteuert wird. Dieses Umschalterelais besitzt die Besonderheit, daß bei seiner Betätigung die Kontakte u_I und u_{II} umgelegt und in dieser Stellung auch dann gehalten werden, wenn das Relais wieder stromlos wird. Erst eine abermalige Erregung des Relais bringt die bezeichneten Kontakte wieder zur Umschaltung. Die Umschaltung erfolgt durch Be-

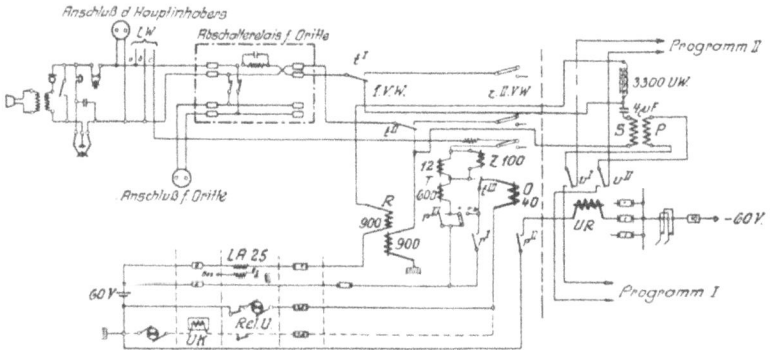

Abb. 178. Wahlweise Einschaltung von Übertragungen für SASchleife.

tätigung einer Schaltwalze mit Vierkantquerschnitt, welche durch den Ankerhub jeweils um 90° weitergeschaltet wird und damit die Veränderung der Kontaktstellung und gleichzeitig die Festlegung des Arbeitszustandes gewährleistet (Abb. 179).

Die Erregung des Umschalterelais erfolgt über das *R*-Relais des Vorwählers jedesmal dann, wenn die Sprechstelleneinrichtung in Arbeitsstellung übergeht. Eine Ausnahme besteht nur dann, wenn die Sprechstelle im angerufenen Zustand die Ruhestellung verläßt.

Für die Forderung der Auswahl zwischen mehr als zwei Übertragungsprogrammen kann an Stelle des Umschalterelais ein Schrittwähler Verwendung finden, der, auf die gleiche Weise gesteuert wie das Umschalterelais, die Auswahlmöglichkeit von maximal 10 Übertragungsprogrammen zuläßt.

Die beim Umschaltevorgang auftretende kurzzeitige Blindbelegung der Anruforgane hat sich nach den vorliegenden Betriebserfahrungen als unbedenklich erwiesen.

Will man die Auswahlmöglichkeit noch weitergehender gestalten, so besteht die Möglichkeit der Überlagerung einer eigenen selbsttätigen Übertragungsvermittlungsanlage über die Einrichtungen des Regelfernsprechverkehrs, welche mit Hilfe einer komplizierten Schalteinrichtung, auf deren Beschreibung hier verzichtet werden soll, durch Auswahl der eigenen Rufnummer erreicht werden kann. Damit wäre auch eine individuelle Tarifierung der Übertragungseinrichtungen für die Zahl und Zeit ihrer Beanspruchung möglich. Praktische Bedeutung haben die beiden letzteren Arten der Wahlschaltung nicht erreicht.

Bei den Wahlschaltungen im allgemeinen ist es wichtig, darauf Rücksicht zu nehmen, daß der innere Widerstand der Sammelschiene der Parallelschaltung der Anschlußorgane so gewählt wird, daß eine

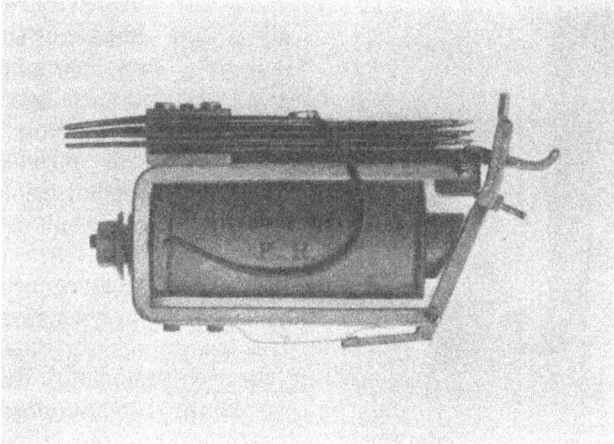

Abb. 179.

weitgehende Veränderung der Zahl der angeschlossenen Anschlußorgane die entnommene Energie für ein Anschlußorgan nicht wesentlich beeinflußt. Im allgemeinen ist mit einem inneren Widerstand von 0,8 bis 1,0 Ohm zu rechnen, damit diese Forderung erfüllt ist.

Für die im Leitungsrundspruchnetz verwendeten Großverstärkeranlagen wurden die Dimensionierungsgrundlagen in großen Zügen im Abschnitt „Verstärkereinrichtungen" bereits behandelt. Vom betriebstechnischen Standpunkt aus ist es notwendig, möglichst wenig veränderliche Schaltelemente (Reguliereinrichtungen) im Stromkreis der Besprechungsenergie anzuwenden. Die Schaltelemente der Verstärkereinrichtung müssen leicht zugänglich und übersichtlich angeordnet werden und gleichzeitig in der konstruktiven Ausführung ausreichenden Schutz gegen Berührung bei den zur Verwendung gelangenden Spannungen gewährleisten. Zweckmäßig ist es ferner, eine Vereinheitlichung in der Zusammenfassung der einzelnen Schaltelemente der Verstärkereinrichtungen in der Weise zu erzielen, daß auch Verstärker verschiedener Leistung aus gleichen Bauteilen zusammengestellt werden können. Diese Forderungen führen zwangläufig zum gestellmäßigen Aufbau derartiger Großverstärkereinrichtungen (Abb. 180).

Der Verstärker besteht aus einem Meß- und Regulierfeld, welches die Einrichtungen zur Messung der einzelnen Spannungen mit Ausnahme der Anodenspannungen enthält. Gleichzeitig sind hier angebracht die Regulierwiderstände zur Einstellung der Fadenspannung am letzten Steuerrohr und am Energierohr und außerdem ein Spannungsteiler mit festen Abgriffen zur Roheinstellung der primären Besprechungsspannung. Das zweite Feld enthält die Verstärkerrohre zur Erhöhung der Gitterwechselspannung (Steuerrohre); am dritten Feld ist das letzte Steuerrohr und das Leistungsrohr angeordnet. Es ist Vorsorge getroffen, daß zur Vergrößerung der Leistung einer derartigen Einrichtung die Parallelschaltung weiterer Energierohre leicht erfolgen kann.

Die Rückansicht eines derartigen Verstärkers zeigt Abb. 181.

Die Strom- und Spannungszuführung (Abb. 180) erfolgt über zwei Trennschalter für die Heizspannung und die Anodenspannung für die Steuerrohre des Feldes 2 mit den zugehörigen Sicherungselementen und Meßinstrumenten; die Hochspannung zur Leistungslieferung wird von der Schalttafel aus geregelt und gemessen; zur Anzeige des Spannungszustandes der Hochspannungsmaschine ist eine Signallampe vorhanden. Hinsichtlich der Anordnung der Stromlieferungsmittel ist Vorsorge getroffen, daß in weitgehendem Maße vorhandene Anlagen, insbesonders jene der Verstärker- und Schnurverstärkerämter unter entsprechender Erweiterung ihres Ausbaues mitbenutzt werden können (siehe Abb. 131 und 132, welche auch die Schaltung der Hochspannungseinrichtungen für je eine Verstärkeranlage verschiedener Leistung erkennen lassen).

Abb. 180.

Das Leitungsrundspruchnetz in Bayern ist nach dem Grundsatz seiner Entstehung ausgesprochen radial angelegt. Es werden sämtliche Übertragungen möglichst vom Zentralpunkt aus durchgeführt. Dies gilt auch dann, wenn akustische Vorgänge außerhalb des Zentralpunktes an einem Orte zur Übertragung gelangen, der selbst als selbständiges Übertragungsortsnetz zum Rundspruchnetz gehört. In solchen Fällen wird nur das Übertragungsortsnetz des Ortes, an welchem die Sonderübertragung stattfindet, außerhalb der normalen Netzanordnung mit Übertragungsenergie versorgt; der Zentralpunkt wird auf dem kürzesten Leitungsweg mit diesem Ort verbunden, (in den meisten Fällen über die vorhandene Übertragungsleitung erster Ordnung), damit die normale Energieverteilung erhalten bleibt.

Übertragungsleitungen erster Ordnung mit Zwischenverstärkern werden daher nur in Ausnahmefällen (über 300 km Länge) für gegengerichteten Verkehr vorgesehen.

Aus dem Betrieb und der Programmgestaltung für Rundfunksendeanlagen ergibt sich die Notwendigkeit, die zur Modulation gewünschte niederfrequente Besprechungsenergie auf Leitungen zu übertragen, teils um vom Hauptsender einer Sendegesellschaft aus weitere Zwischensender der gleichen Programmgestaltung zu unterziehen, teils um einen Programmaustausch zwischen den Hauptsendern mehrerer Sendegesellschaften zu ermöglichen. Die zu diesem Zwecke verwendeten Übertragungsleitungen sind als Übertragungsleitungen erster Ordnung anzusprechen. Im deutschen Fernkabelnetz wird gegenwärtig ein weitverzweigtes Netz derartiger Leitungen eingerichtet. Es werden verwendet die im Kern des Fernkabelquerschnittes zunächst für Meßzwecke vorgesehenen, mit einem besonderen Bleimantel gegenüber den anderen Leitungen geschützten Adern, welche aus zwei Doppeladern in Dieselhorst-Martin-Verseilung bestehen. Der besondere Bleimantel wurde bei der ursprünglichen Entwicklung aus Gründen des mechanischen Schutzes der Innenleitungen bei Beschä-

Abb. 181.

digung der außenliegenden Adern vorgesehen; für die Rundfunk-
übertragungsleitung gewährt dieser Bleimantel hohen Nebensprechwert der Übertragungsleitung gegenüber den übrigen Leitungen des
Kabels. Dieser hohe Kopplungsschutz muß bei Führung der Leitungen
durch die Kabelführung der End- und Zwischenämter erhalten werden. Dies wird dadurch erreicht, daß der Kernvierer auch an
diesen Stellen in Sonderleitungen, welche ebenfalls statisch gegenüber
der übrigen Verdrahtung geschützt sind, geführt wird.

Die Stammleitungen des Kernvierers bestehen aus Adern mit 0,9 mm
Durchmesser und werden in normaler Weise mittelstark pupinisiert.
Die Viererleitung erfährt für die Zwecke der hochwertigen Übertragung
von Musik und Sprache eine Sonderpupinisierung (Musikpupinisierung)
mit einer Grenzfrequenz von $\omega_0 = 60\,000$. Die Viererleitung wird im
normalen Verstärkerabstand (75 km) mit Zwischenverstärkern ausgerüstet, welchen hinsichtlich der Entdämpfung die gleichen Aufgaben
wie bei Leitungen des Regelfernsprechverkehrs zufallen. Das Frequenzband, über welches die Entzerrung zu erstrecken ist, ist gegenüber jenen
Leitungen entsprechend den Forderungen der Musikübertragung wesentlich erhöht. Damit und unter Berücksichtigung der erhöhten spezifischen Dämpfung der musikpupinisierten Leitung ergibt sich die Forderung, die Leistung der Zwischenverstärker zu erhöhen. Die Zwischenverstärker gelangen in den Verstärkerämtern in ähnlichen Gestellaufbauten
wie die Regelverstärkereinrichtungen zur Aufstellung. Es ist betriebstechnisch notwendig, die Rundfunkzwischenverstärker mit den im Verstärkeramt vorhandenen Stromlieferungsmitteln betreiben zu können.
Es mußten deshalb neue Verstärkerrohrtypen entwickelt werden, welche
entsprechend der Forderung erhöhter Leistung der Rundfunkzwischenverstärker diese unter Verwendung der Regelstromlieferungsmittel ab-
zugeben imstande sind. Ein Vorrohr normaler Ausführung dient zur
Steuerung des Leistungsrohres.

Ein Rundfunkzwischenverstärker weist demnach ein Vorrohr und
ein Leistungsrohr in den meisten Fällen in Transformatorkopplung auf,
nebst den für die Entzerrung und Regulierung notwendigen Schaltelementen. Der Wechsel der Verstärkungsrichtung wird manuell durch
Umlegen eines Schalters vorgenommen.

An den Endpunkten der Rundfunkübertragungsleitungen und an
den Knotenpunkten des Fernkabelnetzes sind besondere Zusatzapparate
notwendig, welche einesteils der Verbindung von Mikrophon- bzw. Sen-
dereinrichtung mit der Leitung und andererseits der Verteilung der abgehenden Energie auf mehrere Richtungen und der Veränderung des
Leitweges der Übertragungsprogramme entsprechend den Verein-
barungen der Sendegesellschaften dienen.

VII. Fernmeldekabelanlagen.

Die heute allgemein gebräuchlichen Fernsprechkabel mit Doppel-
aderanordnung und Papier-Luftraum-Isolation der Leiter wurden in
Amerika entwickelt und haben etwa im Jahre 1893 bei uns Eingang
gefunden.

Im allgemeinen Aufbau zeigen die Kabel Leiter, welche entweder
schraubenlinig mit einem Papierstreifen in ein oder zwei Lagen umspon-
nen sind, oder bei welchen der Papierstreifen der Länge nach um den
Leiter gelegt und mit einem schraubenlinig verlaufenden Bindfaden
festgehalten wird. Die Adern werden zu Doppeladern, Vierern oder
Achtern verseilt, lagenweise wie bei einem Seil zum Kabel zusammen-
gedreht und mit einem nahtlosen Bleimantel umpreßt. Die Verseilung
zu Vierern erfolgt entweder als Sternverseilung durch Verdrillung von
vier in den Ecken eines Quadrates angeordneten Adern oder nach der

Abb. 182.

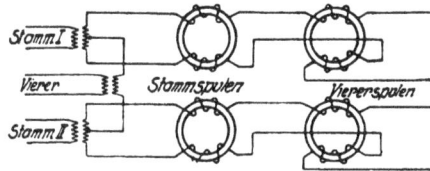

Abb. 183.

Dieselhorst-Martin (DM)-Verseilung durch Verdrillung von zwei Doppeladern (Abb. 182). Zwei Dieselhorst-Martin-Vierer zusammen verdrillt
geben die Achterverseilung.

Für die Fernkabellinien in Deutschland werden ausnahmslos Kabel
mit einer Aderverseilung nach Dieselhorst-Martin benutzt, die in Stamm
und Vierer nach der Dr. Ebelingschen Anordnung in der Weise pupinisiert sind, daß in den Stammschleifen je zwei Spulen hintereinander
eingeschaltet sind, von denen eine entsprechend der Richtung des durch-
laufenden Sprechstromes für die Stammschleife und die zweite für die
Viererleitung wirksam ist (Abb. 183)[1].

Die alten Fernkabelstrecken haben einheitlich einen Spulenpunkt-
abstand von 2 km; bei den neuen Fernkabellinien dagegen wird die
Kabellänge eines Verstärkerfeldes in gleiche Abschnitte von angenähert
2 km so geteilt, daß An- und Auslaufstrecke die Hälfte des Spulenabstandes wird. Die Gründe hierfür wurden im Abschnitt II „Verstärkereinrichtungen" ausführlich behandelt.

---

[1] F. Hörning, „Die Entwicklung der Pupinspulen", aus: „Das Fernsprechen
im Weitverkehr", a. a. O.

Der berechnete Pupinspulenabstand muß mit Rücksicht auf die notwendige gleichmäßige Induktivitätsverteilung bei allen pupinisierten Kabeln genau eingehalten werden; es ist üblich, eine Abweichung im Ausnahmefalle bei zwingenden örtlichen Umständen höchstens im Betrage bis zu 1% der Spulenfeldlänge zuzulassen.

In der ersten Entwicklung pupinisierter Kabel wurden als Spulenmaterial die sogenannten Drahtkernspulen verwendet, bei welchen, wie der Name sagt, aus Gründen der Verringerung der Eisenverluste eine Unterteilung des Eisenquerschnittes in der Weise erfolgte, daß eine Anzahl von Eisendrähten geringen Durchmessers angeordnet wurde. Eine Erhöhung der magnetischen Stabilität, d. h. eine Verringerung der Änderung des Selbstinduktionswertes mit der Strombelastung, wurde durch diese Maßnahme nicht erreicht. Es ist jedoch mit Rücksicht auf die Betriebsvorgänge im Leitungsnetz notwendig, möglichst weitgehende magnetische Stabilität zu erzielen.

Diesem Vorgang dient neben weiterer Verringerung der Eisenverluste die Einführung der Massekernspule der späteren Entwicklung, deren Kern nach einem besonderen Verfahren aus feinstem Eisenpulver gepreßt wird, wodurch sowohl eine Unterteilung des Eisenkerns in Richtung wie quer zum magnetischen Feld erzielt wird. Die Massekernspulen haben gegenüber den Drahtkernspulen den Vorzug wesentlich höherer magnetischer Unempfindlichkeit.

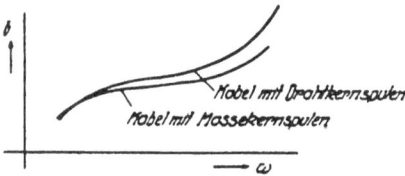

Abb. 184.

Sie ändern sich in ihrer Induktivität bei einer Gleichstrombelastung von 0 bis 2 Amp. um nicht mehr als 1% bis 2%. Drahtkernspulen ändern ihren Selbstinduktionswert unter den gleichen Bedingungen bis zu ca. 30%.

Die Massekernspulen haben außerdem den Vorteil, daß bei ihnen der Verlustwiderstand, d. h. der Widerstandszuwachs durch Wechselstrom gegenüber dem Gleichstromwiderstand (Wirkwiderstand = Gleichstromwiderstand + Verlustwiderstand) der Spulenwicklung, sich nur unwesentlich mit der Frequenz ändert. Man erreicht dadurch eine Kabeldämpfungskurve, deren Anstieg mit der Frequenz weniger steil verläuft als bei Verwendung von Drahtkernspulen (Abb. 184).

Dementsprechend sind für höhere Frequenzen geringere Verstärkungsziffern notwendig. Die Entzerrung der Verstärker kann bei der neuen Kabeldämpfungskurve mit einfacheren Mitteln geschehen.

Als Beispiel der Größenordnung der Aufbauzahlen und der elektrischen Werte einer Fernkabelanlage sollen jene des im deutschen Fernkabelnetz meistverwendeten Fernkabels Größe A angegeben werden.

Stromkreis		Zahl der Strom- kreise	Spulen- induk- tivität Henry	Wellen- wider- stand (ω 5000)	Dämp- fungskon- stante (ω 5000)	Grenzfrequenz	
						f	ω
mittel- stark pup.	1,4 mm Stamm	40	0,19	1630	0,009	2700	16 900
	1,4 mm Vierer	20	0,07	765	0,0095	3500	22 000
	0,9 mm Stamm	32	0,20	1730	0,0176	2700	16 900
	0,9 mm Vierer	16	0,07	810	0,0181	3500	22 000
schwach pup.	0,9 mm Stamm	24	0,05	850	0,0310	5400	32 600
	0,9 mm Vierer	12	0,02	425	0,0316	6800	42 600
musik- pup.	0,9 mm Stamm	2	0,20	1700	0,0190	2650	16 600
	0,9 mm Vierer	1	0,0094	345	0,045	10 000	60 000

Entsprechend den Forderungen des Verstärkerbetriebes dürfen mit Rücksicht auf die zulässigen Schwankungen des Wellenwiderstandes bei den verschiedenen Frequenzen die Spulenfelder in den Werten ihrer Induktivität und Kapazität nur geringe Abweichungen aufweisen.

Die Gleichmäßigkeit der Induktivität wird gewährleistet durch große Genauigkeit des Induktivitätswertes der einzelnen Spulen, geringe Veränderlichkeit der Induktivität und symmetrische Gestaltung der Wicklungshälften zur Vermeidung des Mitsprechens zwischen Viererkreis und Stammleitung.

Außerdem müssen die Betriebskapazitäten der Kabel möglichst gleichmäßig mit nur geringen Abweichungen von ihrem Sollwert erreicht werden. Diese Forderung hat die Ausbildung einer besonderen Aderbauart, der Kordelader, veranlaßt. Der Leiter wird hierbei mit einer flachen oder runden Papierkordel in weiter Schraubenlinie von angemessenem Abstand fest besponnen und sodann mit je 1 oder 2 Lagen Papierband umgeben. Diese Kordelspirale sichert den gleichbleibenden Abstand von Leiter und Papierhülle und gleicherweise von den Nachbaradern, so daß eine besonders gleichmäßige Betriebskapazität erzielt wird.

Die einzelnen im Kabel geführten Leitungen werden durch die Übertragungen in den benachbarten Leitungen beeinflußt. Man heißt diese Erscheinung Nebensprechen. Tritt das Nebensprechen zwischen den Stammleitungen auf, so wird es als Übersprechen, tritt es zwischen Viererleitung und dazugehöriger Stammleitung auf, als Mitsprechen bezeichnet. Unter Gegennebensprechen mit den Unterbegriffen Gegenübersprechen und Gegenmitsprechen versteht man die Störwirkungen auf die induzierte Leitung, gemessen am nahen Kabelende, wenn die Störursache der induzierenden Leitung am fernen Kabelende angeschaltet ist (Abb. 185).

Das Nebensprechen ist eine ungünstige Erscheinung der Kabeltechnik, da dadurch das Fernsprechgeheimnis gefährdet werden kann.

13*

Es müssen deshalb alle verfügbaren Mittel aufgewendet werden, seine Auswirkungen zu beseitigen oder auf ein erträgliches Maß zu beschränken.

Die Verwendung der Verstärker hat jedoch von diesem Gesichtspunkt aus wieder ungünstige Verhältnisse geschaffen, da in jedem Verstärkerfeld auch die Ströme des Nebensprechens mit den Sprechströmen zur Verstärkung gelangen und damit die Gesamtnebensprechdämpfung über die ganze Leitung verschlechtern. Die Nebensprechdämpfung ist außerdem abhängig vom Unterschied des Pegelstandes der Übertragung der beeinflussenden und der beeinflußten Leitung; man kann deshalb z. B. bei Vierdrahtleitungen zweckmäßig nur nebeneinander liegende Adern für die gleiche Sprechrichtung verwenden.

Die Ursachen des Nebensprechens sind Beeinflussungen induktiver und kapazitiver Art. Die induktiven Beeinflussungen werden bei DM-Kabeln durch die Verseilung mit verschiedenen Schlaglängen bei den Stämmen und Vierern, bei Sternverseilung durch verschiedene Verdrillung der einzelnen Schleifen und durch die entsprechend der Verseilungsart aufeinander senkrecht stehenden magnetischen Felder der beiden Stammschleifen auf ein praktisch vernachlässigbares Maß gebracht.

Die kapazitiven Beeinflussungen dagegen entstehen aus der Unsymmetrie in den Teilkapazitäten der vier Adern eines Vierers gegeneinander, sowie gegen alle übrigen Vierer und dem geerdeten Bleimantel. Die Größe des Nebensprechens wird im wesentlichen durch die Unterschiede der Teilkapazitäten der Adern der Sprechkreise bestimmt. Diese Teilkapazitätsdifferenzen werden als kapazitive Kopplungen zwischen den Kabelleitungen bezeichnet und ihre Größe wird in $\mu\mu$F dadurch gemessen, daß man zwischen zwei Adern der beiden Sprechkreise einen Kondensator legt, welchen man so lange verändert, bis die in einem Sprechkreis angeschaltete Meßfrequenz in dem an den anderen Sprechkreis geschalteten Hörer nicht mehr oder nur als Tonminimum vernommen wird.

Innerhalb eines Vierers unterscheidet man folgende Definitionen der kapazitiven Kopplungen:

k_1 Kopplungswert, maßgebend für Übersprechen zwischen Stamm I auf Stamm II,

k_2 Kopplungswert, maßgebend für Mitsprechen zwischen Vierer und Stamm I,

k_3 Kopplungswert, maßgebend für Mitsprechen zwischen Vierer und Stamm II.

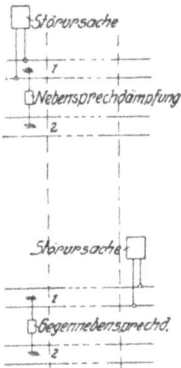

Abb. 185.

Darüber hinaus bezeichnet k_x den Kopplungswert, maßgebend für Nebensprechen zwischen beliebigen Sprechkreisen.

Durch sorgsame Herstellung der Kabel werden im allgemeinen bei den DM verseilten Kabeln neuerer Art Dämpfungswerte von $b = 8,0$ Neper für das Übersprechen und $b = 7,5$ Neper für das Mitsprechen; bei den sternverseilten Kabeln für das Übersprechen im Mittel $b = 8,0$ $\div$ 9,0 Neper, für die Mehrzahl der Leitungen $b = 9,0 \div 10,5$ Neper und für einen kleineren Teil davon $b = 11,0$ Neper und mehr zu erzielen sein. Der Mitsprechwert hält sich bei der letzteren Kabelart in den Grenzen von $b = 7,5 \div 8,5$ Neper.

Zur gleichmäßigen Erzielung höherer Werte sind in der Regel jedoch besondere Maßnahmen notwendig. Für die Erhöhung der Nebensprechfreiheit kommt in Frage das Kreuzungsverfahren der Western Elektric Co., bei dem an den einzelnen Werklängen die Kopplungen bestimmt und die Adern durch Kreuzung und Platzwechsel bei der Verlegung so zusammengeschaltet werden, daß die Kopplungen in den einzelnen Spulenfeldern möglichst gleich sind. Diese Maßnahme ist, abgesehen von der Montageerschwerung, auch wegen der entstehenden Unübersichtlichkeit für die Unterhaltung an sich nicht erwünscht.

Einfacher in der Anlage und für die Unterhaltung erscheint der von der Firma Siemens & Halske durchgebildete Kondensatorausgleich, bei dem die Kopplungen in den ganzen Spulenfeldern durch Zufügen von Kondensatoren passender Größe an einer Stelle, und zwar in der Mitte des Spulenfeldes, beseitigt werden. Hierzu wird zwischen den Adern eines Sprechvierers so viel zusätzliche Kapazität zugefügt, daß die vier Seitenkapazitäten des Vierers gleich sind; man ergänzt also immer auf die höchste Kapazität.

Die Adern der Sprechkreise müssen hinsichtlich ihrer Kapazität gegen Erde (Bleimantel) symmetrisch verlaufen. Die Symmetrie ist von besonderer Bedeutung, wenn die Kabel entlang elektrischer Bahnen oder auch anderen Starkstromleitungen führen, da hier Induktionsstörungen besonders dann auftreten können, wenn die in den Starkstromleitungen fast immer vorhandenen hörbaren Oberschwingungen eine genügende Stärke haben und andererseits die einzelnen Kabeladern in den elektrischen Eigenschaften voneinander verschieden sind. Zur Beurteilung dieser Beeinflussungen kommen besonders die Unterschiede in den Erdkapazitäten in Frage (u-, v- und w-Werte). Der Abgleich der Erdkapazitäten geschieht in der gleichen Weise wie jener der Kopplungswerte. In neuerer Zeit wird in manchen Fällen die Gütebeurteilung der Kabelanlagen nicht auf Grundlage der Erdkapazitätsdifferenzen, sondern durch die tatsächlich an der fertigen Kabelanlage gemessenen Störspannungen ausgedrückt.

Unter Kupferwiderstandssymmetrie versteht man die Unterschiede der Kupferwiderstandswerte eines Sprechkreises. Zur Beseitigung dieser

Unterschiede können die beiden Adern einer Doppelleitung gekreuzt werden; sofern diese Maßnahme nicht zum Ziel führt, wird die Widerstandssymmetrie durch Einfügen eines isolierten Konstantan-Drahtes herbeigeführt.

Zur Beurteilung der Unterschiede zwischen DM- und Sternverseilung in ihrer wirtschaftlichen Auswirkung sind folgende Gesichtspunkte maßgebend. Bei der Sternverseilung wird zur Unterbringung der gleichen Doppeladerzahl gegenüber der DM-Verseilung um etwa 20% weniger Raum beansprucht. Infolge Wegfalls der Viererpupinisierung, die bei den Sternvierern infolge der Kapazitätserhöhung auf das 2,7fache der Stammadernkapazität nicht günstig durchgeführt werden kann, tritt in den Stämmen eine Verminderung des Leitungswiderstandes um den Widerstand der Viererspule ($\sim$ 5 Ohm pro km) ein, welcher Wert unter Umständen zur Verringerung des Kupferquerschnittes wirtschaftlich ausgenützt werden kann. Der Mehraufwand, der beim Sternkabel durch Aufnahme von 50% mehr Doppeladern entsteht, um die gleiche Zahl der Sprechstromkreise des DM-Kabels mit 50% Viererkreisen zu erhalten, beschränkt sich daher auf den Kupfermehraufwand der um 50% höheren Zahl der metallischen Leiter und auf eine geringfügige Vergrößerung des Kabelquerschnittes. Dafür kommen indes die nicht unbeträchtlichen Kosten für die Viererspulen in Wegfall. Im allgemeinen unterscheiden sich die Kosten für Kabelanlagen gleicher Sprechkreiszahl in Stern- oder DM-Verseilung nur um einige Prozent der Gesamtkostensumme. Erhöht man in der Kabelanlage mit Sternverseilung die Grenzfrequenz der Stammleitung bis zu der Höhe jener der Viererkreise in DM-Kabel (DM-Viererkreise können entsprechend der durch den annähernd halben Ohmschen Widerstand verringerten Dämpfung schwächer pupinisiert werden, um die gleiche Dämpfung wie die Stammkreise zu erreichen (s. Seite 130)), so hat man den Vorteil, daß alle Sprechkreise die gleichen günstigen elektrischen Eigenschaften aufweisen.

Außerdem ermöglichen Kabel mit reinem Stammleitungsbetrieb, wenn nicht durch Einwirkung elektrischer Bahnen ein Abschluß der Leitungen mittels Übertrager nötig ist, die Vornahme aller Schaltvorgänge mit Gleichstrom. Im normalen Fall können dann Ringübertrager zum Abschluß und zur Viererbildung in Wegfall kommen, solange kein Verstärkerbetrieb in Frage kommt.

Die einfacher sich aufbauenden Sternvierer lassen, zumal die Viererschaltung im allgemeinen nicht benutzt wird und damit ein bestimmter Dämpfungswert für das Mitsprechen nicht erreicht werden muß, erwarten, daß bei sorgsamer Ausführung der Verseilung eine ausreichende Nebensprechfreiheit erzielt wird, so daß sich die Anwendung besonderer Abgleichverfahren erübrigt oder, wenn nötig, sich auf eine geringe Anzahl von Sprechkreisen beschränkt.

Während annähernd bis zum Jahre 1927 die Entwicklungsarbeit an Fernmeldekabelanlagen und Verstärkern vom Grundgedanken der technischen Möglichkeiten geleitet war, setzen um diese Zeitwende die Bestrebungen ein, die wirtschaftlich beste Lösung unter bestimmten technischen Voraussetzungen zu erzielen. Ein Beispiel hierfür ist die Einführung der sogenannten Dreispulenmethode für die Pupinisierung von DM-Kabeln.

Nach Abb. 183 wurden nach der Ebelingschen Pupinisierungsanordnung für die Induktivitätsbelastung der DM-Viererleitung zwei Spulen vorgesehen, welche durch geeignete Schaltung der Wicklung die Induktivität in Wirkung für den Stammkreis zur Aufhebung bringen, während für den Viererkreis in jeder Hälfte des Stromflusses der Induktivitätswert jeder Spule voll zur Auswirkung gelangt. Es sind demnach für einen DM-Vierer, bestehend aus zwei Stammleitungen und einer Viererleitung, an jedem Spulenpunkt vorhanden je eine Spule für die beiden Stammleitungen und zwei Spulen für die Viererleitung. Es ist nun möglich, durch geeignete Wicklungsanordnung die beiden Viererspulen durch eine Spule zu ersetzen, wobei an der Prinzipanordnung der Wicklungen keine Änderung eintritt. Diese Viererspule erhält demnach vier Wicklungsteile. Für das Viererleitungssystem sind am Spulenpunkt dann nur mehr drei Spulen vorhanden.

Für die konstruktive Ausführung der Pupinspulen bezüglich ihrer elektrischen Werte ist zu beachten, daß zwischen der Größe des Kernes und dem Kupferwiderstand bei gegebenem Induktivitätswert eine Beziehung umgekehrten Verhältnisses besteht. Aus den Forderungen des Fernsprechens auf weite Entfernungen ergibt sich in Verbindung mit dem durch Kapazität, zulässiger Dämpfung und Wellenwiderstand festgelegten Induktivitätswert ein bestimmter maximaler Wert des Kupferwiderstandes der Spule, welcher in erster Annäherung die Größe der Spule festlegt. Bei gegebener Adernzahl ist damit die Größe des Spulenkastens gegeben.

Bei der Vergrößerung der Anschlußbereiche großer Ortsnetze, bei welchen die Teilnehmeranschluß- und Amtsverbindungsleitungen zum überwiegenden Teil auf unterirdischem Wege geführt werden, tritt die Notwendigkeit zutage, die Dämpfung dieser Leitungen möglichst zu verringern. Man wird deshalb auch hier zur Pupinisierung dieser Leitungen übergehen, wobei zu berücksichtigen ist, daß die Phantomleitungen entsprechend den Betriebsbedingungen der überwiegenden Anzahl dieser Netze (Zentralbatteriesystem) nicht zur Benützung gelangen. Es besteht daher die Möglichkeit, den dadurch zur Verfügung stehenden Kupferwiderstand der entfallenden Viererspulen zur Erhöhung des zulässigen Kupferwiderstandes der Stammspulen zu verwenden, ein Verfahren, welches entsprechend den Entwicklungen der Allgemeinen Elektrizitätsgesellschaft Berlin zur wesentlichen Verringerung der äußeren Abmessungen der Spulen geführt hat. Es tritt allerdings dabei auch eine Beeinflussung der frequenzabhängigen Verlustwiderstände ein, welche jedoch bei Verwendung der Spulen für Teilnehmerleitungen, also für Leitungen, in welchen Verstärkerbetrieb nicht in Frage kommt, keine wesentlichen Nachteile für die Güte der Sprachübertragung zur Folge hat. Notwendig ist die Entwicklung kleiner Pupinspulen für unterirdische Ortsleitungen, damit bei den in Frage kommenden vieldrähtigen Kabeln (bis zu 800 und 1000 Doppeladern) und den in Städten stark beengten räumlichen Verhältnissen der unterirdischen Führung die wirtschaftliche Anlage großer Pupinspulenkästen zur Ausführung gelangen kann.

Die Ergebnisse neuzeitlicher Forschung der wirtschaftlich-technisch günstigsten Beziehungen der Dimensionierung von Fernkabelanlagen

System	Spulen-abstand km	Aderndurch-messer und Leistungsart	Grenz-fre-quenz $f_0 =$ Hertz	Mittl. Ver-stärkerfeld-dämpfung b.$f = 800$ Hertz Neper.	Mittl. Ver-stärkerabstand km	Betriebsart	Reich-weite ca. km
Bestehende Di-mensionierung des deutschen Fernkabel-netzes	2	0,9mm Stamm	2700	1,5	75	Zweidraht	300
				3,0	150	Vierdraht	1000
		0,9mm Vierer	3500	1,5	75	Zweidraht	400
				3,0	150	Vierdraht	1500
		0,9mm Stamm	5400	2,5	75	Vierdraht	6000
		0,9mm Vierer	6800	2,5	75	Vierdraht	>6000
		1,4mm Stamm	2700	1,5	150	Zweidraht	500
		1,4mm Vierer	3500	1,5	150	Zweidraht	700
Vorschlag Lüschen-Küpfmüller	1,7	0,9mm Stamm	3450	2,85	140	Vierdraht	1500
		0,9mm Vierer	4300	2,85	140	Vierdraht	3000
		0,9mm Stamm	3450	3,0	140	Vierdraht m. Phasen-ausgleich	>6000
		0,9mm Stamm	7700	2,8	70	Vierdraht	>6000
		0,9mm Vierer	9300	2,8	70	Vierdraht	>6000
		1,4mm Stamm	3400	1,4	140	Zweidraht	700
		1,4mm Vierer	4300	1,4	140	Zweidraht	1100
		1,4mm Stamm	3400	1,65	140	Zweidraht m.Phasen-ausgleich	1100

sind in der grundlegenden Veröffentlichung von Dr. F. Lüschen und K. Küpfmüller niedergelegt[1]). Die Grundlage der Betrachtungen bildet eine Kabelanlage in DM-Verseilung mit einem Verhältnis von Viererkapazität zu Stammkapazität von $C_4 : C_2 = \sim 1{,}6$. Die Restdämpfungen von Zweidraht- und Vierdrahtleitungen sind gleichmäßig zu $b_r = 1{,}0$ Neper festgelegt. Den Nebensprechdämpfungen werden für Zweidrahtleitungen Werte $> 8{,}5$ Neper, für Vierdrahtleitungen solche $> 10{,}5$ Neper zugrunde gelegt. Die Verstärkerfelddämpfungen betragen für Vierdrahtleitungen 2,85 Neper, für Zweidrahtleitungen 1,4 Neper. Vom Mittel des Phasenausgleiches ist zur Erhöhung der Reichweite Gebrauch gemacht.

Hinsichtlich Beurteilung der Grenzfrequenz und Reichweite soll in der nebenstehenden Tabelle eine Gegenüberstellung des zur Zeit im deutschen Fernkabelnetz durchgeführten Aufbaues mit jenem der neuen Gestaltung gegeben werden.

Gegenüber der bestehenden Dimensionierung des Fernkabelnetzes weist der Vorschlag Lüschen-Küpfmüller folgende grundlegende Änderungen auf:

1. Die Grenzfrequenzen der einzelnen Leitungsarten sind durchweg erhöht worden, insbesonders fehlt im neuen Vorschlag die niedere Grenzfrequenz von $f_0 = 2700$ Hertz, welche in Verbindung mit der notwendigen Frequenzbegrenzung bei Zweidrahtverstärkern der Forderung der Silbenverständlichkeit nicht gerecht wird.

2. Es ist eine Scheidung zwischen Zweidraht- und Vierdrahtbetrieb auch hinsichtlich des Aderndurchmessers eingetreten. Sprechkreise mit 0,9 mm starken Adern werden nicht mehr für Zweidrahtleitungen verwendet, ein Grundsatz, der soweit möglich bereits im bestehenden Netz zur Durchführung gelangte.

3. Die Erhöhung der Grenzfrequenz brachte eine wirtschaftliche Abstufung der Leitungsarten bei größeren Reichweiten. Insbesonders haben die Leitungen bis 3000 km Reichweite, welche Entfernung den im europäischen Fernsprechweitverkehrsnetz vorkommenden größten Längen der wichtigen zwischenstaatlichen Städteverbindungsleitungen entspricht, eine wirtschaftliche Ausgestaltung erfahren.

Diese neuesten Ergebnisse wirtschaftlicher Gestaltung von Fernkabelanlagen sind aufgebaut auf Kabel in DM-Verseilung.

Die Ausgestaltung einer neuen Verseilart, welche von den Süddeutschen Telephon-Apparate-Kabel- und Drahtwerken Nürnberg (Tekade) in jüngster Zeit durchgeführt wurde, erscheint geeignet, die Wirtschaftlichkeit von Kabelanlagen noch weiter zu steigern.

---

[1]) Dr. F. Lüschen und K. Küpfmüller, „Über die zweckmäßigste Pupinisierungsart von Fernkabeln". Europäischer Fernsprechdienst Wilhelm Ernst & Sohn, Berlin 1927, H. 4.

Die Sternverseilung ergibt für die Stammkapazität entsprechend ihrer Anordnung deshalb günstige Kapazitätswerte, als die Entfernung von Ader zu Ader größer ist als bei DM- oder bei paariger Verseilung. Die Viererkapazität ist entsprechend ungünstiger zu beurteilen, das Verhältnis der Vierer- zur Stammkapazität beträgt $C_4 : C_2 = \sim 2{,}7$. Bei DM-Verseilung ist dieses Verhältnis bei durchschnittlich etwas größerer Stammkapazität $\sim 1{,}6$. Die neue Verseilart ist aufgebaut auf dem System der Sternverseilung; es werden jedoch im Stern nicht Einzeladern, sondern Paare angeordnet und diese acht Adern miteinander verdrillt, so daß ein Doppelsterngebilde entsteht. Nach diesem Vorgang hat diese Verseilart den Namen erhalten. Man erzielt dadurch, daß die günstige Eigenschaft der Sternverseilung nun auf die Viererschaltung ausgedehnt wird. Das Verhältnis von Vierer- zur Stammkapazität bei dieser Anordnung beträgt $C_4 : C_2 = \sim 1{,}1$. Dies entspricht in erster Annäherung einer Verringerung der Dämpfung der Viererleitung auf rund die Hälfte der Dämpfung der Stammleitung.

Unter Voraussetzung gleichen wirtschaftlichen Aufwandes von Doppelsternkabeln gegenüber Kabelanlagen nach dem DM oder Sternverseilverfahren, welch letztere wirtschaftlich gleichwertig zu erachten sind, kann diese Eigenschaft der Doppelsternkabel dazu verwendet werden, bei gleicher Dämpfung die Grenzfrequenz zu erhöhen, d. h. die Qualität der Leitung zu verbessern oder bei gleichbleibender Grenzfrequenz die Dämpfung zu erniedrigen, d. h. die Verstärkerfeldlänge zu vergrößern.

Beide Vorgänge wirken sich letzten Endes in einer Vergrößerung der Reichweite oder bei gleichbleibender Reichweite in einer Verringerung des finanziellen Aufwandes für die Leitungsverbindung aus.

Es lassen sich naturgemäß sehr schwierig Richtlinien über die Zahl und Art der in einer Kabellinie vorzusehenden Leitungen angeben, welche von Zahl und Reichweite der durch die Betriebserfordernisse bebedingten Sprechbeziehungen gefordert werden. Die Einordnung des Doppelsternkabels in das zwischenstaatliche Fernsprechnetz wird sich weniger in einer Erhöhung der Reichweite als in einer Verringerung der Dämpfung in erster Linie auswirken. Dabei ist zu erwarten, daß der Zweidrahtleitung in schwacher Pupinisierung ($f_0 = 5800$ Hertz) unter Beibehaltung der zur Zeit üblichen Regelverstärkeramtsabschnitte (von ca. 140 km) eine gesteigerte Bedeutung zufallen wird.

Die Erniedrigung der Restdämpfung ist bei Vierdrahtleitungen keinen prinzipiellen Schwierigkeiten unterworfen[1]); bei Zweidrahtleitungen stehen diesem Ziel die Möglichkeiten der Verwendung von Leitungsendverstärkern noch offen, welche unter Berücksichtigung wirtschaftlicher großer Verstärkerabstände, wie sie der sinngemäße Bau

---

[1]) Rabanus, „Fernkabelleitungen und ihre Überwachung", a. a. O.

von Kabelanlagen nach dem Doppelsternsystem erfordert, den Leistungspegel der Leitungsverbindung in der Weise beeinflussen, daß in abgehender Richtung der Pegel 0 nicht überschritten wird, in ankommender
Richtung jedoch eine Hebung des Pegelstandes um rund $b = 0,7$ Neper
eintritt.

Voraussetzung für einen derartigen Vorgang ist hohe Nebensprechfreiheit der Leitungen, deren Werte jenen in der obigen Veröffentlichung
festgelegten mindestens gleichkommen müssen. Für lange Zweidrahtleitungen, welche auf Grund der vorstehenden Entwicklung zu erwarten
sind, ist es notwendig, die Ansprüche an die Nebensprechfreiheit noch
zu steigern.

Der bemerkenswerte Vorteil des Doppelsternverseilverfahrens,
d. i. die bezüglich des Wirkwiderstandes beträchtlich reduzierte Kapazität, läßt es zweckmäßig erscheinen, Leitungen solcher Art auf ihre
Verwendbarkeit für Musikübertragungsleitungen näher zu untersuchen.
Es wird bei den vorliegenden Kapazitätswerten möglich sein, Leitungen
unpupinisierter Art in Viererschaltung mit Verstärkern in ca. 70 km
Abstand für Übertragungszwecke zu benutzen.

In diesem Zusammenhang ist die Frage aufzuwerfen, welche Pupinisierungsart unter Berücksichtigung der ästhetischen Wirkung der
Übertragung in ihrer Wechselwirkung mit den Anforderungen an die
Betriebssicherheit für Dauerbetrieb und Störungsfreiheit der Übertragungsleitung den wirtschaftlich und ästhetisch besten Wirkungsgrad
liefert.

Hier wäre die Aufstellung einer Beziehungskurve zu empfehlen,
welche die Abhängigkeit der ästhetischen Wirkung einer Musikübertragung von der oberen und unteren Grenzfrequenz der Übertragungsschaltung angibt. Die Grundlage der physikalischen Anforderung an
derartige Schaltkreise erscheint für deren vollständige Beurteilung nicht
ausreichend.

Die Erfassung des unteren Frequenzbereiches bietet bei Schalt-
apparaten, welche im Handel ohne wesentlich über das Normalmaß erhöhten finanziellen Aufwand hinaus erhältlich sind, bei Anwendung ge-
nügend großer Energie keine großen Schwierigkeiten.

Die Erfassung des Frequenzbandes bis $f = 50$ Hertz mit annähernd
gleichem Wirkungsgrad wie die Schwingungen mittlerer Höhe ist von
ausschlaggebendem ästhetischen Einfluß auf die Beurteilung der Übertragungsgüte. Die Übertragungsleitung muß also die Erfassung der
tiefen Frequenzen gewährleisten. Dies erfordert im allgemeinen die Anordnung eines zweiten Rohres bei Verstärkern, deren Betriebsverstär-
kungsziffer bei $f = 800$ Hertz annähernd mehr als die Hälfte der maximalen Verstärkungsziffer beträgt.

Ist bei Empfangsgeräten normal möglicher Ausführung die Erfassung der tiefen Frequenzen entsprechend vorstehender Grenzen vor-

handen, so kann im allgemeinen bei Aufwendung nicht ungewöhnlich hoher Energie bei Verwendung von Schaltorganen mittleren finanziellen Aufwandes ein Frequenzgebiet bis ca. 6000 Hertz mit annähernd gleichem Wirkungsgrad übertragen werden. Für die ästhetische Wertung der Übertragung reicht diese obere Frequenzgrenze in Verbindung mit der Ausdehnung des Frequenzbandes nach unten entsprechend obigen Richtlinien aus. Mit Rücksicht auf letzteren Vorgang genügt es also, den Übertragungskreis für diese obere Frequenzbandgrenze zu dimensionieren.

Schwieriger und einflußreicher sind die Einflüsse der Phasenverzerrung. Es ist nach der vorliegenden Erfahrung nur möglich, als zulässige obere Grenze für die Einschwingzeit für die höchste übertragene Frequenz ($f = 6000$ Hertz) 5 ms anzusetzen.

Dementsprechend erhält man auch bei Übertragungsleitungen die Reichweite abhängig von der Grenzfrequenz bei Sperrung des oberen Frequenzbandes über $f = 6000$ Hertz (Abb. 186). Dabei müssen die Verstärker selbst frei von Einflüssen auf die Laufzeitunterschiede sein.

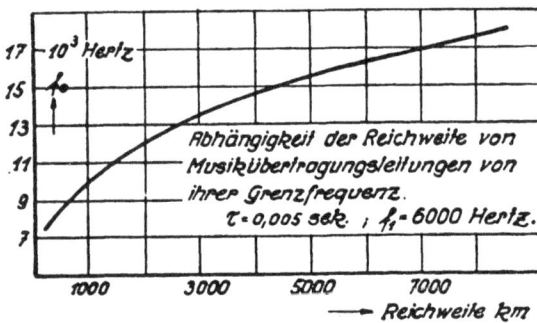

Abb. 186.

Die Beziehung der Abhängigkeit der Reichweite von der Einschwingzeit ergibt sich nach der Formel:

$$\frac{s \cdot f_1 \cdot \tau}{l} = \frac{1}{\pi}\left[\sqrt{\frac{1}{\left(\frac{f_0}{f_1}\right)^2 - 1}} - \frac{1}{\frac{f_0}{f_1}}\right].$$

Dabei bedeuten:

l Reichweite in km,
s Spulenabstand in km,
τ Einschwingzeit in sec,
f_0 Grenzfrequenz in Hertz,
f_1 höchste zu übertragende Frequenz in Hertz.

Aus dem Diagramm (Abb. 186) ist zu ersehen, daß Übertragungsleitungen unter 1000 km Reichweite zweckmäßig eine Grenzfrequenz von $f_0 = 10\,000$ Hertz erhalten; Leitungen über 1000 km Reichweite werden nicht pupinisiert ausgeführt. Die auftretenden geringen Laufzeitunterschiede der unpupinisierten Leitung müssen dabei u. U. durch besondere Mittel ausgeglichen werden.

Die Planung einer Kabelanlage nach dem Doppelsternverfahren ergibt die günstigste Lösung dann, wenn ein einheitlicher Aderndurchmesser vorgesehen wird und die Unterscheidung der Leitungsverbindung lediglich nach Pupinisierung und Schaltweise erfolgt. Man erhält hinsichtlich der Beschaltfähigkeit der Leitungen eine um einen Grad der veränderlichen Möglichkeiten größere Freizügigkeit. Dies ist dann von Bedeutung, wenn es sich von vornherein schwer bestimmen läßt, in welcher Weise die Verteilung der einzelnen Leitungsarten zweckmäßig durchgeführt wird. Vorteilhaft erscheint es dabei, die Leitungsarten nach einer Verteilung zu bestimmen, nach welcher die gewählte Leitungsart entsprechend ihrer Reichweite unter Berücksichtigung der Freizügigkeit der Beschaltmöglichkeit die wirtschaftlichste Lösung innerhalb ihrer Gruppe darstellt.

Im allgemeinen zeigt die Planung der Einordnung einer Kabelanlage nach dem Doppelsternverfahren in das Fernkabelnetz neben einer möglichen Verbesserung der Leitungsqualität für längste Entfernung des Fernsprechverkehrs und für Musikübertragungsleitungen im wesentlichen eine beträchtliche wirtschaftliche Hebung der Bedeutung der Zweidrahtleitung. Gleichzeitig tritt eine Vergrößerung der Verstärkerabstände und damit eine Verringerung der Anzahl der Verstärker bei annähernd gleicher Leitungsqualität ein. Die Erhöhung der Nebensprechdämpfung für lange Zweidrahtverbindungen ist notwendig. Die Restdämpfung der Zweidrahtleitungen kann durch Anordnung von Leitungsendverstärkern erniedrigt werden. Wird das Verfahren der Einordnung von Kabeln nach dem Doppelsternverfahren auf Kabelanlagen des Bezirksverkehrs ausgedehnt, so ist eine mehr oder minder wesentliche Einschränkung der Verwendung von Schnurverstärkern zu erwarten.

VIII. Prinzipanordnung der Sende- und Empfangseinrichtungen der drahtlosen Hochfrequenzübertragungstechnik, ihre Verbindung mit drahtgebundenen Übertragungskreisen.

Drei Hauptteile charakterisieren das Wesen einer Sendeeinrichtung:
1. das Aufnahmemikrophon mit der Verstärkereinrichtung,
2. der Sender mit der Modulationseinrichtung,
3. die Sendeantenne.

Das Aufnahmemikrophon ist der Apparat zur Umformung der akustischen Energie in elektrische Energie. Der Sender erzeugt die eigentliche Energie der Übertragung (Trägerwelle), welche durch die elektrische Energie des Aufnahmemikrophons unter Zwischenschaltung eines Verstärkers gesteuert wird. In der Sendeantenne erfolgt die Umsetzung der Energie der stehenden elektrischen Wellen in die Energie der Strahlung. Man erhält also folgendes Energieumsetzungsprinzip (Abb. 187).

Beim Empfänger wird aus der hochfrequenten, modulierten Träger-

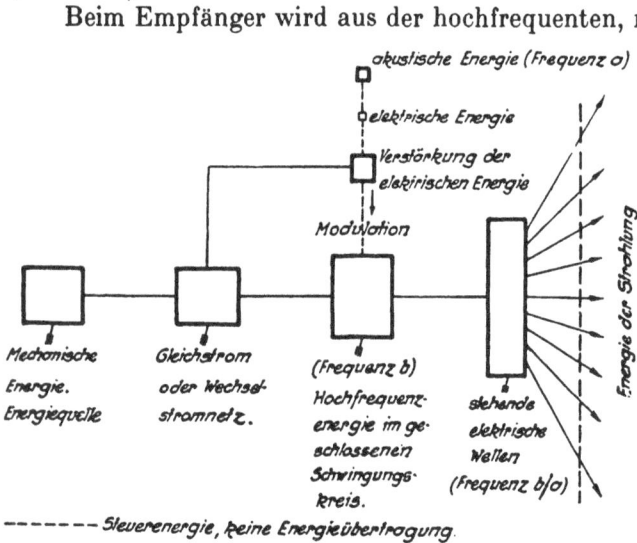

welle nur die modulierende Frequenz zur Übertragung gebracht und elektrisch-akustisch umgesetzt (Abb. 188).

Das Aufnahmemikrophon hat die Aufgabe, die akustischen Schwingungen in elektrische umzusetzen. Die Forderung entsprechend den physikalischen Eigenschaften einer frequenz-unabhängigen Übertragung lautet, daß alle im Originalklang enthaltenen Frequenzen mit gleichem Wirkungsgrad zur Übertragung gelangen.

Abb. 187.

Mit Rücksicht auf das weitläufige Frequenzband von Sprache und Musik war diese Aufgabe großen Schwierigkeiten unterworfen. Die Entwicklung zeitigte eine Reihe von Konstruktionen, welche teils mehr oder weniger diesen Forderungen gerecht wurden. Der Ausgangspunkt der Entwicklung hochwertiger Mikrophone war das Kohlenmikrophon ähnlicher Konstruktion, wie es heute bei den Apparaten des normalen Fernsprechverkehrs verwendet

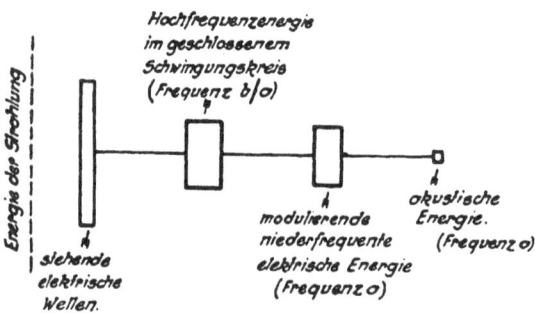

Abb. 188.

wird. Durch die Schwingungen einer Membrane im Schallfeld wird der von einem Gleichstrom durchflossene Widerstand von Kohlepulver Änderungen unterworfen, welche sich in Stromänderungen auswirken. Es entsteht ein Wellenstrom dadurch, daß einem Gleichstrom eine Stromkurve, deren zeitlicher Verlauf den akustischen Schwingungen entsprechen soll, überlagert wird. Die Trennung des Wechselstromes aus dem Gleichstromkreis erfolgt durch einen Transformator.

Die Energieumsetzung erfolgt dann ideal, wenn zwischen Mikrophonwiderstand und Schalldruck lineare Beziehungen herrschen. Von allen Mikrophongattungen zeigen die Kohlenmikrophone die größte Abweichung von diesem Verlauf. Sie besitzen außerdem die Eigenschaft, daß sie nur Druckamplituden oberhalb eines bestimmten Grenzwertes, der sogenannten Reizschwelle, zu übertragen vermögen. Die durch die nichtlinearen Beziehungen auftretenden Obertöne verursachen Verzerrungen nichtlinearer Art. Das Verhältnis des Effektivwertes der Oberschwingungen zum Effektivwert der Grundschwingung wird als Klirrfaktor bezeichnet[1]).

Aus den Gründen der nichtlinearen Verzerrung, welche letzten Endes auf die Trägheit der bewegten Massen zurückzuführen sind, erreichte das Kohlenmikrophon für Übertragungszwecke zunächst keine größere Bedeutung.

Die nächsten Entwicklungsstufen der Übertragungsmikrophone sind das Kathodophon der C. Lorenz A.-G. Berlin und das Bändchenmikrophon der Siemens & Halske A.-G. Berlin. Beim Kathodophon erfolgt die Umsetzung der akustischen Energie in elektrische dadurch, daß ein im Schallfeld erzeugter Emissionsstrom, der unter dem Druck hohen Potentials von einem glühenden Körper ausgeht, den Druckänderungen der Schallschwingungen unterworfen wird, um damit seine Größe entsprechend zu ändern.

Beim Bändchenmikrophon der Siemens & Halske A.-G. Berlin wird in einem starken Magnetfeld, welches durch einen Elektromagnet oder durch einen permanenten Magnet erzeugt werden kann, ein Leiter geringer Masse, das Band, angeordnet, welches im Schallfeld den Bewegungen der akustischen Schwingungen folgend, Wechselströme in sich selbst induziert, die den akustischen Schwingungen entsprechen.

Das Kohlenmikrophon erfuhr im sogenannten Reißmikrophon (nach dem Erfinder benannt) eine weitere Ausgestaltung dadurch, daß auf Anordnung der wirksamen Membrane verzichtet wurde und das Kohlenpulver allein den akustischen Druckschwankungen ausgesetzt wird, wodurch durch Widerstandsänderung im Pulver die elektrische Abbildung der akustischen Schwingungen erfolgt. Beim Reißmikrophon sind in einem Marmorwürfel zwei Kohlenstäbe angeordnet, zwischen denen sich Kohlenpulver bestimmter Korngröße befindet. Nach vorne ist die Vertiefung: Kohlenstäbe—Kohlenpulver durch eine sehr dünne Gummimembrane abgeschlossen. Die beiden Kohlenstäbe dienen als Elektrode für die Zuführung des Speisestromes. Durch das Auftreffen

---

[1]) C. A. Hartmann, „Neuere Untersuchungen an Kohlenmikrophonen". Elektr. Nachrichtentechnik 1928, H. 9.

der Schallwellen werden die Berührungskontakte der einzelnen Kohle-
teilchen und damit der Gesamtwiderstand der Anordnung verändert;
es entsteht ein Wellenstrom mit der Gleichstromkomponente des Speisestromes und der Wechselstromkomponente der akustisch-elektrisch
übersetzten Schallwelle. Die Wechselstromkomponente wird in der bekannten Weise mit Hilfe eines Übertragers aus dem Wellenstrom ausgesiebt (Abb. 189).

Das Reißmikrophon hat den Vorteil verhältnismäßig großer An-
fangsenergie und ist deshalb in der Bedienung einfach und betriebs-
sicher.

Die neueste Entwicklungsstufe der Mikrophone für hochwertige
Übertragung stellt das Kondensatormikrophon der Siemens & Halske
A.-G. Berlin dar. Hier wird eine sehr dünne Metallmembrane aus Alu-

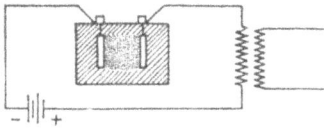

Abb. 189.

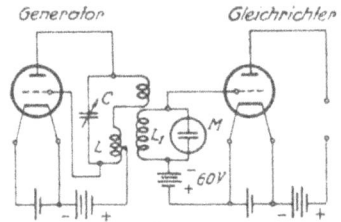

Abb. 190.

minium der Beeinflussung der Schallwellen ausgesetzt. In einem sehr
kleinen Abstand (0,1 mm) von der Membrane befindet sich eine feste
Metallplatte; Membrane und Metallplatte bilden einen Kondensator.
Wird die Membrane unter dem Einfluß des schallerregten Luftraumes
bewegt, so verändert sich die Kapazität dieses Kondensators.

Wird der Kondensator in einen Schwingungskreis geschaltet, der
mit konstanter Frequenz erregt wird, so ändert sich der Strom in diesem
Kreis bei einer Kapazitätsänderung nach der Resonanzkurve des Kreises.

Wird der Hochfrequenzstrom dieses Kreises gleichgerichtet, so emp-
fängt ein angeschlossener Hörer einen Strom, der in seiner Form den
Druckschwankungen des Schallfeldes entspricht. Voraussetzung für gute
Wirksamkeit ist, daß die Frequenz so eingestellt ist, daß bei nicht
besprochener Membrane der Arbeitspunkt auf halbe Höhe der Resonanzkurve zu liegen kommt, damit lineare Abhängigkeit zwischen Druckschwankungen (Kapazitätsänderung) und Hochfrequenzstromänderung
erzielt wird.

Die Schaltung des Kondensatormikrophons zeigt Abbildung 190.

Die elektrischen Energien der Aufnahmemikrophone sind sehr klein
und bedürfen in allen Fällen einer kräftigen Verstärkung. Im allgemeinen
werden diese Verstärker als Widerstands-Kapazitätsverstärker in mehr-
stufiger Anordnung ausgeführt.

Nach diesen Verstärkern ist die nötige niederfrequente Energie vorhanden, um die hochfrequente Trägerwelle zu steuern, zu modulieren.

Man hat das Frequenzgebiet der elektrischen Wechselströme folgender Einteilung unterworfen:

Man bezeichnete die Schwingungen

> bis 100 Hertz als Niederfrequenz,
> jene von 100 bis 2000 Hertz als Mittelfrequenz,
> und jene über 2000 Hertz als Hochfrequenz.

Die Entwicklung der Hochfrequenzübertragungstechnik hat eine Verschiebung dieser Begriffe im Sprachgebrauch mit sich gebracht. Man bezeichnet die Energie zur Steuerung der Hochfrequenzenergie als Niederfrequenz, die gesteuerte Energie als Hochfrequenz. Entsprechend der physikalischen Natur der Klänge und den gesteigerten Anforderungen an die Übertragungsgüte umfaßt das Gebiet der niederfrequenten Schwingungen den Hörbereich, darüber hinaus liegt das Gebiet der Hochfrequenz. Die Grenze zwischen Hochfrequenz und Niederfrequenz liegt nach dieser Definition bei ca. 10000 Hertz. Außerdem hat sich der Begriff Tonfrequenz herausgebildet, welche entsprechend der Bezeichnung ein Frequenzband umfaßt, welches gut klingenden Tönen entspricht. Man kann unter Tonfrequenz das Frequenzband von 300 bis 2000 Hertz rechnen.

Bezeichnet f die Anzahl der Vollschwingungen pro sec, so ist die Dauer einer Schwingung $T = \dfrac{1}{f}$ sec. Bei einer Fortpflanzungsgeschwindigkeit von c m/sec und der Länge einer Vollschwingung von $\lambda\,m$ erhalten wir die Beziehung

$$c = \frac{\lambda}{T} = \lambda f; \quad \text{bzw.} \quad \lambda = \frac{c}{f}.$$

Dabei ist c die Fortpflanzungsgeschwindigkeit der elektrischen Wellen, welche sich bestimmt zu $c = 300\,000\,000$ m/sec $= 3 \cdot 10^8$ m/sec. Die Eigenkreisfrequenz ω_0 eines Schwingungskreises mit der Selbstinduktion L in Henry und der Kapazität C in Farad ist gegeben zu

$$\omega_0 = \frac{1}{\sqrt{LC}}.$$

Die Eigenwellenlänge λ_0 ergibt sich aus:

$$\omega_0 = 2\pi f_0 \quad \text{und} \quad \lambda_0 = \frac{c}{f_0} \quad \text{bzw.} \quad f_0 = \frac{c}{\lambda_0}$$

zu

$$\lambda_0 = 2\pi c \sqrt{L_H C_F}.$$

In der Hochfrequenztechnik ist es üblich, die Größen L und C in cm auszudrücken. Es bestehen folgende Beziehungen:

1 F	$= 9 \cdot 10^{11}$ cm	1 cm	$= 1{,}11 \cdot 10^{-12}$ F
$1 \, \mu$F	$= 9 \cdot 10^{5}$ cm	1 cm	$= 1{,}11 \cdot 10^{-6} \, \mu$F
$1 \, \mu\mu$F	$= 0{,}9$ cm	1 cm	$= 1{,}11 \, \mu\mu$F
1 H	$= 10^{9}$ cm	1 cm	$= 10^{-9}$ H
1 mH	$= 10^{6}$ cm	1 cm	$= 10^{-6}$ mH.

Damit erhalten wir

$$\lambda_{0_m} = 2 \, \pi \, c_m \sqrt{L_{\mathrm{cm}} \, C_{\mathrm{cm}} \cdot 10^{-9} \cdot 11{,}1 \cdot 10^{-13}}$$
$$= \frac{2 \, \pi}{100} \sqrt{L_{\mathrm{cm}} \, C_{\mathrm{cm}}}.$$

Die Betriebswellenlänge der modernen Rundfunksender liegen zwischen 200 bis 600 m. Es handelt sich also darum, Frequenzen von

$$f = \frac{c}{\lambda} = \frac{3 \cdot 10^{8}}{200 \div 600} = 1{,}5 \cdot 10^{6} \div 0{,}5 \cdot 10^{6} \text{ Hertz}$$

bzw. $f = 1500 \div 500$ Kilo-Hertz herzustellen.

Zwei voneinander prinzipiell verschiedene Anordnungen dienen der Erzeugung dieser hohen Frequenz: der Röhrensender und der Maschinensender.

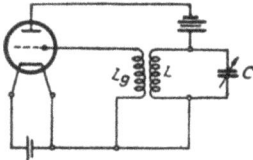

Abb. 191.

Die Energieumformung beim Röhrensender findet im Senderohr statt, welches entweder durch einen Hilfsgenerator in der Sendefrequenz beeinflußt wird (fremdgesteuerter Röhrensender), oder bei welchem die Leistung zur Frequenzsteuerung der Senderleistung selbst entnommen wird (selbsterregter Röhrensender).

Beim Röhrengenerator mit Rückkopplung (Abb. 191) steht ein Gleichstrom zur Verfügung, um den Schwingungskreis LC zu betreiben.

Der Anodenstrom muß in der Eigenfrequenz des Kreises und in der richtigen Phase unterbrochen und eingeschaltet werden. Das Einschalten geschieht durch Anlegen positiver, das Ausschalten durch Anlegen negativer Spannung an das Gitter. Diese Spannung wird vom Schwingungskreis aus der Rückkopplungsspule $L g$ induziert. Die richtige Frequenz wird dann ohne weiteres erhalten[1]).

Der von der Gitterspannung gesteuerte Anodenstrom muß der ursprünglichen Schwingung Energie zuführen. Das Gitter muß also posi-

---

[1]) Dr. Hans Georg Möller, „Die Elektronenröhren und ihre technischen Anwendungen". 2. Aufl., S. 64. Vieweg u. Sohn A.-G., Braunschweig 1922.

tive Spannung erhalten, wenn die Schwingung eine Spannung entgegen der Gleichspannung liefert; negative Spannung am Gitter ist notwendig, wenn die Spannung der Schwingung und die Gleichspannung gleichgerichtet sind. Der Generator wird am günstigsten arbeiten, wenn das Gitter in demselben Moment umgeladen wird, in dem die Gegenspannung des Arbeitskreises ihr Vorzeichen ändert.

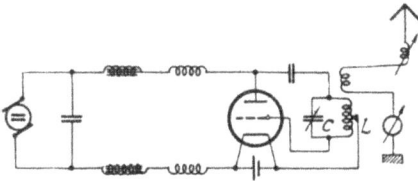

Abb. 192. Selbsterregter Röhrensender.

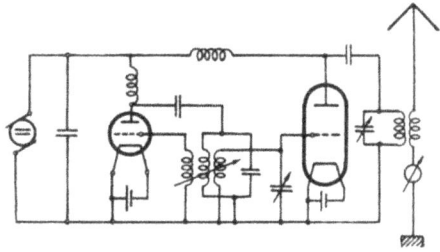

Abb. 193. Fremderregter Röhrensender.

Beim fremdgesteuerten Sender wirkt das Senderohr lediglich als Verstärker.

Bei beiden Sendern wird die Schwingung des geschlossenen Schwingungskreises auf die Antenne gekoppelt und geht hier in stehende Wellen und in die Energie der Strahlung über.

Die Prinzipschaltbilder beider Sendearten ohne Modulationseinrichtung zeigen die Abbildungen 192 und 193.

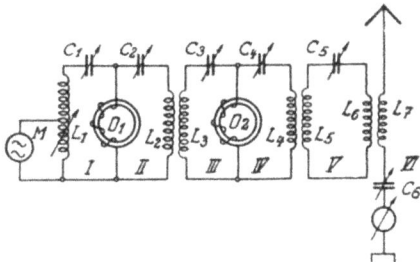

Abb. 194. Prinzipschalter.

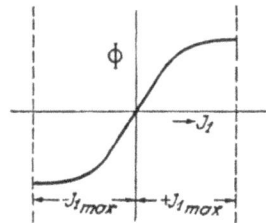

Abb. 195.

Beim Maschinensender handelt es sich um folgende Aufgaben:
1. Vervielfachung der Grundfrequenz;
2. Konstanthaltung der Tourenzahl der Hochfrequenzmaschine.

Abb. 194 zeigt das Prinzipschaltbild eines Maschinensenders[1]). Die Anordnung besteht aus sechs Schwingungskreisen. Der Schwingungskreis I wird über den eisenfreien Spartransformator L_1 durch eine Hochfrequenzmaschine M gespeist, die Schwingungen von der Größenordnung 7000 bis 8000 Hertz erzeugt. Diese Maschine besitzt je eine

---

[1]) Nach F. Gerth, „Herstellung kurzer Wellen mit Maschinen". Elektr. Nachrichtentechnik 1925, H. 1.

feste Gleichstrom- und Wechselstromwicklung; beide sind auf dem Stator untergebracht. Der Rotor besteht aus einer gezahnten Eisentrommel aus dünnen Blechen und trägt keinerlei Wicklung. Die Eisendrossel D_1, die als Transformator mit zusammenfallender Primär- und Sekundärwicklung aufgefaßt werden kann, wird als Frequenzwandler bezeichnet. Der Eisenkern besteht aus feinst unterteiltem, verlustschwachem Hochfrequenzblech.

Im Kreis I erzeugt man mit Hilfe der Maschine M hochfrequenten Wechselstrom J_1. Damit dieser große Stärke annimmt, stimmt man Kreis I auf die Frequenz der Maschine mit Hilfe der variablen Abstimmelemente C_1 und L_1 ab. Der Strom J_1 nimmt dabei seinen Weg über die Eisendrossel D_1. Seine Stärke im Verein mit den Abmessungen der Drossel D_1 muß ausreichen, den Eisenkern der Drossel weit über die Sättigungsgrenze zu magnetisieren (Abb. 195).

Der erzeugte Kraftfluß im Eisenkern nimmt nahezu eine Trapezform in Abhängigkeit von der Zeit an; d. h. während des Hauptteiles der Halbperiode ist er konstant und nur in dem kurzen Augenblick des Wechsels der Stromrichtung ist er stark veränderlich.

Der Kraftfluß erzeugt in der eigenen Spule eine EMK E_2, wenn er sich ändert; d. h. jedesmal, wenn der Kraftfluß in der Spule seine Richtung wechselt, entsteht ein kurzer, sehr kräftiger Spannungsstoß. Solange infolge der Sättigung des Eisenkernes der Kraftfluß konstant ist, ist die induzierte Spannung gleich Null. Die Spannungsstöße werden um so kräftiger, je schneller der Kraftfluß wechselt. Pro Periode des Maschinenstromes erfolgen zwei Spannungsstöße (Abb. 196).

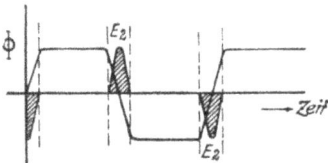

Abb. 196.

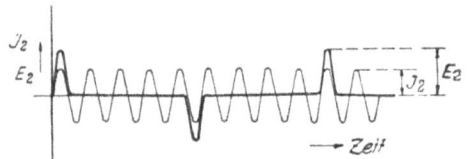

Abb. 197.

Die Pole des Frequenzwandlers D_1 sind an den Kreis II angeschlossen. Jeder Spannungsstoß wird demnach den Kondensator C_2 laden. Bis zum nächsten Stoß wird dieser sich dann unter Ausbildung von freien, hochfrequenten Schwingungen über D_1 und L_2 entladen. Dabei hängt die Frequenz der entstehenden Schwingungen nur von den Größen C_2, dem wirksamen Wert von L_2 und D_1 ab. Sorgt man nun dafür, daß der nächste Spannungsstoß die bereits vorhandenen Hochfrequenzschwingungen unterstützt, dann werden sich zusammenhängende Gruppen von Hochfrequenzschwingungen einstellen, die praktisch als nahezu ungedämpft angesehen werden dürfen (Abb. 197).

Die Frequenz des Kreises *II* kann nun wiederum vervielfacht werden durch sinngemäße Anwendung der gleichen Vorgänge in den Kreisen *III* und *IV*.

Im Zusammenhang mit der durchaus möglichen Drehzahländerung der Hochfrequenzmaschine hat man es in der Hand, jede beliebige Wellenlänge bzw. Frequenz einzustellen.

Die Konstanthaltung der Umlaufzeit der Hochfrequenzmaschine ist mit einer Genauigkeit von $^1/_{100}$ % gefordert[1]).

Der Schmidtsche Tou-
renregler sitzt unmittelbar
auf der Rotorseitenfläche
der Hochfrequenzmaschine
und trägt zwei diametral
gegenüber angeordnete
Federn. Die Feder hat am
Ende einen Kontakt, dem
ein Gegenkontakt gegen-
übersteht. In der Regel ist
nur eine Feder in Tätig-
keit, die zweite Feder dient
als Reserve. Bei einer bestimmten Drehzahl wird
die Feder durch die Zentri-
fugalkraft nach außen ge-
schleudert, bis Kontakt
eintritt, der einen Feld-
widerstand des Antrieb-
motors kurzschließt. Die
Feder ist so eingestellt, daß
sie bei jeder Umdrehung

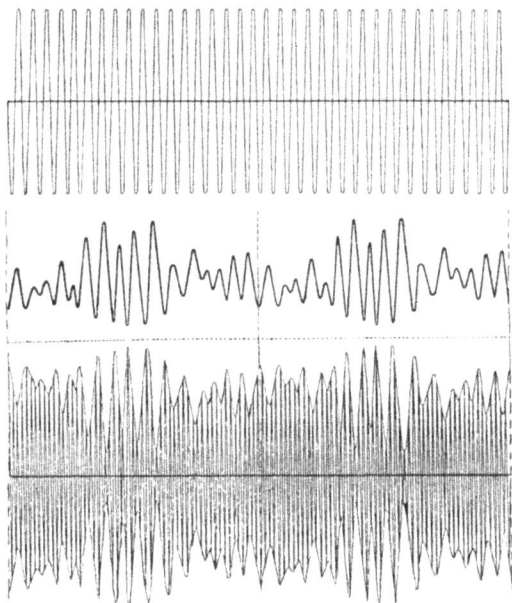

Abb. 198.

des Rotors einmal Kontakt macht, und zwar wenn sie sich an der untersten Stellung befindet. (Der Einfluß der Erdschwere wird ausgenützt.) Die Kontaktgabe ist von längerer Dauer bei größerer Touren-
zahl; demnach tritt entsprechende Hemmung der Umlaufsgeschwindig-
keit ein. Die Genauigkeit der Konstanthaltung der Frequenz beträgt
$^1/_{1000}$ %.

Die erzeugte Hochfrequenzenergie muß durch die niederfrequente Besprechungsenergie beeinflußt, d. h. moduliert werden (Abb. 198).

Die Amplitude der Hochfrequenzschwingung wird im Takte der Besprechung verändert. Es entstehen neben der hochfrequenten Trägerwelle entsprechend der Multiplikation zweier Schwingungen, nämlich

---

[1]) Dr. Karl Schmidt, Berlin-Südende, „Ein neuer Hochfrequenzmaschinen-
sender für drahtlose Telegraphie". Elektrotechnische Zeitschrift 1923, H. 40.

der Trägerwelle und der modulierenden Schwingungen, zwei weitere Hochfrequenzschwingungszonen, welche der Summe bzw. der Differenz der Trägerwelle und der modulierenden Schwingungen entsprechen. Die durch die Modulation neben der Trägerwelle entstehenden und von der Frequenz der Modulationsschwingung abhängigen neuen Schwingungen werden als Seitenwellen (für eine Modulationsfrequenz) und als Seitenbänder (für mehrere Modulationsfrequenzen) bezeichnet.

Im wesentlichen unterscheidet man drei Arten von Modulationseinrichtungen:

1. die Gleichstromgittersteuerung;
2. den Eisenmodulator;
3. die Parallelröhrensteuerung (Heisingschaltung).

Abbildung 199 zeigt erstere Art in Verbindung mit einem selbsterregten Röhrensender. Das Gitter der Senderöhre ist durch einen Kondensator

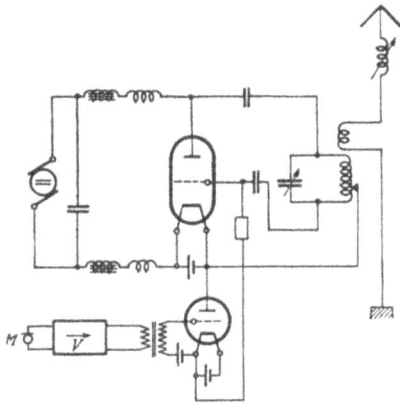

Abb. 199.

abgeriegelt, so daß die negativen Elektronen, welche nicht neutralisiert werden, vom Gitter nicht ohne weiteres abfließen können. Je mehr das Gitter negativ geladen wird, desto größer ist der Widerstand der Senderöhre. Es ist nun vom Gitter zur Kathode über die Steuerröhre ein Ableitungsweg vorhanden. Der Widerstand der Steuerröhre wird durch die Besprechungsenergie im Schalltempo geändert. Es fließen demnach die negativen Ladungen der Senderöhre im Rhythmus der Schallschwingungen mehr oder weniger schnell zur Kathode ab, so daß die Hochfrequenzschwingungen in ihrer Amplitude ebenfalls im Schalltempo verändert werden.

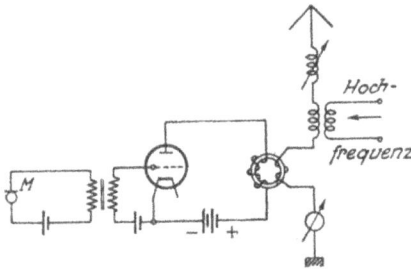

Abb. 200.

Beim Eisenmodulator[1]) geschieht die Beeinflussung des Hochfrequenzteiles durch Widerstandsänderung der Antenne selbst (Abb. 200). In die Antenne ist eine Eisendrossel nach Pungs-Gerth eingeschaltet. Diese besitzt nur wenig Hochfrequenzwindungen, stellt aber trotzdem infolge der Wirkung des Eisenkernes einen sehr großen Widerstand dar, solange die Eisensättigung klein ist. Der Widerstand wird wesentlich

---

[1]) L. Pungs, „Der Eisenmodulator bei Telephonie-Röhrensendern". Elektr. Nachrichtentechnik 1925, H. 5.

verkleinert, sobald die Eisendrossel durch den Anodenstrom des Mikrophonverstärkers magnetisch stärker gesättigt wird.

Abbildung 201 zeigt die Abhängigkeit des Antennenstromes J_a vom Magnetisierungsstrom J_m. Zur Erzielung einer verzerrungsfreien Modulation ist der Mittelwert J_{m_0} so einzustellen, daß der Arbeitspunkt im Ruhezustand auf der Mitte des gradlinigen Teiles I/II der Antennenstromkurve liegt. Die Besprechung verändert dann den Wert J_m um den Wert J_{m_0} als Mittelwert, so daß der Antennenstrom die Werte I und II nicht unter- bzw. überschreitet.

Bei der Steuerung durch Parallelröhre (Heisingschaltung; Abb. 202) wird die wirksame Anodenspannung des Senderohres durch Veränderung des Widerstandes einer parallelgeschalteten Röhre im Takte der Besprechung verändert und

Abb. 201.

damit im gleichen Sinne die Amplitude der Hochfrequenzschwingung beeinflußt.

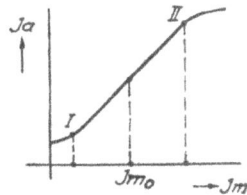

Vom energetischen Standpunkt aus betrachtet liegen bei den einzelnen Modulationseinrichtungen folgende Verhältnisse vor: Der Eisenmodulator in der vorliegenden Schaltung und die Parallelröhrensteuerung verlangen Besprechungsenergien, welche imstande sind, die gesamte Hochfrequenzenergie im geforderten Grade zu beeinflussen.

Bei der Modulationseinrichtung nach dem System der Gleichstromgittersteuerung ist nur ein Bruchteil dieser Energie erforderlich.

Wird bei fremdgesteuerten

Abb. 202.

Röhrensendern der Eisenmodulator zwischen Steuersender und Hauptsender geschaltet, so kann man auch hier mit verringerter Besprechungsenergie eine vollkommene Aussteuerung erreichen.

Die von einem Sender ausgestrahlte Hochfrequenzenergie ist abhängig vom Antennenwiderstand (Strahlungswiderstand), vom Antennenstrom und von der Wellenlänge.

Die Empfangsintensität beim Empfänger ist direkt proportional dem Antennenstrom J_1 und der effektiven Antennenhöhe h_1 des Senders und umgekehrt proportional der Entfernung l des Empfängers vom Sender und der Wellenlänge λ. Wird dabei noch der Einfluß der Ab-

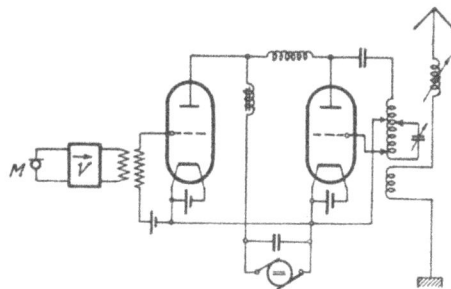

sorption berücksichtigt, so ergibt sich nach Austin[1]) und von Rybczynski[2]) folgende Abhängigkeit des elektrischen Feldes $\mathfrak{E}$, gemessen
in Volt/Meter, von den vorbezeichneten Größen:

$$\mathfrak{E} = 120\,\pi \cdot \frac{h_1 \cdot J_1}{l \cdot \lambda} \cdot e^{-0,0015} \cdot \frac{l}{\sqrt{\lambda}}.$$

Die Längenmaße werden dabei in Meter eingesetzt. Als unterer
Grenzwert für ausreichenden Empfang beim Empfänger kann dabei ein
Wert von $0,1 \dfrac{\text{m Volt}}{\text{m}}$ angesehen werden. Dieser untere Grenzwert ist
jedoch abhängig von der Art des verwendeten Empfangsapparates
und damit von dem Einfluß der Störgeräusche der Atmosphäre,
welche andererseits von
der Wellenlänge abhängig
sind in der Weise, daß bei
kleineren Wellenlängen
geringere Störgeräusche
als bei größeren zu er-
warten sind.

Die Leistung der Tele-
phoniesender wird nach
Telegraphie- und Tele-
phonieleistung unterschieden. Unter Berücksichti-
gung der beschränkten
Aussteuerbarkeit der Sen-
der bei Telephonieüber-
tragung kann das Ver-
hältnis von Telegraphie
zu Telephonieleistung an-
nähernd zu $2,5 : 1$ ange-

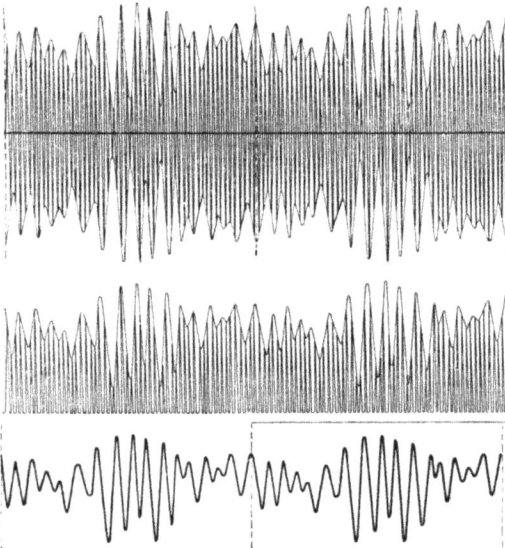

Abb. 203.

setzt werden.

Die Einführung des Begriffes der effektiven Antennenhöhe berück-
sichtigt den Stromlauf innerhalb der Antenne als nicht quasistationärer
Stromkreis. Bei der wirklichen Antennenhöhe verläuft der Strombelag
in der Weise, daß an der Erregungsstelle ein Strombauch, am Ende der
Antenne jedoch der geringste Strombelag eintritt. Für die effektive
Höhe erstreckt sich der Strombelag gleichmäßig über diese Länge. Das
Verhältnis von wirklicher Antennenhöhe l zur effektiven Höhe ist ab-
hängig von der Antennenform und bewegt sich in den Grenzen

$$\frac{h}{l} = 0,5 \div 0,9.$$

[1]) L. W. Austin, Jahrbuch der drahtlosen Telegraphie 1911, S. 75.
[2]) W. v. Rybczynski, Annalen der Physik 1923, S. 141.

Bei allen Empfangsschaltungen handelt es sich darum, die modulierten Hochfrequenzwellen gleichzurichten und damit in die niederfrequenten Besprechungsschwingungen umzuformen (Abb. 203).

Diesem Umformungsprozeß dienen im wesentlichen zwei Apparate bezw. Schaltarten, der Detektor und das Audion.

Die physikalische Wirkungsweise der Detektoren (Abb. 204) (feine Berührungsstelle zweier Leiter) ist noch nicht vollständig geklärt; man nimmt an, daß zu rein thermoelektrischen Eigenschaften die Ventilwirkung hinzutritt. Man unterscheidet Detektoren, welche mit Hilfsspannung und ohne Hilfsspannung arbeiten. Die Hilfsspannung hat den Zweck, die Arbeitscharakteristik in einen günstigen Punkt zu ver-

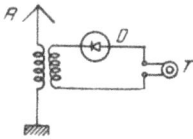

Abb. 204.

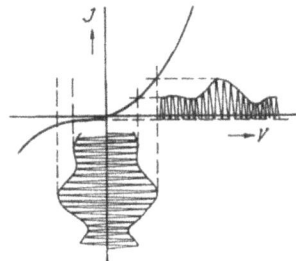

Abb. 205.

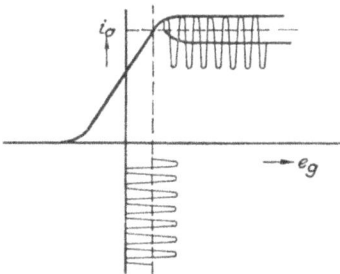

Abb. 206.

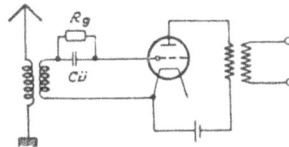

Abb. 207.

schieben. Ihre Notwendigkeit ist abhängig von den verwendeten Detektormaterialien. Im allgemeinen haben Detektoren die in Abb. 205 dargestellte Kennlinie (Abhängigkeit des entstehenden Stromes von der aufgedrückten Spannung).

Als besonders bewährte Metall- oder Metallerzzusammenstellungen können u. a. genannt werden:

Kupferkies-Rotzinkerz oder Aluminium,

Pyrit-Bronzedraht,

Bleiglanz-Graphit,

Silizium-Tellur oder Golddraht.

Zum Verständnis der Wirkungsweise des Audions sind die beiden Gleichrichtereffekte der Elektronenröhren zu betrachten: die Anodengleichrichtung (Röhre als Detektor) und die Gittergleichrichtung (Röhre als Audion)[1]).

Die Anodengleichrichtung kann am oberen oder unteren Knick der Anodenstromkennlinie erfolgen (Abb. 206). Die Wirkung der Gleichrichtung kommt gleich der Wirkung eines Einröhrenhochfrequenzverstärkers mit Detektor.

Der Gittergleichrichtereffekt wird als Audionwirkung im eigentlichen Sinne bezeichnet[1]).

In den Gitterkreis wird ein hoher Widerstand Rg geschaltet, welcher durch einen Kondensator $C\ddot{u}$ geringer Größe für die Durchlässigkeit der Hochfrequenzschwingungen überbrückt ist (Abb. 207).

Bei der ruhenden Gittervorspannung ± 0 wird kein Gitterstrom fließen. Ankommende Hochfrequenzschwingungen lassen durch ihre positive Halbwelle einen gleichgerichteten Strom im Gitterkreis zur Auswirkung kommen, welcher über den Kreis Gitter—Kathode, Kopplungsspule und Gitterwiderstand sich ausbildet. Dadurch wird der Kondensator negativ aufgeladen; die wirksame Gitterspannung wird im negativen Sinn erhöht und damit entsprechend der Abhängigkeit des Anodenstromes von der Gitterspannung der Anodenstrom verkleinert.

Man arbeitet hier im Gegensatz zur Anodengleichrichtung an jener Stelle der Kennlinie des Anodenstromes, an welcher diese in weiten Grenzen linear verläuft. Zweckmäßig wird man (bei Elektronenröhren mit Wolframheizfaden) bei fehlender ruhender Gittervorspannung die Anodenspannung entsprechend der günstigsten Anodenstromcharakteristik einstellen.

In seiner Wirkung ist das Audion anzusprechen als Niederfrequenzverstärker mit vorgeschaltetem Detektor.

Empfangsapparate für größere Entfernungen zwischen Sender und Empfänger erhalten je nach den örtlichen Verhältnissen Verstärkereinrichtungen zum Hochfrequenz- oder zum Niederfrequenzteil oder zu beiden zugeordnet. Das Prinzip der Demodulation bleibt jedoch erhalten. Die Ansprüche an die Selektivität, an die Einfachheit der Bedienungsvorgänge, an die Stabilität des Empfangssystems, führen zu besonderen Ausführungsformen, die durch Namen, welche sich durch die Entwicklung der Empfangsapparate herausgebildet haben, gekennzeichnet sind. So werden z. B. Empfänger mit Hochfrequenzverstärkerstufen, die induktiv untereinander und mit der Audionstufe gekoppelt sind und bei welchen die schädlichen Eigenkapazitäten zwischen Gitter und Anode durch zusätzliche Kondensatoren neutralisiert werden, als Neutrodynempfänger bezeichnet. Im allgemeinen werden bei größeren Emp-

---

[1]) Dr. Hans Georg Möller, „Die Elektronenröhren und ihre technische Anwendung", 2. Auflage. Vieweg & Sohn, Braunschweig 1922.

fangsapparaten zur Erhöhung der Abstimmschärfe (Selektivität) zwei oder mehrere Schwingungskreise bei den einzelnen Stufen vorgesehen, welche im allgemeinen Fall unabhängig voneinander einzustellen sind. Wird bei einem Gerät, insbesonders bei jenem nach dem Neutrodynprinzip, welches allgemein die Entwicklung der neueren Apparate kennzeichnet, zur Vereinfachung der Bedienung die Einrichtung so getroffen, daß durch besondere Vorkehrungen es ermöglicht wird, die einzelnen Schwingungskreise in einem Bedienungsgang einzustellen, so entsteht der Solodynempfänger.

Weiterhin wird häufig von dem Mittel des Zwischenfrequenzempfanges Gebrauch gemacht. Man versteht darunter Einrichtungen, welche im Empfänger eine zweite Hochfrequenzschwingung entweder durch einen Hilfssender oder durch geeignete Schaltung in dem für teilweise Modulation vorgesehenen Rohr erzeugen. Die durch diese zweite Hochfrequenzschwingung (Überlagerungsschwingung) entstehenden Schwebungen werden verstärkt und demoduliert. Diese Schaltungen eignen sich insbesonders für den Empfang kürzerer Wellen, welche unter Umständen der Hochfrequenzverstärkung Schwierigkeiten bereiten. Man bezeichnet diese Empfänger mit Heterodynschaltung mit Abarten wie Tropadyn- oder Ultradynempfänger. Diese Nebenbezeichnungen geben ein Merkmal für die Art der Zwischenfrequenzerzeugung. Auch die Superheterodynempfänger zählen in diese Gruppe der Empfangsapparate.

Zur Umformung der demodulierten elektrischen Energie in akustische Energie dienen Telephone und Lautsprecher. Die allgemeinen Unterschiede dieser beiden Empfangsapparate hinsichtlich der physiologischen und psychologischen Einflüsse auf die ästhetische Wertung der Übertragung wurden im I. Abschnitt behandelt. Allgemein tritt das Bedürfnis zur Verwendung von Lautsprechern, auch solcher kleiner Leistung, immer mehr hervor.

Man kann aus der Fülle der zur Zeit vorliegenden Konstruktionen drei grundlegende Systeme ihrer Bauart unterscheiden. Die elektromagnetischen Lautsprecher, aufgebaut auf der Wirkung des normalen Hörtelephons, stellen die erste Stufe der Entwicklung dar. Eine Membrane aus magnetisierbarem elastischem Material wird über einem permanenten Magneten schwingungsfähig angeordnet. Die Besprechungsenergie wird einer Wicklung zugeführt, die, auf dem Magneten angebracht, den magnetischen Fluß und damit die Bewegung der Membrane im Takte der Besprechungsenergie verändert. Die magnetische Vorspannung ist notwendig, damit nicht eine Erhöhung der wiederzugebenden Frequenz auf das Doppelte der erregenden Frequenz dadurch eintritt, daß die beiden Scheitelwerte einer Vollschwingung Bewegungen der Membrane in der gleichen Richtung eintreten lassen.

Diese Lautsprechereinrichtungen besitzen gemäß den Eigenschaften der Eigenschwingungen ihrer Membranen beträchtliche Verzerrungserscheinungen, insbesonders dann, wenn zur Verstärkung ihrer Wirkung, wie allgemein üblich, Trichter verwendet werden. Durch sinngemäße Ausgestaltung des schwingenden Systems und Anordnung von entsprechend den Forderungen des Schallfeldes angepaßtem Druckübertragungsmittel können hier jedoch ganz wesentliche Verbesserungen erzielt werden. Für die Verwendung als Lautsprecher größerer Leistung besitzen jedoch die elektromagnetischen Lautsprecher eine geringe Energiebelastungsfähigkeit, da die Bedingungen großer Lautstärke und die Aufnahme großer Energien hinsichtlich des günstigsten Abstandes zwischen schwingendem System und Magnetsystem sich entgegenstehen.

Aus dem elektromagnetischen Lautsprechersystem entwickelte sich das elektrodynamische. Hier wird in einem starken Magnetfeld ein vom Besprechungsstrom durchflossener Leiter beweglich in entsprechendem Freiheitsgrad angeordnet, welcher in seinen Bewegungen den Schwingungen des ihn durchfließenden Stromes folgt. Zur Erzeugung des starken Magnetfeldes dienen hier fast ausschließlich Elektromagnete. Die Form der verwendeten beweglichen Leiter ist verschieden; die Umkehrung des Bändchenmikrophons, der Bandlautsprecher der Siemens & Halske A.-G. Berlin sieht eine schwingende Aluminiumfolie vor, welche die Ausstrahlung der gesamten Schallenergie zu übernehmen hat. Andere Ausführungsformen der elektrodynamischen Lautsprecher verwenden eine kreisförmige Spule mit wenig Windungen, welche ihre Bewegung über einen kegelförmigen Trichter unter Zwischenschaltung einer aperiodischen Dämpfung einer Resonanzfläche vermittelt.

Lautsprecher nach dem elektrodynamischen Prinzip sind geeignet zur Wiedergabe großer Schallenergien, da sie eine gleichmäßige Erregung großer abstrahlender Flächen gestatten[1]).

Bei dem hier behandelten Großlautsprecher, dem sogenannten Blatthaller nach H. Riegger, erfolgt die Ausstrahlung des Schalles durch eine starre Fläche, die am Rande elastisch gelagert ist. Auf der Rückseite ist gleichmäßig über die ganze Fläche ein mäanderförmiges Kupferband angebracht, welches in ein starkes Magnetfeld eintaucht. Dieses Kupferband wird vom Besprechungsstrom durchflossen; seine Bewegungen auf Grund der elektrodynamischen Wirkung regen die mit ihm starr verbundene Fläche zu Schwingungen an, welchen hinsichtlich der Größe ihrer Amplitude wesentlich erweiterte Entwicklungsmöglichkeit gegenüber dem elektromagnetischen System gegeben ist.

Das Ziel, große Flächen bei gleichmäßig verteilten Kräften zur Schallausstrahlung zu verwenden, führte zur Entwicklung der elektrostatischen Lautsprecher. Eine schwingungsfähig angeordnete Platte wird unter dem Einfluß eines elektrischen Feldes in ihrem Abstand gegen-

---

[1]) Ferdinand Trendelenburg, Berlin, „Über Bau und Anwendung von Großlautsprechern". Elektrotechnische Zeitschrift 1927, H. 46.

über einer festen Belegung verändert; diese Bewegung dient zur Erzeugung des Schallfeldes. Die Anordnung bedingt in gleicher Weise wie beim elektromagnetischen System die Anordnung einer Vorspannung, welche hier durch ein Gleichspannungsfeld erzeugt wird; darüber erfolgt die Überlagerung eines Wechselspannungsfeldes, welches den Schwingungen der Besprechungsenergie entspricht. Eine Ausführungsform des elektrostatischen Prinzipes für Großlautsprecher stellt das Statophon[1]) von Vogt, Engl und Masolle dar.

Der objektive Vergleich verschiedener Mikrophonsysteme und Wiedergabeapparate war erst möglich nach Entwicklung geeigneter objektiver Meßeinrichtungen. In der letzten Zeit wurden eine Reihe derartiger Apparate entwickelt. Im wesentlichen beruhen diese Messungen auf Vergleichsmethoden, bei welchen der zur Schallmessung verwendete Apparat mit einem anderen, dessen absolute Empfindlichkeit bekannt ist, verglichen wird. Als Eichapparat wurde die Raleighsche Scheibe benutzt, bei welcher das Torsionsmoment einer kleinen Scheibe im Schallfeld dazu benützt wird, Rückschlüsse auf den Schalldruck an der betreffenden Stelle des Schallfeldes zu ziehen[2]). Weiterhin werden verwendet Schalldruckkompensationsmethoden[3]), bei welchen die durch ein Mikrophon erzeugten elektrischen Schwingungen durch gegengerichtete elektrische Kräfte gleicher Frequenz in der Weise kompensiert werden, daß die resultierende Leistung möglichst klein wird. Die notwendige elektrische Energie zur Kompensation dient als Maß für die auftretende Schalleistung[4]).

Für besondere Fälle des Fernsprechbetriebes wird es notwendig, die Einrichtungen der hochfrequenten Übertragungsart in den Kreis der niederfrequenten Sprechverbindung einzubeziehen. Zu solchen Einrichtungen zählt die Hochfrequenzmehrfachtelephonie auf Leitungen. Bis zur Entwicklung des Fernkabelnetzes waren insbesonders die längeren Städteverbindungsleitungen mit großem Verkehr belastet. Die Anlage neuer Leitungen war erheblichen bautechnischen und wirtschaftlichen Schwierigkeiten unterworfen, da im oberirdischen Leitungsbau

---

[1]) H. Vogt, „Forschungen und Fortschritt", Bd. 3.

[2]) Ferdinand Trendelenburg, „Über Bau und Anwendung von Großlautsprechern", a. a. O., und F. Trendelenburg, Wissenschaftliche Veröffentlichungen des Siemens-Konzern, Bd. 5, H. 2.

[3]) E. Gerlach, Wissenschaftliche Veröffentlichungen des Siemens-Konzern Bd. 3, H. 1.

[4]) Weitere Literatur: Ferdinand Trendelenburg, „Methoden und Ergebnisse der Klangforschung". Zeitschrift für Hochfrequenztechnik 1926, Bd. 28, H. 2 und 3. — E. Gerlach, „Ein registrierender Schallmesser und seine Anwendung". Zeitschrift für techn. Physik 1927, H. 11. — C. A. Hartmann, „Die Übertragungsgüte von Mikrophonen, Telephonen und Lautsprechern und ihre Bestimmung". Siemens-Jahrbuch 1928. — F. Lüschen, „Ausgewählte Kapitel aus der Elektroakustik". Telegraphen- und Fernsprechtechnik 1928, H. 5.

im Gegensatz zur unterirdischen Führung die Anlagekosten pro Leitung mit zunehmender Leitungszahl in weit geringerem Maße wie dort abnehmen. Es mußte sich deshalb jedes Mittel wirtschaftlich rechtfertigen lassen, das geeignet war, den Anlagewert der vorhandenen Leitungen in erhöhtem Maß dem Verkehr nutzbar zu machen.

Dies geschieht bei der Hochfrequenzmehrfachtelephonie auf Leitungen dadurch, daß dem niederfrequenten Gespräch mehrere Gespräche auf hochfrequenter modulierter Trägerwelle überlagert werden, welche untereinander und gegenüber dem niederfrequenten Gespräch durch Sperrkreise getrennt werden. Als Sperrkreise verwendet man sogenannte Siebketten, Schaltkreise, deren Dämpfung abhängig von der Frequenz so bemessen ist, daß sie nur für ein genau abgrenzbares Frequenzband energiedurchlässig sind.

Die Einrichtungen, welche der Beeinflussung der hochfrequenten Trägerwelle durch die niederfrequente Sprachwelle des zugehörigen Gespräches dienen, sind gegenüber den oben besprochenen Anordnungen der drahtlosen Übertragungstechnik dadurch gekennzeichnet, daß hier eine Beeinflussung der beiden Schwingungen in Schaltelementen prinzipieller nichtlinearer Abhängigkeit erfolgt. Nach dem System der Gesellschaft für drahtlose Telegraphie (Telefunken) wird ein Gleichrichterrohr angeordnet, das am unteren Knick der dynamischen Kennlinie arbeitet; das System der C. Lorenz A.-G. verwendet einen Eisentransformator, dessen magnetische Arbeitscharakteristik durch eine Magnetisierungswicklung nahe an den Sättigungspunkt gebracht wird[1]). Nach den Ausführungen über die nichtlineare Verzerrung entstehen neben den beiden Grundfrequenzen die Summations- und Differenztöne, und je nach dem Grade der Nichtlinearität eine Anzahl von Oberschwingungen höherer Ordnung. Durch geeignete Sperrkreise wird erreicht, daß nur die hochfrequente Trägerfrequenz und eine der beiden linearen Kombinationsfrequenzen auf die Leitung und nach entsprechender Sperrung gegenüber den übrigen Gesprächen zum Empfänger gelangt. Der Empfänger besteht nun in ähnlicher Weise wie der Sender aus einem Schaltglied mit ausgesprochener nichtlinearer Arbeitscharakteristik.

Aus den beiden ankommenden Schwingungen (hochfrequente Trägerwelle und z. B. hochfrequente Differenzschwingung) entstehen wiederum die beiden Grundschwingungen, Summations- und Differenztöne mit den entsprechenden Obertönen. Eine der linearen Kombinationsschwingungen (je nach der Art des ankommenden Seitenbandes) ergibt mit der Trägerfrequenz als resultierende Schwingung die Sprachwelle. Die

---

[1]) Rud. Fiedler, Berlin, „Die Hochfrequenz-Mehrfach-Telegraphie und -Telephonie auf Leitungen (Drahtfunk)". Telegraphenpraxis Jahrg. IV, H. 3—5. Verlag Franz Westphal, Lübeck.

übrigen Frequenzen werden gegenüber dem niederfrequenten Entnahme-
kreis gesperrt.

Es kommen bei Hochfrequenzübertragungen Schwingungen bis
50000 Hertz in Frage. Nach dem Drahtfunksystem der Gesellschaft für
drahtlose Telegraphie werden die Trägerfrequenzen für die einzelnen
Gespräche von 10000 zu 10000 Hertz festgelegt, so daß auf einer Leitung neben dem niederfrequenten Gespräch noch vier Hochfrequenz-
gespräche geführt werden können. Nach den Ausführungen über die
Abhängigkeit der Leitungsdämpfung von der Frequenz ist festzustellen,
daß die Dämpfung mit zunehmender Frequenz rasch größer wird. Diese
Eigenschaft bestimmt mit Rücksicht auf die Reichweite der Leitungsverbindung die obere Grenze der zu verwendenden Hochfrequenz. Mit
der Einführung der pupinisierten ober- und unterirdischen Leitungen,
welche oberhalb der Grenzfrequenz an sich bereits eine sehr hohe Dämpfung besitzen, ist der Anwendungsbereich der Hochfrequenzmehrfachtelephonie wesentlich eingeschränkt worden.

Sie besitzt heute noch Bedeutung für die Betriebstelephonanlagen
von größeren Elektrizitätsversorgungsgebieten, bei welchen die Hoch-
spannungsüberlandleitungen gleichzeitig zur Fortpflanzung der hochfrequenten Telephonieströme dienen. Sender und Empfänger sind auf
ähnlicher Grundlage aufgebaut wie bei der Hochfrequenzmehrfachtelephonie auf Leitungen. Die Zahl der Sperrkreise ist beschränkt; andererseits ist die Anordnung besonderer Schaltelemente notwendig,
welche die Betriebsspannung sowohl hinsichtlich der Amplitude wie der
Frequenz von den Telephonieeinrichtungen fernhält.

Eine wichtige Kombination von hochfrequenter und niederfrequenter
Übertragungsart stellen die neuen Funkfernsprechverbindungen dar, von
welchen die erste am Anfang des Jahres 1927 zwischen Amerika und
England in Betrieb genommen wurde[1]).

Die beiden Gesprächsrichtungen werden auf zwei getrennten Wegen,
jedoch auf gleicher Trägerfrequenz zur Übertragung gebracht. Die gleiche
Trägerfrequenz mußte trotz erhöhter Rückkopplungsgefahr zwischen
den beiden Übertragungssystemen mit Rücksicht auf die geringe Zahl
der zur Verfügung stehenden Wellen gewählt werden. Es findet eine
zweimalige Modulation statt, wobei jedesmal nur das untere Seitenband zur Übertragung gelangt. Trägerwelle und oberes Seitenband
werden unterdrückt. Die Beschränkung der Übertragung auf ein Seitenband hat den Zweck, die Strahlungsleistung zu erhöhen, das drahtlos
übertragene Frequenzband zu verkleinern und die Wahrung des Ge-
sprächsgeheimnisses möglichst zu sichern, da zur Demodulation die
Trägerfrequenz aus den bei Behandlung der Hochfrequenzmehrfach-

---

[1]) Ministerialrat K. Höpfner, „Fernsprechverkehr zwischen Deutschland und
Nordamerika". Telegraphen- und Fernsprechtechnik 1928, Nr. 4.

telephonie genannten Gründen wieder beigefügt werden muß. Die Siche-
rung gegen Rückkopplung bei gleicher Trägerfrequenz erfolgt in der
Weise, daß die Empfänger vor der Gabelschaltung, d. h. der Vereinigung
der beiden Richtungen vor dem Vermittlungsamt nur in ankommender
Richtung mit den drahtlosen Übertragungssystemen in Verbindung
stehen. Durch geeignete Schaltungen öffnet sich die abgehende Sprache
selbst den Weg zum Sender und unterbricht gleichzeitig den Weg der
ankommenden Ströme. Die atmosphärischen Schwunderscheinungen
werden durch manuelle Lautstärkereguliereinrichtungen ausgeglichen.
Die Verbindung vom Vermittlungsamt der drahtlosen Übertragungseinrichtung zu den Sprechstellen der Teilnehmer auch anderer Ortsnetze erfolgt auf niederfrequentem Weg über Leitungen, deren elektrische Ausrüstung den Grundsätzen des Fernsprechweitverkehrs entspricht. Die Trägerfrequenz bei der vorliegenden drahtlosen Verbindung
wurde zu 60 000 Hertz ($\lambda = 5000$ m) festgesetzt.

Gegenwärtig sind zu dieser Verbindung Amerika—England zwei
weitere Funkfernsprechwege hinzugekommen: Berlin—Buenos Aires
und Holland—Niederländisch-Indien, welche sich beide kurzer Wellen
mit geringerem Leistungsaufwand zur Übertragung bedienen[1]).

Neben diesen Bestrebungen, transozeanische Sprechverbindungen
auf drahtlosem Wege herzustellen, werden Pläne erörtert, Europa mit
Nordamerika durch ein Fernsprechkabel zu verbinden. Prof. K. W. Wagner hat in der Sitzung der physikalisch-mathematischen Klasse der
preußischen Akademie der Wissenschaften[2]) darüber Mitteilung gemacht,
daß sich für eine derartige Verbindung ein den Landfernsprechkabeln
ähnlicher Typ mit Papierisolation und Pupinisierung eignet. Die mechanischen Schwierigkeiten der druckfesten Herstellung und Verlegung
solcher Kabel sind nach den Arbeiten der Firmen Felten & Guilleaume
Karlswerk A.-G., Köln-Mülheim und der Norddeutschen Seekabelwerke
in Nordenham überwunden. Entsprechend der günstigsten elektrischen
Werte wird der Verbindungsweg Lissabon—Azoren—Neufundland vor-
geschlagen. Die Ergebnisse der Wirtschaftlichkeitsberechnung sind
günstig.

---

[1]) Ministerialrat Höpfner, „Neue Funkfernsprechverbindungen". Europäischer
Fernsprechdienst H. 9, Juli 1928.
[2]) „Nachrichten" im Europäischen Fernsprechdienst H. 9, Juli 1928.

Namen- und Sachverzeichnis.

Die Zeitschrift des S.-A.-Technikers und des Schaltungs-Ingenieurs!

ZEITSCHRIFT FÜR FERNMELDETECHNIK, WERK- UND GERÄTEBAU

(Zeitschrift des Verbandes Deutscher Schwachstrom-Industrieller)
10. Jahrgang ▪ 1929

Herausgeber und Schriftleiter: Professor Dr. Rudolf Franke, Berlin-Lankwitz, Lessingstr. 10, unter besonderer Mitwirkung von Professor Dr. F. Kock, Charlottenburg.

Monatlich erscheint ein Heft im DIN-Format A4. Preis und Bezugsweise: Der Bezugspreis beträgt vierteljährl. 4 M. Probeheft kostenlos.

Die Zeitschrift ist das Organ des Verbandes Deutscher Schwachstrom-Industrieller. Zu ihren Mitarbeitern gehören sowohl bekannte Wissenschaftler als auch Fachleute der Praxis. Sie erscheint bereits im 10. Jahrgang, hat sich also als eine der ersten diesem rasch aufstrebenden Sondergebiet der Elektrotechnik gewidmet. Ganz besonders werden die heute im Mittelpunkt der Fernmeldetechnik stehenden Fragen der S.-A.-Technik, der Schaltungslehre behandelt. Jedes Einzelgebiet der Fernmeldetechnik läßt sich in fünf eng zusammengehörende Einzelaufgaben zergliedern, und zwar in eine physikalische, schaltungstechnische, konstruktive, fabrikatorische und wirtschaftliche Aufgabe. Allen diesen Seiten schenkt die Zeitschrift entsprechende Berücksichtigung. Nachstehend folgen die Titel einiger in der letzten Zeit erschienenen Original-Aufsätze:

Über die Frage des Antriebs in autom. Fernsprechanlagen. — Von A. F. Bennett.
Direktorsystem und Netzgruppenbildung. — Von M. Hebel.
Schrittschaltwerke, deren Konstruktion und Berechnung. — Von E. Behm.
Störungstechnik der Fernsprechnebenstellenanlagen. — Von Bruno Piesker.
Stromlieferungsanlagen unbedienter Selbstanschlußämter. — Von M. Hebel.
Telephonie auf Starkstromleitungen. — Von Gerhard Dreßler.
Die Verkehrsteilung in Fernsprechnetzen. — Von Dr. Maximilian Mathias.
Stand der Hochfrequenztechnik auf Starkstromleitungen. — Von G. Dreßler.
Neue Reihenschaltung mit Kleinautomat für den Hausverkehr.— Von Arno Rieth.
Theorie der Raumladegitterröhren. — Von Fritz Below.
Zur Frage der Verteilung der Belegungsdauern. — Von Dr. J. Baltzer.
Die zweckmäßigste Wählerkontaktzahl in den selbsttätigen Fernsprechsystemen. — Von Max Langer.

Selbstanschluß-Technik

Von Diplom-Ingenieur Martin Hebel. 428 Seiten, 240 Abbildungen, 12 Tafeln im Anhang. Gr.-8⁰. 1928. Broschiert M. 16.—, in Leinen M. 18.—.

Inhalt: A. Einleitung: Geschichtlicher Überblick über die Selbstanschlußtechnik bis zur Gegenwart. — B. Einführung in die automatische Telephonie: 1. Einleitende Beschreibung eines Sa-Systems für 100 und 1000 Teilnehmer. 2. Grundbegriffe der Sa-Technik. 3. Das Deutsche Reichspost-System: a) Schalteinrichtungen; b) Netzgestaltung für große, mittlere und kleine Ortsfernsprechnetze und Schalteinrichtungen zu deren Aufbau; c) Bau von Sa-Ämtern; d) Ämterpflege; e) Inbetriebnahme von Sa-Ämtern und Überleitungsmaßnahmen. 4. Die Frage Anrufsucher oder Vorwähler. 5. Stromlieferungsanlagen. 6. Automatisierung des nahen Fernverkehrs. 7. Erfassung des Fernverkehrs in Sa-Netzen. 8. Nebenstellenanlagen in automatischen Fernsprechnetzen. 9. Gruppenstellen und Party-line-Systeme. 10. Selbstkassierende Sprechstellen. 11. Das halbautomatische Fernsprechsystem. 12. Elektromagnetische Störung automatischer Fernsprecheinrichtungen und Abhilfsmaßnahmen hiergegen. 13. Theorie der Automatik. 14. Deutsche Schrittwählersysteme außer Siemens. 15. Außerdeutsche Systeme. — Schluß: Überblick über den Stand der Sa-Technik in Deutschland und im Ausland und über die nächsten Zukunftsaufgaben.

Die Fernsprechanlagen mit Wählerbetrieb
(Automatische Telephonie)

Von Dr.-Ing. Fritz Lubberger. 3. erweiterte Auflage. 1926. 292 Seiten, 160 Abbildungen. Gr.-8⁰. Broschiert M. 11.—, in Leinen M. 13.—

Elektrotechnische Zeitschrift: Die Neuauflage dieses Buches erscheint nicht nur äußerlich in einem ganz anderen Gewande, sondern hat auch inhaltlich eine vollständige Umarbeitung erfahren. Der Verfasser hat es verstanden, die Entwicklung und die Erfahrungen der letzten Jahre zu berücksichtigen und dem Inhalt eine Form zu geben, die das Buch als Nachschlagewerk und für Studienzwecke gleich wertvoll macht. Es kann deshalb allen, die sich mit der Entwicklung, dem Bau und dem Betrieb von Wählereinrichtungen beschäftigen müssen, warm empfohlen werden.

Die Wirtschaftlichkeit der Fernsprechanlagen für Ortsverkehr

Von Dr.-Ing. Fritz Lubberger. 107 Seiten, 19 Abbildungen, 5 Tafeln. Gr.-8⁰. 1927. Broschiert M. 5.50, in Leinen M. 7.—

Die vorliegende Arbeit bringt zum ersten Male eine Zusammenstellung aller Zahlen und Unterlagen zur Berechnung der Größe einer Ortsfernsprechanlage mit Wähler- oder Handbetrieb. Daran schließen sich alle in den Büchern des Unternehmens zu führenden Konten, die zusammen die Anlage- und Betriebskosten ausmachen, und ein „Aufgabenplan" eines Fernsprechunternehmens; alle Zahlen entstammen der Praxis. Das Ziel der Arbeit ist die Aufklärung der Wirtschaftlichkeit des Ortsfernsprechwesens. Darunter ist die Gesamtheit aller irgendwie Kosten verursachenden Erscheinungen verstanden, mit anderen Worten, die Sollseite der Bücher. Das Buch ist daher eine notwendige Ergänzung zu den Werken technischer Beschreibungen, wie z. B. „Fernsprechanlagen mit Wählerbetrieb" des gleichen Verfassers und ähnlicher Werke über Handbetrieb.

Der Bau neuer Fernämter

Von Oberregierungsrat Dr.-Ing. W. Schreiber. 221 Seiten. Gr.-8⁰. Mit einer Plansammlung. 77 Zeichnungen. 2⁰. 1924. Zusammen broschiert M. 20.—.

Die Wirtschaftlichkeit des geplanten automatischen Netzgruppensystems in den Ortsfernsprechanlagen Bayerns

Von Dr.-Ing. W. Schreiber. Mit einem Vorwort von Ministerialrat Dr.-Ing. H. C. Steidle und einem Anhang. 74 und 144 Seiten mit zahlreichen Abbildungen, Skizzen und Tabellen. 4⁰. 1926. In Leinen M. 21.—.

Taschenbuch für Fernmeldetechniker

Von Oberingenieur H. W. Goetsch. 4. verbesserte Auflage. 538 Seiten, 844 Abbildungen. Kl.-8⁰. 1929. In Leinen gebunden M. 13.—

Wähleramt und Wählvorgang

Von Telegraphendirektor J. Woelck. 3. Auflage. 41 Seiten, 22 Abbildungen. 2 Tafeln. Gr.-8⁰. 1925. Broschiert M. 1.60

Grundriß der Funkentelegraphie

Von Dr. Franz Fuchs. 18. Auflage. 179 Seiten, 270 Abbildungen. Gr.-8⁰. 1926. Broschiert M. 3.60. 19. Auflage erscheint im September 1929.

Luftfahrtforschung

Berichte der Deutschen Versuchsanstalt für Luftfahrt, Berlin-Adlershof (DVL), der Aerodynamischen Versuchsanstalt zu Göttingen (AVA), des Aerodynamischen Instituts der Technischen Hochschule Aachen (AIA) und anderer Stätten der Luftfahrtforschung.

Sonderhefte für Elektrotechnik
Band I, Heft 4. 52 Seiten, 96 Abbildungen, 29 Zahlentafeln. 1928. Brosch. M. 9.75

Inhalt: Laboratorien und Forschungsarbeiten der Funkabteilung der Deutschen Versuchsanstalt für Luftfahrt in Berlin-Adlershof. Von Heinrich Faßbender. — Geräuschmessungen in Flugzeugen. Von Heinrich Faßbender und Kurt Krüger. — Die Vorzüge des Kurzwellen-Verkehrs mit Flugzeugen. Von Heinrich Faßbender. — Zur Anwendung der kurzen Wellen im Verkehr mit Flugzeugen. Versuche zwischen Berlin und Madrid. Von K. Krüger und H. Plendl. — Leistungs- und Strahlungsmessungen an Flugzeug- und Bodenstationen. Von Franz Eisner, Heinrich Faßbender und Georg Kurlbaum. — Über den Widerstand von Flugzeugantennen und die dadurch verursachte Verringerung der Flugleistungen. Von F. Liebers. — Der Antrieb elektrischer Generatoren durch den Fahrwind. Von Wilhelm Brintzinger.

Band III, Heft 4. 24 Seiten, 43 Abbildungen, 7 Zahlentafeln. M. 5.—

Inhalt: Kurzwellenversuche bei der Amerikafahrt des Luftschiffes „Graf Zeppelin". — Über die Ausbreitung der kurzen Wellen bei kleiner Leistung im 1000-Kilometer-Bereich. Von K. Krüger und H. Plendl. — Abhängigkeit der Reichweite sehr kurzer Wellen von der Höhe des Senders über der Erde. Von H. Faßbender und G. Kurlbaum. — Der Bordpeilempfänger im Flugzeug. Von M. H. Gloeckner.

Die Technik elektrischer Meßgeräte

Von Dr.-Ing. Georg Keinath. 3., vollständig umgearbeitete Auflage

Bd. 1. Meßgeräte und Zubehör. 620 Seiten, 561 Abbildungen. Gr.-8⁰. 1928. Broschiert M. 33.—, in Leinen M. 35.—

Bd. 2. Meßverfahren. 424 Seiten, 374 Abbildungen. Gr.-8⁰. 1928. Broschiert M. 22.50, in Leinen M. 24.50

R. Oldenbourg / München 32 und Berlin W 10

www.ingramcontent.com/pod-product-compliance
Lightning Source LLC
Chambersburg PA
CBHW031437180326

41458CB00002B/572